同步电机模型参数及动态分析

TONGBU DIANJI MOXING CANSHU
JI DONGTAI FENXI

郭可忠　王建辉　编著

中国电力出版社
CHINA ELECTRIC POWER PRESS

内 容 提 要

本书是一本关于同步电机基本理论及动态分析的科研参考书，着重讨论数学模型及其参数计算和动态分析方法。

全书共分七章。包括基础知识、同步电机的 Park 和 Canay 模型、用综合矢量表示的同步电机基本方程和结构框图、同步电机的稳态及动态分析、大型汽轮发电机的失磁异步运行、用逆变器供电的同步电动机系统仿真及近十年 Canay 模型在国内的应用简介等内容。

本书可供电机、电力系统自动化、电网等专业的本科生和研究生，电机制造厂、电力设计院、电力公司、电力集团公司、电机研究所的科研人员，以及从事电力系统机网结合研究的技术人员使用。

图书在版编目（CIP）数据

同步电机模型参数及动态分析/郭可忠，王建辉编著．—北京：中国电力出版社，2018.7
ISBN 978-7-5198-1959-0

Ⅰ.①同…　Ⅱ.①郭…　②王…　Ⅲ.①同步电机—模型—参数—研究　②同步电机—动态分析
Ⅳ.①TM341

中国版本图书馆 CIP 数据核字（2018）第 077218 号

出版发行：中国电力出版社
地　　址：北京市东城区北京站西街 19 号（邮政编码 100005）
网　　址：http：//www.cepp.sgcc.com.cn
责任编辑：刘　薇（010－63412357）
责任校对：王小鹏
装帧设计：张俊霞　郝晓燕
责任印制：邹树群

印　　刷：三河市百盛印装有限公司
版　　次：2018 年 7 月第一版
印　　次：2018 年 7 月北京第一次印刷
开　　本：710 毫米×1000 毫米　16 开本
印　　张：12.25
字　　数：230 千字
印　　数：0001—1500 册
定　　价：48.00 元

序　言

能源永远是人类关切的一个主题。从需求侧角度看来，电能因其能方便地转换成各种形式的能量而得以日益广泛的应用。近年来，我国的电力系统和电力设备制造业发展迅猛：发电总容量和先进技术达世界水平，西南水电远距离输送系统的规模举世罕见；成套发电设备从引进技术逐步发展到全面自主研发制造，现已实现产品出口，运行在不同国家的电网环境中。电力发展要求各界从业人员对电力系统和发电设备有更深的理解和把控。

电力系统是复杂大系统，计算方法必须根据静态或动态性能的不同分析目标而选定，每类特性分析的第一步就是要建立与计算目标相适应的系统模型。发电机组是电力系统中最重要也是最复杂的元件，涵盖了机械、电磁等各类动态过程，不同目标的系统分析计算中首先要确定合适的发电机模型。

多年来电力系统理论研究和公式推导分析，帮助我们定性理解电力系统的复杂过程。计算机、计算数学和软件工程等技术的迅速发展才为定量研究电力大系统动态过程提供了可能。

Park 方程为描述发电机电磁暂态的经典方程。由于汽轮发电机多为整体铁心转子，当故障导致转速变化时，在转子中会产生涡流，20 世纪 80 年代，以发电机制造著称的 ABB 公司在 Park 方程基础上提出了 Canay 模型：由发电机转子涡流的集肤效应严格地建立其数学模型并确定参数。随之，上海交通大学电机教研组和上海汽轮发电机公司合作在我国自主设计的机组上研究其发电机的 Canay 模型，也对三峡拟选用的大型水力发电机组的单相接地试行计算，取得了一定经验。

我国电力系统规模空前，各类动态过程（低频振荡、次同步谐振或振荡等）必须分析并采取抑制措施。我国发电机运行于各国不同的电力系统中，工程前期也须分析机网耦合作用；发电机自励磁运行或失磁异步运行；上述各种情况下，发电机转速变化，转子涡流的集肤效应均不容忽视，采用Canay模型进行发电机精准建模十分重要，也有助于自主设计制造发电机的参数优化。因而请上海交通大学电机教研组的郭可忠教授总结发电机失磁动态模型方面的研究成果，编辑成此书，以期上海交通大学电气工程专业成为我国电力行业一智库。

陈陈　上海交通大学电气工程系教授

2017年2月

前　言

大型同步发电机是电力系统中至关重要的元件。它的运行性能将直接影响电力网的安全可靠性和稳定性。而同步电机数学模型及参数计算，则直接影响它在各种故障和运行方式下的计算是否准确。

本书对同步电机的 Park 模型及其变换导出了基于电机尺寸和材料的参数计算公式，然后对其 Canay 模型进行理论分析，并对计及转子涡流的参数计算公式做了详尽的推导。

对大型汽轮发电机选用 Park 和 Canay 模型进行失磁异步运行的数字仿真，计算结果与相同机组实际录波图相比较，结果表明在电机异步运行时，Canay 模型比 Park 模型能更准确地模拟其动态过程。

书中还包含笔者有关同步电机的其他科研成果，详见目录和绪论。

本书由上海交通大学郭可忠教授担任主编，王建辉副教授参加编写。其中，第 1 章 1～4 节和第 4 章由王建辉副教授编写，其余各章节由郭可忠教授编写。

本书由上海交通大学李仁定教授主审。李教授对本书作了详细审阅，提出了很多宝贵意见。在此，谨向李教授表示衷心的感谢。本书还得到上海交通大学电力传输与功率变换控制教育部重点实验室给予的大力支持，在此一并表示感谢。

由于编者水平有限，书中难免不妥和错误之处，敬请读者批评指正。

编者

2018 年 6 月

目　录

绪　论

随着国民经济的快速发展，我国大区电网近年来已经投产或正在建设中的大型火电及核电机组逐年增长。高参数大型机组的投产给电力系统带来显著的经济效益，同时也给安全运行提出了更为严格的要求。一旦运行失当，将严重影响机组本身及电力网的安全运行。

本文作者及其科研小组于1989～2001年，先后承接了以下7个相关的科研课题：

(1) 从1989～1992年，由上海汽轮发电机厂和上海交通大学电力学院共同承接了“大型汽轮发电机端部电磁力的分析计算”课题，属上海市重大科技攻关项目。其中“大型汽轮发电机突然短路电流的数值计算”部分由笔者承担。科研成果为提高大型发电机设计可靠性提供理论依据，具有实用价值。已通过鉴定，项目成果达当前国际先进水平。本人发表一篇论文被Science Abstracts B10，1993和EI登录（见参考文献［19］）。

(2) 从1991～1993年，由上海电力局和上海交通大学电力学院共同承接了“大型火电机组失磁异步运行与保护研究”课题（属上海市科技结合生产攻关项目）。结果通过验收鉴定，结论是仿真性能优于国内先前同类模型，符合失磁分析模拟精度，促进了安全生产。

(3) 从1996～1997年，上海交通大学承接了“长江三峡大型水轮发电机中性点保护”科研课题。其中“大型水轮发电机的Canay模型及单相接地的计算”由笔者承担，结果发表的2篇论文均被EI登录（见参考文献［22］、［23］）。

(4) 从1997～1998年，由上海交通大学承接的课题“福建电网发电机失磁运行研究”，其中笔者承担了“60万kW发电机的失磁数模及仿真计算”，已完成科研报告，结论与(2)相似。先后有2篇论文发表（见参考文献［20］、［21］）。

(5) 从1997～1998年，上海汽轮发电机厂与上海交通大学电力学院合作的课题“1000MW级核电汽轮发电机容量和转速的选择和分析”，其中由笔者承担的课题是“1000MW级汽轮发电机失磁和进相运行的研究”。该课题已由市重点办通过鉴定：研究结果对决策1000MW级汽轮发电机选型和研制有重要参考价值。

(6) 从1997～2000年，由上海汽轮发电机有限公司和上海交通大学电气工程系合作的课题："1000MW 级大型汽轮发电机开发设计研究"（属汪耕院士机械工业技术发展基金）。笔者承担其中"1000MW 级汽轮发电机失磁和进相运行的研究"，并完成科研报告。鉴定结论与（5）类似。

（7）从 2000～2001 年，笔者指导研究生对"同步磁阻电动机滑模变结构控制器的设计和仿真"课题进行了研究。发表一篇论文，已被 EI 登录（见参考文献[24]）。

同步发电机失磁故障是电力系统故障之一。特别是大型机组，励磁系统（包括半导体励磁系统）的环节较多，故障的概率增大。例如励磁装置故障和励磁开关误断开等原因均会导致发电机失磁。它是发电机失去励磁后，仍带有一定的有功功率，以低滑差与电网继续并列运行的一种特殊运行方式。此时，系统电压下降，失磁发电机组输出有功减少，电机还要从系统中吸收大量感性无功功率，引起系统振荡。严重时甚至造成系统崩溃，导致大面积停电，并且威胁发电机本身的安全。因此有必要研究发电机能否在短时间内无励磁异步运行的问题，并定量分析各变量在失磁异步运行时的变化范围和变化周期，以便采取有效措施。

1991 年以来，我国各大区电网对一批 100、125、200MW 机组进行了失磁异步运行试验，积累了不少经验。以后对 300MW 汽轮发电机组做过一些动模试验，取得某些定性成果。20 世纪 80 年代以来，曾有采用有限元法进行失磁研究的，单机分析取得优良结果。但此法计算工作量太大，不适用与大系统相结合，难以进行实际系统分析。数字仿真技术的发展为失磁暂态过程的研究提供了有效的方法。然而，同步发电机的数学模型是精确计算和分析各种电力系统动态行为的关键。由于大型汽轮发电机多为整体铁芯转子，当失磁异步运行时，由于旋转磁场与转子之间存在滑差，它在转子铁芯表面及槽壁会感应涡流，而涡流的集肤效应与滑差有关。因此代表转子阻尼效应的涡流阻抗将随滑差而变，而通常的 Park 模型不能完全考虑整体铁芯转子的多回路涡流和集肤效应，因而在异步运行的数字仿真时会带来较大的误差。

本文作者及其科研小组对汽轮发电机的 Canay 模型进行了系统的理论分析，推导出基于电机设计尺寸和材料的 Park 及 Canay 模型的参数计算公式。并且运用 Canay 模型中各涡流等效阻抗的计算公式，获得参数随转差率变化的变参数模型。通过分别采用 Park 和 Canay 模型的汽轮发电机单机无穷大系统的失磁仿真计算分析，并与现场录波图相比较，论证了 Canay 模型的准确性。同样，对于其他故障例如同步发电机的次同步谐振；同步电机的小值振荡；同步发电机的误同期合闸和同步电机的自励磁运行等，其转子转速在电磁暂态过程中均不等于同步转速。笔者认为，在进行电力系统的这些动态分析时，我们若运用 Canay 模型来代替 Park 模型进行系统数字仿真，计算结果将更接近实际。另外，还可以利用书中所述的模型参数公式，对大型汽轮发电机的优化设计开展进一步的深化研究。

第1章 基础知识

本章首先着重说明综合矢量的物理概念，并用综合矢量来说明 d、q、0 和 a、b、c 等坐标变换的物理本质。然后介绍各种电机气隙磁导和气隙磁通密度（磁感应强度）的位置函数表达式。利用计算气隙磁场能量的公式，推导出计算电机绕组自感和互感的公式。最后对标幺制提出了 α、β（或 d、q）绕组中各量基准值的选定方法。这些概念和公式在分析同步电机动态性能时是很有用的。

§1.1 综合矢量

不论是哪一类旋转电机，都有定子和转子两大部件。定转子绕组上的电压会产生电流，定转子绕组中的电流则分别产生定转子磁势。这些磁势会形成磁通，构成各绕组的磁链，绕组中磁链的变化则会产生感应电势。为了形象地表达常用的电机中各电压、电流、磁势、磁链等物理量，形象地表达各物理量之间的相互关系，可引入综合矢量这一概念。

假定一台交流电机的定子上有一个结构对称的多相绕组。现在只考虑气隙中磁势及磁通密度波的基波分量，则各绕组的基波磁势可以用磁势空间矢量加以表达，且可用矢量运算法则进行合成和分解。

以一个两极的两相绕组为例。如图 1-1 所示，α 绕组中的电流 i_α 会在 α 轴线方向产生磁势，可用空间矢量 $\vec{F}_\alpha$ 表示之。$\vec{F}_\alpha$ 的长短代表磁势的大小，$\vec{F}_\alpha$ 的方

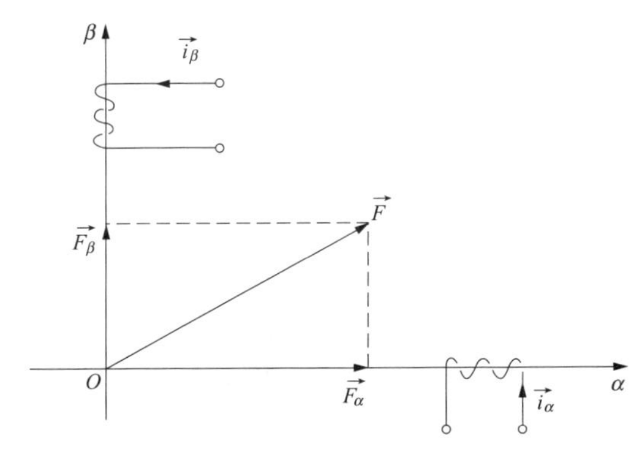

图 1-1　α、β 坐标的磁势综合矢量

向取决于 i_α 的正负及绕组的绕向。可根据安培右手定则决定。

同理，β 绕组中的电流 i_β 会在 β 轴线方向产生 $\vec{F}_\beta$。将 $\vec{F}_\alpha$ 和 $\vec{F}_\beta$ 矢量相加，可得到 $\vec{F}$，即：

$$\vec{F}=\vec{F}_\alpha+\vec{F}_\beta \tag{1-1}$$

其中，$\vec{F}$ 代表定子基波的合成磁势，其长度代表气隙中合成磁势基波振幅的大小，其方向则指出了合成磁势基波的振幅所在位置。$\vec{F}$ 可称为定子磁势综合矢量。

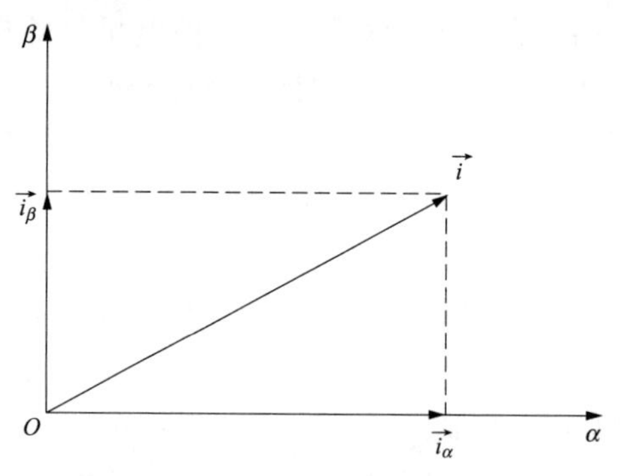

图 1-2 α、β 坐标的电流综合矢量

把这一表达方法推广应用于电流，就可得出电流综合矢量，如图 1-2 所示。在 α 轴线上画出 $\vec{i}_\alpha$，$\vec{i}_\alpha$的长短代表 $\vec{i}_\alpha$瞬时值的大小，$\vec{i}_\alpha$的方向则和 $\vec{i}_\alpha$产生的磁势方向相同；同理，在 β 轴线上画出 $\vec{i}_\beta$，再将$\vec{i}_\alpha$和 $\vec{i}_\beta$矢量相加，就得到电流综合矢量 $\vec{i}$：

$$\vec{i}=\vec{i}_\alpha+\vec{i}_\beta \tag{1-2}$$

实质上，$\vec{i}_\alpha$ 和 $\vec{i}_\beta$ 分别和每一相的磁势空间矢量成正比，$\vec{i}$ 则反映了基波合成磁势的大小和振幅所在位置。

若已知 i_α 和 i_β 时，可按上述做法唯一地确定 $\vec{i}$；反之，若已知 $\vec{i}$，则 $\vec{i}$ 在 α 轴线和 β 轴线上的投影将分别为 i_α 及 i_β。故 $\vec{i}$ 是综合地反映了 i_α 和 i_β 的一个矢量。

对于磁链及电压，也可仿此办理；即磁链综合矢量：

$$\vec{\psi}=\vec{\psi}_\alpha+\vec{\psi}_\beta \tag{1-3}$$

电压综合矢量：

$$\vec{u}=\vec{u}_\alpha+\vec{u}_\beta \tag{1-4}$$

为了便于表达和便于运算，综合矢量常采用复数表达形式。假如把由 α 轴和 β 轴所共同决定的那个平面看作为一个复平面，α 轴作为实数轴（R_e），β 轴作为虚数轴（I_m），如图 1-3 所示，则上述电流综合矢量 $\vec{i}$ 可表达为：

$$\vec{i}_s = i_\alpha + j i_\beta = |\vec{i}| \cdot e^{j\gamma_s} \tag{1-5}$$

因为α、β轴是固定在定子上的坐标系统，所以用下标s表示的$\vec{i}_s$是站在定子（Stator）坐标上，且以α轴为实轴时所看到的综合矢量的复数表达式。在不至于引起混淆的情况下，下标s也可以略去不写。

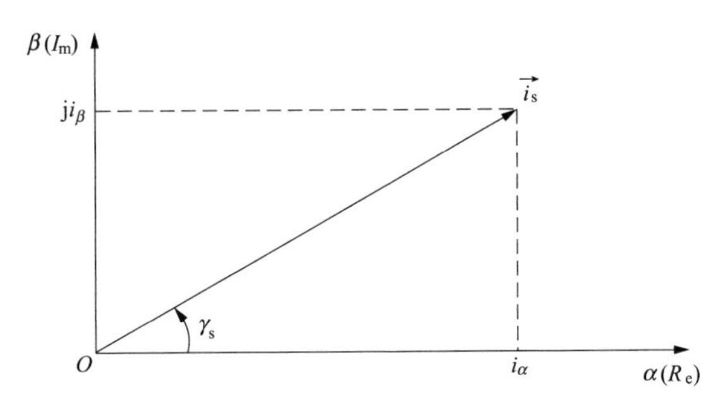

图 1-3　用复数表示电流综合矢量

如果不是以定子α轴作为实轴，如图 1-4 中所示，另取直角坐标α'、β'，以α'轴为实轴，β'轴作为虚轴，则同一个电流综合矢量$\vec{i}$应表达为：

$$\vec{i}_\theta = i'_\alpha + j i'_\beta = |\vec{i}| \cdot e^{j\gamma'} = |\vec{i}| \cdot e^{j(\gamma_s - \theta)} = \vec{i}_s e^{-j\theta} \tag{1-6}$$

这里，$\vec{i}_\theta$中的下标θ，表示观察者选用的实数轴相对于定子α轴有一个角度差θ。一般而言，θ可以是一个固定值，也可以是随时间而变的时变量。

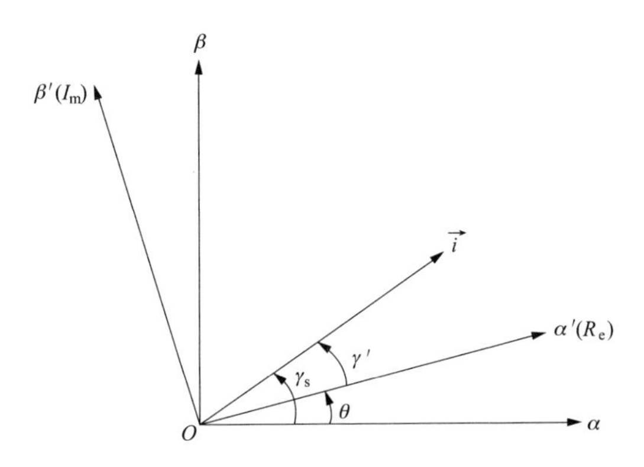

图 1-4　α'、β'坐标的电流综合矢量

由式（1-6）可见，同一个综合矢量，站在不同的坐标系上观察，它的模是不变的，但幅角是不同的；幅角之差等于两个坐标实轴之间的夹角。从$\alpha\beta$坐标转换为$\alpha'\beta'$坐标，只需乘$e^{-j\theta}$即可。这就是采用综合矢量及复数表达式的优点所在。

接下来希望把综合矢量的概念推广应用于三相绕组系统。此时出现了一个问题：一个综合矢量，例如$\vec{i}$只能和两个线性独立的时变量（如i_α、i_β）相对应，而三相系统有三个量（如i_a、i_b、i_c），它们是否能和一个综合矢量互相对应呢？

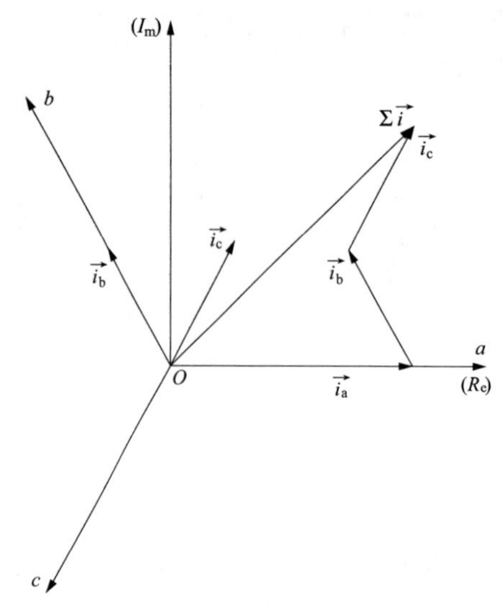

图 1-5 三相绕组的电流综合矢量

先考察电流综合矢量。因为电流综合矢量$\vec{i}$实际上代表气隙中的基波合成磁势。所以我们可以仿照前面用过的方法，分别在三相绕组的a、b、c轴线方向画上$\vec{i}_a$、$\vec{i}_b$、$\vec{i}_c$，如图 1-5 所示。它们实际上分别代表每一相的磁势，而且总可以将它们矢量相加而合成$\sum\vec{i}$：

$$\sum\vec{i}=\vec{i}_a+\vec{i}_b+\vec{i}_c \tag{1-7}$$

采用上述方法，由$\vec{i}_a$、$\vec{i}_b$、$\vec{i}_c$合成$\sum\vec{i}$是完全切实可行的，而且$\sum\vec{i}$代表了气隙基波合成磁势。然而，若已知$\sum\vec{i}$，却无法唯一地分解出$\vec{i}_a$、$\vec{i}_b$、$\vec{i}_c$来。

为了解决这一问题，可以先扣除零轴分量，即令：

$$\begin{cases} i'_a=i_a-i_0 \\ i'_b=i_b-i_0 \\ i'_c=i_c-i_0 \end{cases} \tag{1-8}$$

其中，零轴分量：

$$i_0=\frac{1}{3}(i_a+i_b+i_c) \tag{1-9}$$

扣除零轴分量以后，$i'_a+i'_b+i'_c\equiv 0$。这一约束条件限定了i'_a、i'_b、i'_c 3 个变量中实际上只有两个是线性独立的。

现在仿照以前的处理方法，根据i'_a、i'_b、i'_c画出$\vec{i}'_a$、$\vec{i}'_b$、$\vec{i}'_c$，如图 1-6 所示。再将$\vec{i}'_a$、$\vec{i}'_b$、$\vec{i}'_c$矢量相加。由于各相零轴电流空间矢量的模是相等的，幅角则互差$\frac{2\pi}{3}$，故三相零轴电流空间矢量的矢量和为零，相当于零轴电流在气隙中不产生基波合成磁势，故而有式（1-10）成立：

$$\vec{i}'_a+\vec{i}'_b+\vec{i}'_c=\vec{i}_a+\vec{i}_b+\vec{i}_c=\sum\vec{i} \tag{1-10}$$

式（1-10）说明，求$\sum\vec{i}$时，可以将$\vec{i}_a$、$\vec{i}_b$、$\vec{i}_c$矢量相加，也可以将扣除零

轴分量以后的 $\vec{i}'_a$、$\vec{i}'_b$、$\vec{i}'_c$矢量相加，结果是相同的。

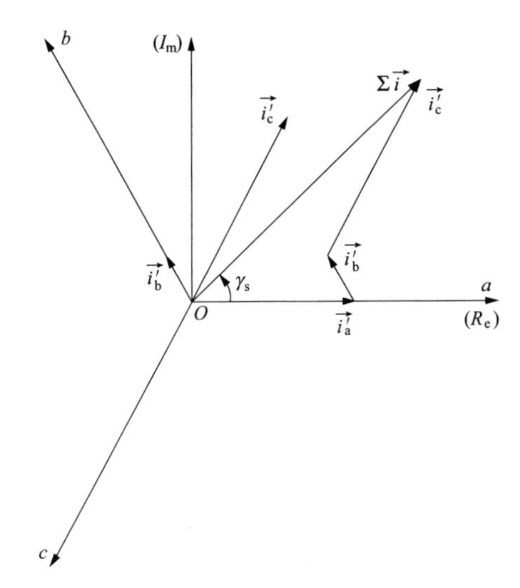

图 1-6 扣除零轴分量后三相绕组的电流综合矢量

现在观察$\sum\vec{i}$ 在 a、b、c 轴线上的投影。先求$\sum\vec{i}$ 在 a 轴上的投影。为了便于表达和运算，取 a 轴作为实数轴，逆时针方向转过 90°为虚数轴，把$\sum\vec{i}$ 写成复数表达式，可得出：

$$\begin{aligned}\sum\vec{i} &= i'_a + i'_b e^{j\frac{2\pi}{3}} + i'_c e^{j\frac{4\pi}{3}} \\ &= \left(i'_a - \frac{1}{2}i'_b - \frac{1}{2}i'_c\right) + j\left(\frac{\sqrt{3}}{2}i'_b - \frac{\sqrt{3}}{2}i'_c\right) = |\sum\vec{i}|\, e^{j\gamma_s}\end{aligned} \tag{1-11}$$

由此可见，$\sum\vec{i}$ 在 a 轴上的投影为：

$$|\sum\vec{i}|\cos\gamma_s = i'_a - \frac{1}{2}i'_b - \frac{1}{2}i'_c = \frac{3}{2}i'_a \tag{1-12}$$

$\sum\vec{i}$ 在 b 轴上的投影为：

$$|\sum\vec{i}|\cos\left(\gamma_s - \frac{2}{3}\pi\right) = -\frac{1}{2}|\sum\vec{i}|\cos\gamma_s + \frac{\sqrt{3}}{2}|\sum\vec{i}|\sin\gamma_s = \frac{3}{2}i'_b \tag{1-13}$$

同理可证明$\sum\vec{i}$ 在 c 轴上的投影为$\frac{3}{2}i'_c$。

为了使 a、b、c 轴线上的投影分别等于 i'_a、i'_b、i'_c，可取$\sum\vec{i}$ 的 2/3 作为综合矢量 $\vec{i}$，即：

$$\vec{i} = \frac{2}{3}\sum\vec{i} = \frac{2}{3}(\vec{i}'_a + \vec{i}'_b + \vec{i}'_c) = \frac{2}{3}(\vec{i}_a + \vec{i}_b + \vec{i}_c) \tag{1-14}$$

综合矢量中不包含零轴分量的信息，这是不足之处。但零轴电流不会在气隙中形成基波合成磁场，不参与机电能量转换，而且在磁路线性的假定下，可单独列一套零轴方程式进行运算；所以在一般情况下，并不会发生什么问题。实际上大部分三相交流绕组为△接法，或Y接法而无中线，一般不存在零轴电流。故以后如不加特别说明，均假定各物理量的零轴分量为零，此时综合矢量在 a、b、c 轴线上的投影就等于各相的瞬时值。

对于三相系统的各相磁链及电压也可仿照上述处理方法，得出磁链综合矢量和电压综合矢量。

采用综合矢量有以下各项优点：

(1) 电流综合矢量代表三相合成磁势，磁链综合矢量代表三相磁场的综合，电压综合矢量反映了电机中各个电场的综合，都具有一定的物理意义。用综合矢量表达各物理量，既直观，又简洁，能很好地反映出电机内部的物理情况。此外，通过综合矢量还有可能使电机内部的电磁场数值计算结果与电机各相的电压电流联系起来，这样可较精确地计算电机磁路饱和对动态性能的影响。

(2) 综合矢量是各相瞬时值的综合表达。应用综合矢量的条件是只计及气隙中磁势及磁通密度波的基波分量，各空间谐波的影响则可近似地用谐波漏抗加以考虑；至于各相的物理量是否随时间作正弦变化，则并无限制。所以综合矢量不仅适用于对称稳态情况，也适用于暂态过程及不对称情况。此外，当半导体变流装置向电机绕组施加非正弦电压或非正弦电流时，也可采用综合矢量来表达和分析（详情可见本书的§6.1）。

(3) 把电机中的电压、电流、磁势等综合矢量画在同一个图上，就是一张空间矢量图。它可以很清楚地表达出电机内部各物理量的大小及空间相位关系。表达暂态过程时，可以画出各综合矢量的矢端轨迹，从而能清楚地表达出各量的大小及相位变化情况。

(4) 根据综合矢量的矢端轨迹，很容易得出各相各有关物理量的时间波形图。这是因为综合矢量在某一相绕组轴线上的投影加上零轴分量，就是该物理量的瞬时值。

(5) 如果把 a 相的时间参考轴 t（简称时轴）与 a 相轴线重合，则在不计零轴分量时，电流综合矢量 $\vec{i}$ 在时轴上的投影就可表示 i_a 的瞬时值，此时综合矢量 $\vec{i}$ 可用时间相量 $\dot{I}$ 来表示。因此，从综合矢量图很容易变换成时间相量图。

(6) 应用综合矢量的概念，可以清楚地说明常用的各种坐标变换的本质。用综合矢量的概念写出有关的坐标变换式，方式简捷，形象清晰，容易记忆。用综合矢量写出的基本方程式，表达简洁，运算方便。总之，在揭示物理本质，帮助记忆，简化运算步骤等方面，综合矢量都能起很好的效果。

§1.2 坐标变换

从数学的观点看，坐标变换无非是通过一定的变换式，用一些假想的新变量代替原有的实际变量，使方程式易于求解。电机理论中所用到的变换基本上都是线性变换，而且各种坐标变换都包含一定的物理意义。

1.2.1 变换矩阵

假定原有的坐标系统中的变量为 x_1、x_2、…、x_n（它们可以是电流，也可以是磁链或电压之类），新坐标系统中的变量为 y_1、y_2、…、y_n。如果两套变量之间有下列变换关系成立：

$$\left.\begin{aligned} y_1 &= c_{11}x_1 + c_{12}x_2 + \cdots + c_{1n}x_n \\ y_2 &= c_{21}x_1 + c_{22}x_2 + \cdots + c_{2n}x_n \\ &\vdots \\ y_n &= c_{n1}x_1 + c_{n2}x_2 + \cdots + c_{nn}x_n \end{aligned}\right\} \tag{1-15}$$

此外，若式（1-15）中各系数 c_{11}、c_{12}、…、c_{nn} 皆与各变量 x 及 y 无关，则这样的变换关系称为线性变换。

式（1-15）也可写成矩阵形式：

$$\underline{y} = \underline{c}\,\underline{x} \tag{1-16}$$

其中：

$$\underline{y} = \begin{bmatrix} y_1 \\ y_2 \\ \vdots \\ y_n \end{bmatrix};\quad \underline{x} = \begin{bmatrix} x_1 \\ x_2 \\ \vdots \\ x_n \end{bmatrix};\quad \underline{c} = \begin{bmatrix} c_{11} & c_{12} & \cdots & c_{1n} \\ c_{21} & c_{22} & \cdots & c_{2n} \\ \cdots & & & \\ c_{n1} & c_{n2} & \cdots & c_{nn} \end{bmatrix}$$

$\underline{c}$ 称为变换矩阵，在线性变换中，$\underline{c}$ 中的元素 c_{11}、c_{12}、…、c_{nn} 可以是常数（实数或复数），也可以是时间 t 的函数，只要与变量 x 及 y 无关即可。

为了使原变量和新变量之间具有单值对应关系，变换矩阵$\underline{c}$应当是满秩的。即相应的行列式不等于零。此时可有下列反变换成立：

$$\underline{x} = \underline{c}^{-1}\underline{y} \tag{1-17}$$

式中 $\underline{c}^{-1}$——$\underline{c}$ 的逆矩阵。

1.2.2 *d*、*q*、0 坐标系统

假定有一台三相同步电机或异步电机，取同步电机励磁绕组的轴线或异步电机转子某一相绕组的轴线为 d 轴，从 d 轴逆时针转向转过 90°作为 q 轴方向，d 轴和定子 a 相轴线之间的夹角为 θ，如图 1-7 所示。显然，d、q 绕组是在转子上的。此时，反映定子电流 i_a、i_b、i_c 的综合矢量 $\vec{i}$ 可按 d 轴和 q 轴分解为 $\vec{i}_d$ 及 $\vec{i}_q$，

并可写成：

$$\vec{i}_d=i_d\cdot\vec{d} \tag{1-18}$$

$$\vec{i}_q=i_q\cdot\vec{q} \tag{1-19}$$

式中　$\vec{d}$、$\vec{q}$——沿 d、q 两轴线方向的单位矢量；

　　i_d、i_q——综合矢量 $\vec{i}$ 在 d、q 轴线上的投影值。

i_{a}、i_{b}、i_{c} 等于综合矢量 $\vec{i}$ 在 a、b、c 轴线上的投影各自加上 i_0，又因为合矢量在某一轴线上的投影等于各分矢量在该轴线上的投影之和，故有下列变换式成立：

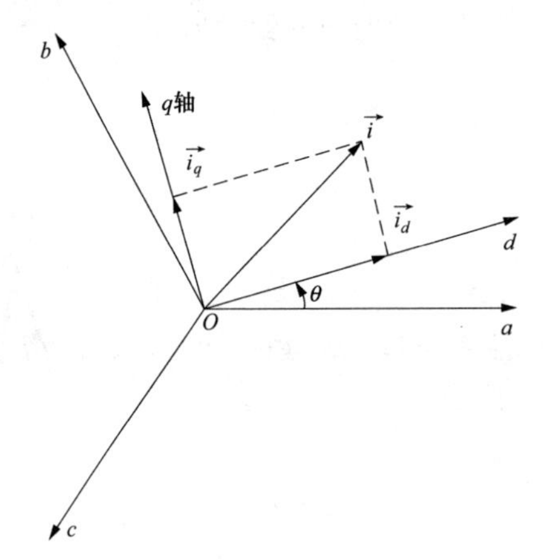

图 1-7　d、q 轴和 a、b、c 轴的关系

$$\left.\begin{aligned}
i_{\mathrm{a}}&=i_d\cos\theta-i_q\sin\theta+i_0\\
i_{\mathrm{b}}&=i_d\cos\left(\theta-\frac{2\pi}{3}\right)-i_q\sin\left(\theta-\frac{2\pi}{3}\right)+i_0\\
i_{\mathrm{c}}&=i_d\cos\left(\theta-\frac{2\pi}{3}\right)-i_q\sin\left(\theta-\frac{2\pi}{3}\right)+i_0
\end{aligned}\right\} \tag{1-20}$$

反之，若 i_{a}、i_{b}、i_{c} 为已知，则可按式（1-20）解出 i_d、i_q、i_0 如下：

$$\left.\begin{aligned}
i_d&=\frac{2}{3}\left[i_{\mathrm{a}}\cos\theta+i_{\mathrm{b}}\cos\left(\theta-\frac{2\pi}{3}\right)+i_{\mathrm{c}}\cos\left(\theta+\frac{2\pi}{3}\right)\right]\\
i_q&=-\frac{2}{3}\left[i_{\mathrm{a}}\sin\theta+i_{\mathrm{b}}\sin\left(\theta-\frac{2\pi}{3}\right)+i_{\mathrm{c}}\sin\left(\theta+\frac{2\pi}{3}\right)\right]\\
i_0&=\frac{1}{3}(i_{\mathrm{a}}+i_{\mathrm{b}}+i_{\mathrm{c}})
\end{aligned}\right\} \tag{1-21}$$

写成矩阵形式，则有：

$$\begin{bmatrix} i_a \\ i_b \\ i_c \end{bmatrix} = \begin{bmatrix} \cos\theta & -\sin\theta & 1 \\ \cos\left(\theta-\frac{2\pi}{3}\right) & -\sin\left(\theta-\frac{2\pi}{3}\right) & 1 \\ \cos\left(\theta+\frac{2\pi}{3}\right) & -\sin\left(\theta+\frac{2\pi}{3}\right) & 1 \end{bmatrix} \begin{bmatrix} i_d \\ i_q \\ i_0 \end{bmatrix} \tag{1-22}$$

$$\begin{bmatrix} i_d \\ i_q \\ i_0 \end{bmatrix} = \frac{2}{3} \begin{bmatrix} \cos\theta & \cos\left(\theta-\frac{2\pi}{3}\right) & \cos\left(\theta+\frac{2\pi}{3}\right) \\ -\sin\theta & -\sin\left(\theta-\frac{2\pi}{3}\right) & -\sin\left(\theta+\frac{2\pi}{3}\right) \\ \frac{1}{2} & \frac{1}{2} & \frac{1}{2} \end{bmatrix} \begin{bmatrix} i_a \\ i_b \\ i_c \end{bmatrix} \tag{1-23}$$

对于磁链及电压，也采用同样的变换矩阵进行a、b、c与d、q、0坐标之间的变换。

从物理概念上来说，从a、b、c坐标系统变换到d、q、0坐标系统，是用一套假想的d、q绕组及零轴绕组代替真实的a、b、c绕组。d、q、0绕组中的电流为i_d、i_q、i_0，磁链为ψ_d、ψ_q、ψ_0，电压为u_d、u_q、u_0。

若假想d、q绕组每相的有效匝数和原有a、b、c绕组每相的有效匝数相同，按照上述变换关系可以看出，由于磁链$\vec{\psi}$在a、b、c轴线上的投影即为ψ'_a、ψ'_b、ψ'_c，在d轴和q轴上的投影则为ψ'_d和ψ'_q，可见形成各绕组磁链的等效基波气隙合成磁通，在坐标变换前后是保持不变的。另一方面，由各相电流形成的气隙合成磁势，则并非保持不变，这是因为综合矢量$\vec{i}=\frac{2}{3}\sum\vec{i}$，在每相有效匝数相同的条件下，$i_a$、$i_b$、$i_c$形成的磁势和$\sum\vec{i}$成比例，$i_d$、$i_q$形成的磁势和$\vec{i}$成比例，所以原有$a$、$b$、$c$系统的合成磁势是$d$、$q$系统合成磁势的$\frac{3}{2}$倍。

若要求坐标变换前后，绕组的基波合成磁势不变，则d、q绕组的有效匝数应当是a、b、c绕组的$\frac{3}{2}$倍。由于磁链与绕组的匝数成正比，故此时按各相磁链推算出来的等效气隙基波合成磁通却不能保持不变了。

由此可见，要构成一个满足上述变换关系的d、q绕组，且保持合成磁势及合成磁通不变，在物理上是不能实现的。因而这两个系统的功率也是不相等的，即：

$$P_1 = u_a i_a + u_b i_b + u_c i_c \neq u_d i_d + u_q i_q + u_0 i_0 \tag{1-24}$$

实际上，根据坐标变换关系式（1-20）可得：

$$P_1 = u_a i_a + u_b i_b + u_c i_c = \frac{3}{2} u_d i_d + \frac{3}{2} u_q i_q + 3 u_0 i_0 \tag{1-25}$$

解决上述矛盾的方法是采用下列坐标变换关系：

$$\begin{bmatrix} i_d \\ i_q \\ i_0 \end{bmatrix} = \sqrt{\frac{2}{3}} \begin{bmatrix} \cos\theta & \cos\left(\theta - \frac{2\pi}{3}\right) & \cos\left(\theta + \frac{2\pi}{3}\right) \\ -\sin\theta & -\sin\left(\theta - \frac{2\pi}{3}\right) & -\sin\left(\theta + \frac{2\pi}{3}\right) \\ \frac{1}{\sqrt{2}} & \frac{1}{\sqrt{2}} & \frac{1}{\sqrt{2}} \end{bmatrix} \begin{bmatrix} i_a \\ i_b \\ i_c \end{bmatrix} \tag{1-26}$$

反变换则为

$$\begin{bmatrix} i_a \\ i_b \\ i_c \end{bmatrix} = \sqrt{\frac{2}{3}} \begin{bmatrix} \cos\theta & -\sin\theta & \frac{1}{\sqrt{2}} \\ \cos\left(\theta - \frac{2\pi}{3}\right) & -\sin\left(\theta - \frac{2\pi}{3}\right) & \frac{1}{\sqrt{2}} \\ \cos\left(\theta - \frac{2\pi}{3}\right) & -\sin\left(\theta + \frac{2\pi}{3}\right) & \frac{1}{\sqrt{2}} \end{bmatrix} \begin{bmatrix} i_d \\ i_q \\ i_0 \end{bmatrix} \tag{1-27}$$

对于磁链及电压，也同样办理。很明显其变换矩阵满足 $T^T = T^{-1}$ ，即为正交变换。

此时，若假想 d、q 绕组的每相有效匝数为 a、b、c 绕组每相有效匝数的 $\sqrt{\frac{3}{2}}$ 倍，则变换前后，合成磁势及合成磁通均不变，功率也不变，即：

$$p_1 = u_a i_a + u_b i_b + u_c i_c = u_d i_d + u_q i_q + u_0 i_0 \tag{1-28}$$

因为式（1-26）及式（1-27）所示的坐标变换满足功率不变约束条件，所以现在使用得也很广泛。

1.2.3 α、β、0 坐标系统

假定在定子边原有 a、b、c 三个绕组轴线，现新取 α、β、0 坐标系统，其中 α 轴与原有的定子 a 轴重合，β 轴和 α 轴在空间相差 90°电角度，如图 1-8 所示。综合矢量 $\vec{i}$ 在 α、β 轴上的投影分别为 i_α、i_β，至于 i_0 则仍为零轴分量，也就是和 d、q、0 系统中的 i_0 相同。

显然，α、β、0 系统相当于 $\theta=0$ 时的 d、q、0 系统。因此可令式（1-22）、式（1-23）中的 $\theta=0$，而得出下列变换关系：

$$\begin{bmatrix} i_\alpha \\ i_\beta \\ i_0 \end{bmatrix} = \frac{2}{3} \begin{bmatrix} 1 & -\frac{1}{2} & -\frac{1}{2} \\ 0 & \frac{\sqrt{3}}{2} & -\frac{\sqrt{3}}{2} \\ \frac{1}{2} & \frac{1}{2} & \frac{1}{2} \end{bmatrix} \begin{bmatrix} i_a \\ i_b \\ i_c \end{bmatrix} \tag{1-29}$$

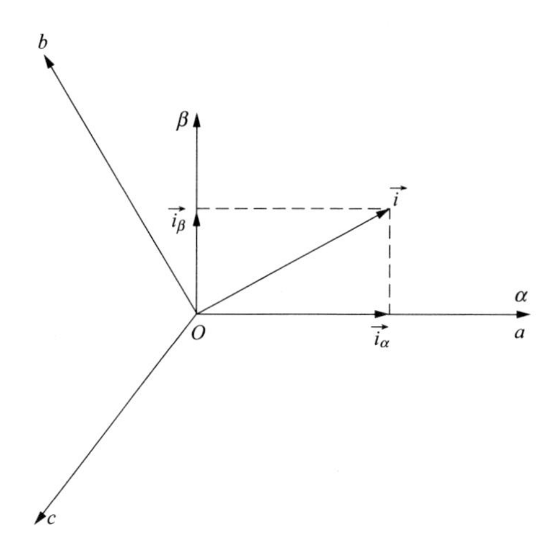

图 1-8 α、β 轴和 a、b、c 轴的关系

其反变换则为：

$$\begin{bmatrix} i_\mathrm{a} \\ i_\mathrm{b} \\ i_\mathrm{c} \end{bmatrix} = \begin{bmatrix} 1 & 0 & 1 \\ -\dfrac{1}{2} & \dfrac{\sqrt{3}}{2} & 1 \\ -\dfrac{1}{2} & -\dfrac{\sqrt{3}}{2} & 1 \end{bmatrix} \begin{bmatrix} i_\alpha \\ i_\beta \\ i_0 \end{bmatrix} \tag{1-30}$$

在用正交变换时则为：

$$\begin{bmatrix} i_\alpha \\ i_\beta \\ i_0 \end{bmatrix} = \sqrt{\frac{2}{3}} \begin{bmatrix} 1 & -\dfrac{1}{2} & -\dfrac{1}{2} \\ 0 & \dfrac{\sqrt{3}}{2} & -\dfrac{\sqrt{3}}{2} \\ \dfrac{1}{\sqrt{2}} & \dfrac{1}{\sqrt{2}} & \dfrac{1}{\sqrt{2}} \end{bmatrix} \begin{bmatrix} i_\mathrm{a} \\ i_\mathrm{b} \\ i_\mathrm{c} \end{bmatrix} \tag{1-31}$$

其反变换为：

$$\begin{bmatrix} i_\mathrm{a} \\ i_\mathrm{b} \\ i_\mathrm{c} \end{bmatrix} = \sqrt{\frac{2}{3}} \begin{bmatrix} 1 & 0 & \dfrac{1}{\sqrt{2}} \\ -\dfrac{1}{2} & \dfrac{\sqrt{3}}{2} & \dfrac{1}{\sqrt{2}} \\ -\dfrac{1}{2} & -\dfrac{\sqrt{3}}{2} & \dfrac{1}{\sqrt{2}} \end{bmatrix} \begin{bmatrix} i_\alpha \\ i_\beta \\ i_0 \end{bmatrix} \tag{1-32}$$

α、β 系统和 d、q 系统间的变换关系可通过式（1-29）和式（1-22）求出，也可按如图 1-9 所示通过投影关系求出，如下：

$$\begin{bmatrix} i_d \\ i_q \end{bmatrix} = \begin{bmatrix} \cos\theta & \sin\theta \\ -\sin\theta & \cos\theta \end{bmatrix} \begin{bmatrix} i_\alpha \\ i_\beta \end{bmatrix} \tag{1-33}$$

$$\begin{bmatrix} i_\alpha \\ i_\beta \end{bmatrix} = \begin{bmatrix} \cos\theta & -\sin\theta \\ \sin\theta & \cos\theta \end{bmatrix} \begin{bmatrix} i_d \\ i_q \end{bmatrix} \tag{1-34}$$

显然 d、q 和 α、β 之间的变换也是正交变换。

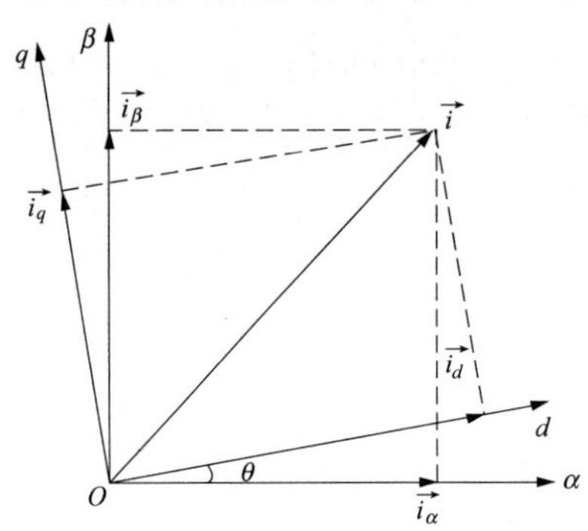

图 1-9　α、β 轴和 d、q 轴的关系

§1.3　磁导和磁感应强度

电机气隙的磁感应强度（或磁通密度）与位置和时间有关，它可用气隙每极磁势和单位面积上的气隙磁导（即比磁导）的乘积来表示。在忽略饱和时，且只考虑气隙磁导，即假设铁心磁阻为零，又若不考虑齿槽的影响，则比磁导函数可按电机类型分类如下：

(1) 异步型（定、转子表面光滑）：

$$\lambda = \lambda_0 \tag{1-35}$$

(2) 同步型（凸极转子）：如图 1-10 所示。

$$\lambda = \lambda_0 + \lambda_2 \cos 2(\zeta - \theta) + \lambda_4 \cos 4(\zeta - \theta) + \cdots \tag{1-36}$$

式中　ζ ——气隙空间某点与 a 轴所夹电角；

θ ——a 轴与 d 轴所夹电角。

(3) 直流型（凸极定子）：一般以 d 轴为基准，可看作是 d 轴和 a 轴重合，故

$$\lambda = \lambda_0 + \lambda_2 \cos 2\zeta + \lambda_4 \cos 4\zeta + \cdots \tag{1-37}$$

任一瞬间同步电机转子位置角用 θ 角来表示，如图 1-10 所示。所以气隙空间某点（ζ）的磁感应强度为：

$$B(\zeta,\theta,t) = \lambda(\zeta,\theta) \cdot F(\zeta,\theta,t) \tag{1-38}$$

式中　$F(\zeta,\ \theta,\ t)$ ——磁势函数，它的奇次（设为 ν 次）谐波和比磁导函数 λ 的偶次（设为 μ 次）谐波产生磁密的奇次（$\nu \pm \mu$ 次）谐波。

例如：$\cos 2\zeta \cdot \cos 5\zeta = \frac{1}{2}(\cos 7\zeta + \cos 3\zeta)$。

在分析电机的动态特性时，电枢高次谐波磁势可看作气隙漏磁，它们在电枢绕组中感应的电势可计入基波漏磁压降。这是因为 ν 次谐波磁势的转速为 n_1/ν，而极对数为 νp，故其感应电势的频率为

$$f_\nu = \frac{1}{60} \cdot \nu p \cdot \frac{n_1}{\nu} = \frac{pn_1}{60} = f_1$$

而磁导的脉动（在凸极时）只考虑到二次谐波。

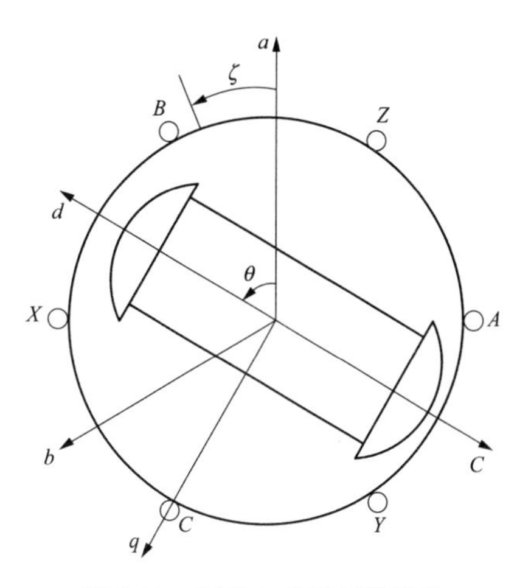

图 1-10　同步电机转子位置角

§1.4　自感和互感

绕组磁链可用电感和绕组电流的乘积来表示：

$$\underline{\psi} = \underline{L} \cdot \underline{i} \tag{1-39}$$

式中　$\underline{L}$——对称电感矩阵。

对定子及转子 $\underline{L}$ 可分解为子矩阵：

$$\begin{bmatrix} \underline{\psi}_{S} \\ \underline{\psi}_{R} \end{bmatrix} = \begin{bmatrix} \underline{L}_{SS} & \underline{L}_{SR} \\ \underline{L}_{RS} & \underline{L}_{RR} \end{bmatrix} \begin{bmatrix} \underline{i}_{s} \\ \underline{i}_{R} \end{bmatrix} \tag{1-40}$$

图 1-11 所示为一定、转子均为两相绕组的电机。设定子上有正交的两相绕组 α、β，转子上有正交的两相绕组 a、b。则式（1-40）可用正交分量写出如下：

$$\begin{bmatrix} \psi_\alpha \\ \psi_\beta \\ \psi_a \\ \psi_b \end{bmatrix} = \begin{bmatrix} L_{\alpha\alpha} & L_{\alpha\beta} & L_{\alpha a} & L_{\alpha b} \\ L_{\beta\alpha} & L_{\beta\beta} & L_{\beta a} & L_{\beta b} \\ L_{a\alpha} & L_{a\beta} & L_{aa} & L_{ab} \\ L_{b\alpha} & L_{b\beta} & L_{ba} & L_{bb} \end{bmatrix} \begin{bmatrix} i_\alpha \\ i_\beta \\ i_a \\ i_b \end{bmatrix} \tag{1-41}$$

由于电感矩阵是对称矩阵，所以式中 $L_{lK} = L_{Kl}$。一般可用磁场能量的公式来计算电感。按照上节的假设，磁场能量是在气隙和漏磁场中的。为了确定气隙电感（即主电感），先计算气隙磁场能量：

$$W_{\mathrm{m}} = \frac{1}{2}\int_{\mathrm{V}} HB\mathrm{d}V = \frac{\mu_0}{2}\int_{\mathrm{V}} H^2 \mathrm{d}V$$

$$= \frac{\mu_0}{2}\int_{\mathrm{V}} \left[\frac{F(\zeta,\theta,t)}{\delta(\zeta,\theta)}\right]^2 \mathrm{d}V \tag{1-42}$$

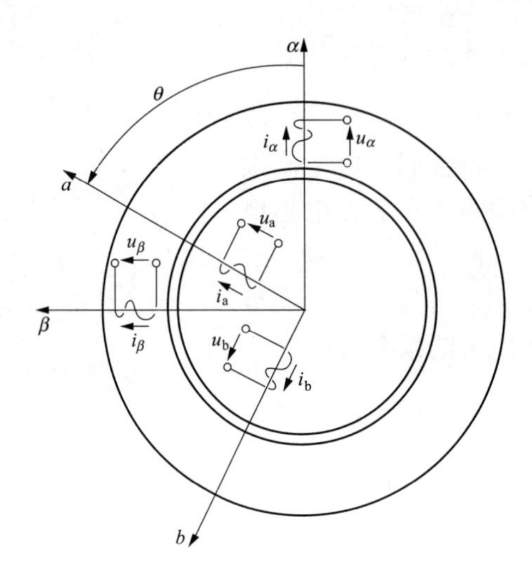

图 1-11　定、转子均为两相绕组的电机

由图 1-12 所示可见：

$$dV = p\delta L_i \cdot \frac{\tau}{\pi} d\zeta \qquad (1\text{-}43)$$

式中　τ——极距；

p——极对数；

$\delta=\delta(\zeta,\theta)$——气隙长。

由于气隙比磁导为：

$$\lambda = \frac{\mu_0}{\delta} \qquad (1\text{-}44)$$

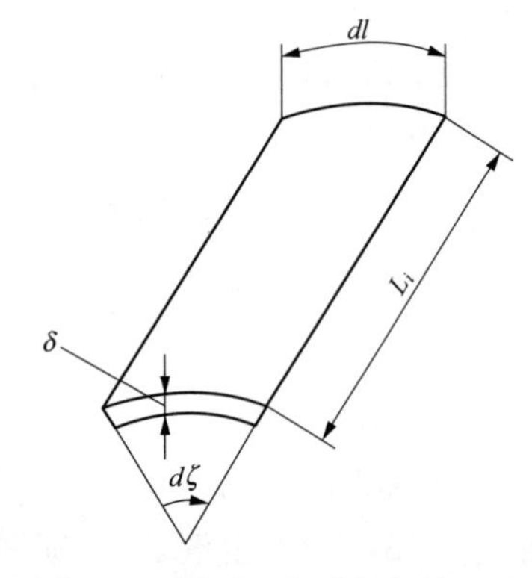

图 1-12　转子和气隙的相关尺寸

所以：

$$W_m = \frac{p\tau L_i}{2\pi}\int_0^{2\pi} \lambda \cdot F^2(\zeta,\theta,t) d\zeta \qquad (1\text{-}45)$$

式中　$F=\sum_{K=1}^{n} F_K$——气隙基波合成磁势；

n——定转子绕组的总数。

另一方面，若不计漏磁，这 n 个绕组在气隙中所产生的磁场能量也可用式（1-46）表示：

$$W_m = \frac{1}{2}\, \underline{i}^T \cdot \underline{L_h} \cdot \underline{i} \qquad (1\text{-}46)$$

式中　$\underline{L_h}$——气隙电感矩阵。

由式（1-45）和式（1-46）相等，可推出电感计算公式。其中主对角元素称为主电感（$l=K$）：

$$L_{h,KK}=\frac{p\tau L_i}{\pi}\int_0^{2\pi}\lambda\left(\frac{F_K}{i_K}\right)^2 d\zeta \tag{1-47}$$

非主对角线元素称为互电感（$l\neq K$）：

$$L_{h,Kl}=\frac{p\tau L_i}{\pi}\int_0^{2\pi}\lambda\left(\frac{F_K}{i_K}\right)\cdot\left(\frac{F_l}{i_l}\right)d\zeta=L_{h,lK} \tag{1-48}$$

利用式（1-47）和式（1-48）可计算一般电机气隙电感矩阵$\underline{L}_h$中的各元素。下面以三相异步电机为例。说明主电感的计算方法。

【例1-1】 设有一定、转子均为三相绕组的异步电机，其气隙比磁导为常数$\lambda=\lambda_0=\mu_0/\delta_i$，$\delta_i=$常数。试求定子绕组主电感$L_{aa}$。

定子三相绕组的每极磁势基波分量为：

$$\begin{cases}F_a=\dfrac{2}{\pi}\cdot\dfrac{w_1k_{w_1}}{p}i_a\cos\zeta\\F_b=\dfrac{2}{\pi}\cdot\dfrac{w_1k_{w_1}}{p}i_b\cos\left(\zeta-\dfrac{2}{3}\pi\right)\\F_c=\dfrac{2}{\pi}\cdot\dfrac{w_1k_{w_1}}{p}i_c\cos\left(\zeta+\dfrac{2}{3}\pi\right)\end{cases} \tag{1-49}$$

式中 w_1——定子每相绕组匝数；

k_{w_1}——基波绕组系数。

由式（1-47）可得：

$$\begin{aligned}L_{aa}&=\frac{p\tau L_i}{\pi}\int_0^{2\pi}\lambda_0\cdot\left(\frac{F_a}{i_a}\right)^2 d\zeta\\&=\frac{4\tau L_i w_1^2k_{w1}^2}{\pi^3 p}\int_0^{2\pi}\lambda_0\cos^2\zeta d\zeta\\&=\frac{4\tau L_i w_1^2k_{w1}^2\lambda_0}{\pi^2 p}=M\end{aligned} \tag{1-50}$$

式中 M——定子某一相绕组与转子某一相绕组轴线重合且两者匝数和绕组系数相同时，两者之间的互感系数。

【例1-2】 将【例1-1】中的三相电机变换为图1-11所示的两相电机，试求某定子绕组的主电感。

为使变换以后的气隙磁势不变，采用α、β绕组的每相匝数为a、b、c绕组每相匝数的$\sqrt{\dfrac{3}{2}}$倍，绕组系数k_{w1}保持不变，即用式（1-26）和式（1-27）作为变换公式。则定子两相绕组的基波磁势为：

$$\begin{cases} F_{\alpha}=\dfrac{2}{\pi}\sqrt{\dfrac{3}{2}}\ \dfrac{w_1 k_{w1}}{p}i_{\alpha}\cos\zeta \\ F_{\beta}=\dfrac{2}{\pi}\sqrt{\dfrac{3}{2}}\ \dfrac{w_1 K_{w_1}}{p}i_{\beta}\sin\zeta \end{cases} \tag{1-51}$$

由式（1-47）可得：

$$\begin{aligned} L_{\alpha\alpha} &= \frac{p\tau L_i}{\pi}\int_0^{2\pi}\lambda_0\left(\frac{F_{\alpha}}{i_{\alpha}}\right)^2 d\zeta = \frac{6\tau L_i w_1^2 k_{w_1}^2}{\pi^3 p}\int_0^{2\pi}\lambda_0\cos^2\zeta d\zeta \\ &= \frac{6\tau L_i w_1^2 k_{w_1}^2\lambda_0}{\pi^2 p} = \frac{3}{2}M \end{aligned} \tag{1-52}$$

【例 1-3】 设三相异步电机的定子 a_1 相绕组与转子 a_2 相绕组轴线之间所夹电角为 θ。试求两绕组之间的互感系数 $L_{a_1a_2}$。

此时两绕组的磁势为（设定、转子有效匝数相等，或已归算到定子侧）：

$$\begin{cases} F_{a_1}=\dfrac{2}{\pi}\cdot\dfrac{w_1 k_{w1}}{p}i_{a_1}\cos\zeta \\ F_{a_2}=\dfrac{2}{\pi}\cdot\dfrac{w_1 k_{w1}}{p}i_{a2}\cos(\zeta-\theta) \end{cases} \tag{1-53}$$

由式（1-48）可得：

$$\begin{aligned} L_{a_1a_2} &= \frac{p\tau L_i}{\pi}\int_0^{2\pi}\lambda_0\left(\frac{F_{a1}}{i_{a1}}\right)\cdot\left(\frac{F_{a2}}{i_{a2}}\right)d\zeta \\ &= \frac{4\tau L_i w_1^2 k_{w1}^2}{\pi^3 p}\int_0^{2\pi}\lambda_0\cos\zeta\cos(\zeta-\theta)d\zeta \\ &= \frac{4\tau L_i w_1^2 k_{w_1}^2\lambda_0}{\pi^2 p}\cos\theta = M\cos\theta \end{aligned} \tag{1-54}$$

电机绕组的漏磁电感计算，在电机设计课程中已有详细论述。这里暂不讨论。它们由定转子绕组的漏磁所确定。将它们加到由式（1-47）求得的主电感上，从而可求出绕组的自感：

$$L_{KK}=L_{h,KK}+L_{\sigma K} \tag{1-55}$$

用矩阵表示：

$$\underline{L}=\underline{L_h}+\underline{L_{\sigma}} \tag{1-56}$$

式中 $\underline{L_{\sigma}}$——对角线的自漏磁电感矩阵。

$$\underline{L_{\sigma}}=\begin{bmatrix} L_{\sigma_1} & & 0 \\ & \ddots & \\ 0 & & L_{\sigma n} \end{bmatrix} \tag{1-57}$$

应用式（1-47）、式（1-48）和式（1-56），再加上各绕组之间的互漏磁电感，就可求得各类电机的电感矩阵 $\underline{L}$ 中的自感和互感各元素。

§1.5 标 幺 值

在分析电机动态性能时，常用相对量（即标幺值）来进行计算，即将实在值除以某一选定的同单位的基准值：

$$标幺值=\frac{实在值}{基准值}\text{（per unit，p. u.）}$$

各变量的基准值一般取稳态运行时的额定值来定义。

1.5.1 变压器一次侧和电机定子侧的基准值

对三相系统常定义如下：

（1）电流取额定运行时相电流的幅值为相电流的基值。

$$I_b=\sqrt{2}I_N(A)$$

标幺值：
$$i_a^*=\frac{i_a}{I_b}=\frac{i_a}{\sqrt{2}I_N}$$

注意：此处 I_N 为额定相电流有效值，而通常电机的额定电流指线电流有效值。

（2）电压取额定相电压的幅值为相电压的基值。

$$U_b=\sqrt{2}U_N(V)$$

（3）阻抗基值。

$$Z_b=\frac{U_b}{I_b}=\frac{\sqrt{2}U_N}{\sqrt{2}I_N}(\Omega)$$

例如电阻压降：

$$u=iR$$

$$u^*\cdot U_b=i^*I_b\cdot R^*\frac{U_b}{I_b}$$

所以 $u^*=i^*\cdot R^*$，即标幺值方程与实在值方程的形式相同。

（4）功率取三相额定视在功率为基值。

$$P_b=S_b=3U_NI_N=\frac{3}{2}U_bI_b=S_N(W)$$

三相瞬时功率标幺值为：

$$P^*=\frac{P}{P_b}=\frac{u_ai_a+u_bi_b+u_ci_c}{\frac{3}{2}U_bI_b}=\frac{2}{3}(u_a^*i_a^*+u_b^*i_b^*+u_c^*i_c^*)$$

可见，标幺值之间的关系式和实在值之间的关系式不一定有完全相同的形式。

（5）频率基值取额定频率 f_N（Hz）为基值。

$$f_b = f_N \ (1/s)$$

（6）角频率基值。

$$\omega_b = \omega_N = 2\pi f_N \ (\text{电弧度}/s)$$

（7）电角度基值。

$$\theta_b = 1 \ (\text{电弧度})$$

所以：

$$\theta^* = \frac{\theta}{\theta_b} = \theta$$

（8）时间基值。

$$\tau_b = \frac{1}{\omega_b} = \frac{1}{2\pi f_N} \ (s)$$

τ_b 相当于额定情况下旋转磁场转过一个电弧度所需的秒数，例如：$f_N = 50Hz$ 时，

$$\tau_b = \frac{1}{100\pi} = 0.003\ 18 \ (s)$$

这样做有一个好处：

$$\omega^* t^* = \frac{\omega}{\omega_b} \cdot \frac{t}{\tau_b} = \omega t$$

（9）转矩基值。

$$T_b = \frac{P_b}{\omega_N / p} \ (N \cdot m)$$

式中　p——极对数。

在额定频率下，电磁功率与电磁转矩标幺值相同。

$$P_e^* = \frac{P_e}{P_b} = \frac{T_e \cdot \omega_N / p}{T_b \cdot \omega_N / p} = T_e^*$$

（10）电感基值。

$$L_b = \frac{Z_b}{\omega_b} \ (H)$$

在额定频率下：

$$x^* = \frac{x}{Z_b} = \frac{\omega_N L}{\omega_N L_b} = L^*$$

（11）磁链基值。

$$\psi_b = U_b \tau_b = I_b Z_b \frac{1}{\omega_b} = L_b I_b$$

1.5.2　变压器二次侧和电机转子侧的基准值

下面讨论变压器二次侧和电机转子侧各个量的标幺值的计算方法。一般有两

种方法：一是各个量先折算到一次侧，再除以一次侧的基值。二是按一定的规则确定二次侧各个量的基值。

先考虑双绕组变压器二次侧的基值 U_{2b}、I_{2b}，设：

$$\frac{U_b}{U_{2b}}=k_u(\text{一般取 } k_u=\frac{N_1}{N_2})$$

$$\frac{I_b}{I_{2b}}=k_i(\text{一般取 } k_i=\frac{N_2}{N_1})$$

式中 N_1、N_2—— 一、二次侧的绕组匝数。

原则上，k_u、k_i 可任意取。但我们希望用标幺值表示的电路方程仍保持原来的形式，且互感标幺值仍为可逆，即 $M_{12}^*=M_{21}^*$。这样，k_u、k_i 就不能任意选择了。

要求标幺值电路方程形式不变，即：

$$\begin{cases} u_1^*=L_1^*\dfrac{di_1^*}{dt^*}+M_{12}^*\dfrac{di_2^*}{dt^*}+R_1^*i_1^* \\ u_2^*=M_{21}^*\dfrac{di_1^*}{dt^*}+L_2^*\dfrac{di_2^*}{dt^*}+R_2^*i_2^* \end{cases}$$

实际上，标幺值方程是从实在值表示的方程式化出来的，例如：

$$u_1=L_1\frac{di_1}{dt}+M_{12}\frac{di_2}{dt}+R_1i_1$$

两边均除以 U_b，并适当整理得出：

$$\frac{u_1}{U_b}=\frac{L_1I_b}{U_b\tau_b}\cdot\frac{d\left(\dfrac{i_1}{I_b}\right)}{d\left(\dfrac{t}{\tau_b}\right)}+\frac{M_{12}I_{2b}}{U_b\tau_b}\cdot\frac{d\left(\dfrac{i_2}{I_{2b}}\right)}{d\left(\dfrac{t}{\tau_b}\right)}+\frac{R_1I_b}{U_b}\cdot\frac{i_1}{I_b}$$

故：

$$R_1^*=\frac{R_1}{Z_b},\ L_1^*=\frac{L_1}{L_b},\ M_{12}^*=\frac{M_{12}}{L_b}\cdot\frac{1}{k_i}$$

同理可得：

$$R_2^*=\frac{R_2}{Z_b}\cdot\frac{k_u}{k_i},\ L_2^*=\frac{L_2}{L_b}\cdot\frac{k_u}{k_i},\ M_{21}^*=\frac{M_{21}}{L_b}\cdot k_u$$

由此可见，和二次侧有关的参数，化成标幺值时，不能直接除以一次侧的基值。例如 R_2 要先折算到一次侧，成为 $R'_2=R_2\cdot\dfrac{k_u}{k_i}$，再除以 Z_b。也可理解为二次侧有它自己的阻抗基值：

$$Z_{2b}=Z_b\frac{k_i}{k_u}$$

为了使互感标幺值可逆，即 $M_{12}^{*}=M_{21}^{*}$，则有：

$$\frac{M_{12}}{L_{\mathrm{b}}k_{\mathrm{i}}}=\frac{M_{21}}{L_{\mathrm{b}}}k_{\mathrm{u}}=\frac{M'_{12}}{L_{\mathrm{b}}}=\frac{M'_{21}}{L_{\mathrm{b}}}$$

可得：$k_{\mathrm{u}}k_{i}=1$。

通常取 $k_{\mathrm{u}}=\dfrac{N_1}{N_2}$，$k_{\mathrm{i}}=\dfrac{N_2}{N_1}$，故能满足此条件。而且，若 Λ_{m} 为双绕组变压器主磁路的磁导，则由图 1-13 可见：

因为：

$$M_{12}=\frac{N_2\cdot N_1\Phi_{12}}{N_2\cdot i_2}=N_1N_2\Lambda_{\mathrm{m}},\quad M_{21}=\frac{N_1\cdot N_2\Phi_{21}}{N_1\cdot i_1}=N_1N_2\Lambda_{\mathrm{m}}$$

$$M'_{12}=\frac{M_{12}}{k_{\mathrm{i}}}=\frac{N_1N_2\Lambda_{\mathrm{m}}}{\dfrac{N_2}{N_1}}=N_1^2\Lambda_{\mathrm{m}},\quad M'_{21}=M_{21}k_{\mathrm{u}}=N_1N_2\Lambda_{\mathrm{m}}\frac{N_1}{N_2}=N_1^2\Lambda_{\mathrm{m}}$$

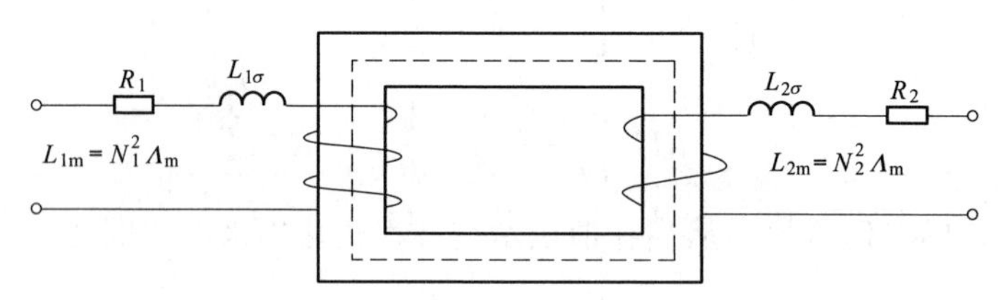

图 1-13　双绕组变压器

可见：

$$L'_{2\mathrm{m}}=M'_{12}=M'_{21}=L_{1\mathrm{m}}=L_{\mathrm{m}}$$

所以：

$$L_{2\mathrm{m}}^{*}=M_{12}^{*}=M_{21}^{*}=L_{1\mathrm{m}}^{*}=L_{\mathrm{m}}^{*}$$

在额定频率时：

$$x_{2\mathrm{m}}^{*}=x_{12}^{*}=x_{21}^{*}=x_{1\mathrm{m}}^{*}=x_{\mathrm{m}}^{*}$$

下面讨论同步电机转子侧各量的基准值。d、q 绕组为定子侧的 a、b、c 绕组通过坐标变换而得到的观察轴线固定在转子上的等效绕组，f 为励磁绕组，D、Q 表示 d、q 轴的阻尼绕组。它们是相对静止的。为使等效互感的标幺值可逆，可用功率基值相等的原则，如式（1-58）所示：

$$\begin{cases}S_{\mathrm{fb}}=U_{\mathrm{fb}}I_{\mathrm{fb}}=U_{d\mathrm{b}}I_{d\mathrm{b}}=U_{q\mathrm{b}}I_{q\mathrm{b}}=\dfrac{3}{2}U_{\mathrm{b}}I_{\mathrm{b}}=S_{\mathrm{b}}\\ S_{\mathrm{Db}}=U_{\mathrm{Db}}I_{\mathrm{Db}}=S_{\mathrm{Qb}}=U_{\mathrm{Qb}}I_{\mathrm{Qb}}=S_{\mathrm{b}}\end{cases}\tag{1-58}$$

式中　U_{fb}、U_{Db}、U_{Qb} —— f、D、Q 绕组的基准电压；

I_{fb}、I_{Db}、I_{Qb} —— f、D、Q 绕组的基准电流。

由 abc 至 dq 的正交坐标变换，故选取：

$$\begin{cases} U_{db}=U_{qb}=\sqrt{\dfrac{3}{2}}U_b\text{，分别为 } d\text{、}q\text{ 绕组的基准电压} \\ I_{db}=I_{qb}=\sqrt{\dfrac{3}{2}}I_b\text{，分别为 } d\text{、}q\text{ 绕组的基准电流} \end{cases} \tag{1-59}$$

转子磁链和阻抗的基准值由式（1-60）确定：

$$\begin{cases} \psi_{fb}=U_{fb}\tau_b, \quad Z_{fb}=\dfrac{U_{fb}}{I_{fb}}, \quad Z_{db}=\dfrac{U_{db}}{I_{db}}=\dfrac{U_b}{I_b}=Z_b \\ \psi_{Db}=U_{Db}\tau_b, \quad Z_{Db}=\dfrac{U_{Db}}{I_{Db}}, \quad Z_{qb}=\dfrac{U_{qb}}{I_{qb}}=\dfrac{U_b}{I_b}=Z_b \\ \psi_{Qb}=U_{Qb}\tau_b, \quad Z_{Qb}=\dfrac{U_{Qb}}{I_{Qb}}, \quad L_{db}=L_{qb}=L_b \end{cases} \tag{1-60}$$

在式（1-60）中，由于 $Z_{db}=Z_{qb}=Z_b$，$L_{db}=L_{qb}=L_b$，所以用上述方法所求得的阻抗及电感标幺值与一般“电机瞬变过程”书上的方法结果相同。

设 d、q 和 f、D、Q 绕组的基值电压及基值电流之比分别为：

$$\begin{cases} k_{u_f}=\dfrac{U_{db}}{U_{fb}}, \quad k_{i_f}=\dfrac{I_{db}}{I_{fb}} \\ k_{u_D}=\dfrac{U_{db}}{U_{Db}}, \quad k_{i_D}=\dfrac{I_{db}}{I_{Db}} \\ k_{u_Q}=\dfrac{U_{qb}}{U_{Qb}}, \quad k_{i_Q}=\dfrac{I_{qb}}{I_{Qb}} \end{cases} \tag{1-61}$$

以励磁绕组为例，类似于变压器，d 和 f 基值电压之比等于 d 和 f 绕组的有效匝比：

$$k_{u_f}=\frac{U_{db}}{U_{fb}}=\sqrt{\frac{3}{2}}\ \frac{w_1k_{w_1}}{w_fk_{w_f}}$$

$w_fk_{w_f}$ 为 f 绕组的有效匝数，而$\sqrt{\dfrac{3}{2}}w_1k_{w_1}$ 则为 d 绕组的有效匝数。由式（1-61）可得：

$$\frac{U_{db}}{U_{fb}}\cdot\frac{I_{db}}{I_{fb}}=k_{u_f}\cdot k_{i_f}=1$$

所以：

$$k_{i_f}=\frac{1}{k_{u_f}}=\sqrt{\frac{2}{3}}\ \frac{w_fk_{w_f}}{w_1k_{w_1}} \tag{1-62}$$

因此：

$$\begin{cases} I_{fb}=\dfrac{1}{k_{i_f}}\cdot I_{db}=\sqrt{\dfrac{3}{2}}\dfrac{w_1k_{w_1}}{w_fk_{w_f}}I_{db}=\dfrac{3}{2}\dfrac{w_1k_{w_1}}{w_fk_{wf}}I_b \\ U_{fb}=\dfrac{1}{k_{u_f}}\cdot U_{db}=\sqrt{\dfrac{2}{3}}\dfrac{w_fk_{w_f}}{w_1k_{w_1}}U_{db}=\dfrac{w_fk_{w_f}}{w_1k_{w_1}}U_b \\ Z_{fb}=\dfrac{U_{fb}}{I_{fb}}=\dfrac{2}{3}\dfrac{w_f^2k_{w_f}^2}{w_1^2k_{w_1}^2}Z_{db}=\dfrac{2}{3}\dfrac{w_f^2k_{w_f}^2}{w_1^2k_{w_1}^2}Z_b \end{cases} \tag{1-63}$$

可见，式（1-63）可使 I_{fb}和 I_{db}产生的磁势相等，即磁势相等原则：

$$w_fk_{w_f}I_{fb}=\sqrt{\frac{3}{2}}w_1k_{w_1}I_{db}$$

对于阻尼绕组 D 和Q，也类似于变压器。d 和D 的基值电压之比等于d 和 D 绕组的有效匝比：

$$k_{u_D}=\frac{U_{db}}{U_{Db}}=\sqrt{\frac{3}{2}}\frac{w_1k_{w_1}}{w_Dk_{w_D}}$$

$w_Dk_{w_D}$为 D 绕组的有效匝数。由式（1-61）可得：

$$\frac{U_{db}}{U_{Db}}\cdot\frac{I_{db}}{I_{Db}}=k_{u_D}\cdot k_{i_D}=1$$

所以：

$$k_{i_D}=\frac{1}{k_{u_D}}=\sqrt{\frac{2}{3}}\frac{w_Dk_{w_D}}{w_1k_{w_1}} \tag{1-64}$$

同样绕组 q 和Q 的基值电压之比等于q 和Q 绕组的有效匝比：

$$k_{u_Q}=\frac{U_{db}}{U_{Qb}}=\sqrt{\frac{3}{2}}\frac{w_1k_{w_1}}{w_Qk_{w_Q}}$$

式中　$w_Qk_{w_Q}$——Q 绕组的有效匝数。

由式（1-61）可得：

$$k_{i_Q}=\frac{1}{k_{u_Q}}=\sqrt{\frac{2}{3}}\frac{w_Qk_{w_Q}}{w_1k_{w_1}} \tag{1-65}$$

励磁电流的基值也可用 x_{ad}系统的原则来确定，即应使基值 I_{fb}所产生的气隙基波磁链及其 d 轴感应电势与基值直轴电流 I_{db}产生的相同，即有：

$$\begin{cases} L_{df}I_{fb}=L_{ad}I_{db} \\ I_{fb}=\dfrac{L_{ad}}{L_{df}}I_{db} \end{cases} \tag{1-66}$$

对于转子各量的标幺化，也可按电机学中变压器所述的方法。将 d（q）看作变压器的一次侧，f、D（Q）看作二次侧。先将二次侧各量用有效匝比折算到一次侧，然后再除以一次侧相应各量的基准值。以后将可证明上述几种方法的结果是相同的。

同步电机在电动机运行时的运动方程可用标幺值表示如下：

$$\frac{T_e}{T_N}-\frac{T_L}{T_N}=\frac{J}{pT_N}\cdot\frac{d\omega}{dt}=\frac{J\omega_N^2}{pT_N}\frac{d\left(\frac{\omega}{\omega_N}\right)}{d(\omega_N t)}=T_A\omega_N\frac{d\left(\frac{\omega}{\omega_N}\right)}{d\tau} \tag{1-67}$$

式中 T_e——电机的电磁转矩；

T_L——包括电机轴承、风摩等阻力矩在内的总负载转矩；

J——转动惯量（包括机械负载惯量在内的转子总转动惯量）；

ω——转子的电角速度。

$T_A=\frac{J\omega_N}{pT_N}=\frac{J}{S_N}\left(\frac{\omega_N}{p}\right)^2$ 称为起动时间常数（单位：s），它表示机组在额定转矩的加速作用下，从静止到额定转速，空载线性起动所需的时间。因为 $\frac{d\theta}{d\tau}=\frac{\omega}{\omega_N}$，所以：

$$T_e^*-T_L^*=T_A\omega_N\frac{d\omega^*}{d\tau}=T_j\frac{d^2\theta^*}{d^2\tau} \tag{1-68}$$

式中 T_j——电机转动部分惯性常数（以电弧度为单位）。

在发电机运行时，电机的运动方程为：

$$\frac{T_m}{T_N}-\frac{T_e}{T_N}-\frac{T_D}{T_N}=T_j\frac{d\omega^*}{d\tau}$$

$$T_m^*-T_e^*-T_D^*=T_j\frac{d^2\theta^*}{d^2\tau} \tag{1-69}$$

式中 T_m——原动机的驱动转矩；

T_D——发电机的阻尼转矩，$T_D=K_Ds$；

K_D——阻尼系数；

s——转差率。

应用标幺值可将电机的电压、磁链、电流、运动方程等用标幺值方程来表示。从而不必考虑各物理量的量纲，并且便于比较各类电机的动态计算结果。

由于 α、β、0 系统相当于 $\theta=0$ 的 d、q、0 系统，因此上述 d、q、0 绕组中各量基准值的选取原则同样可适用于 α、β、0 绕组中相应量基准值的选取。

第2章　同步电机的基本方程

§2.1　无阻尼绕组同步电机的基本方程

三相同步电机的定子与异步电机类似为三相对称绕组。可以用前述坐标变换公式转变为正交的 α、β 两相绕组或 d、q 两相绕组。图 2-1 所示为一凸极同步电机。图中各量的正方向采用电动机惯例。对各绕组而言，若穿过绕组的磁力线方向和绕组轴线的正方向一致，则这样的磁力线形成的绕组磁链规定为正磁链。绕组中的电流若会在该绕组中形成正磁链，则该电流方向就规定为电流的正方向，即 ψ 和 i 符合右手螺旋。对于绕组端电压和绕组中的感应电势而言，则是以能形成正电流的方向规定为它们的正方向。

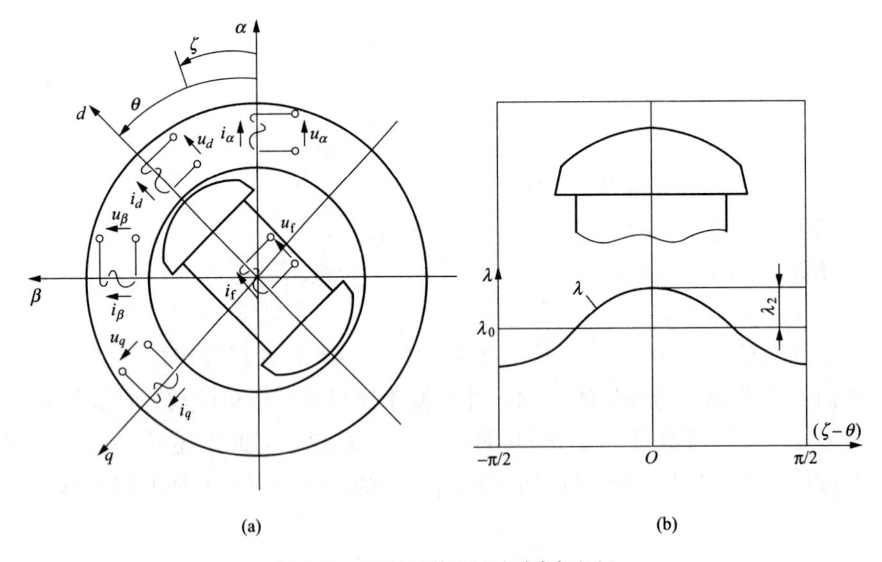

图 2-1　无阻尼绕组凸极同步电机

由图 2-1 可见，凸极同步电机的转子在电的方面是不均称的，它只有励磁绕组（f），是单相绕组；在磁的方面是不均匀的，其气隙磁导随位置角而变化，可近似用平均值和二次谐波表示如下：

$$\lambda = \lambda_0 + \lambda_2 \cos 2(\zeta - \theta) \tag{2-1}$$

下面介绍各绕组的基波磁势及主、互电感计算公式。

2.1.1　各绕组的基波磁势

2.1.1.1　α、β 绕组的基波磁势

$$\begin{cases} F_\alpha = \dfrac{2}{\pi}\sqrt{\dfrac{3}{2}}\,\dfrac{w_1 k_{w_1}}{p} i_\alpha \cos\zeta \\ F_\beta = \dfrac{2}{\pi}\sqrt{\dfrac{3}{2}}\,\dfrac{w_1 k_{w_1}}{p} i_\beta \sin\zeta \end{cases} \tag{2-2}$$

式中　w_1——定子 a、b、c 每相绕组的总串联匝数；

k_{w_1}——基波磁势的绕组系数。

2.1.1.2　d、q 绕组的基波磁势

$$\begin{cases} F_d = \dfrac{2}{\pi}\sqrt{\dfrac{3}{2}}\,\dfrac{w_1 k_{w_1}}{p} i_d \cos(\zeta-\theta) \\ F_q = \dfrac{2}{\pi}\sqrt{\dfrac{3}{2}}\,\dfrac{w_1 k_{w_1}}{p} i_q \sin(\zeta-\theta) \end{cases} \tag{2-3}$$

2.1.1.3　励磁绕组（f）的基波磁势

$$F_f = \frac{2}{\pi}\frac{w_f k_{wf}}{p} i_f \cos(\zeta-\theta) \tag{2-4}$$

式中　$w_f k_{wf}$——励磁绕组的有效匝数；

k_{wf}——励磁绕组的基波绕组系数。

2.1.2　各绕组的主电感系数的计算公式

2.1.2.1　d 轴主电感 L_{ad}（即 d 轴电枢反应电感系数）

$$L_{ad} = \frac{p\tau L_i}{\pi}\int_0^{2\pi}\lambda\left(\frac{F_d}{i_d}\right)^2 d\zeta = \frac{6\tau L_i w_1^2 k_{w_1}^2}{\pi^2 p}\left(\lambda_0+\frac{\lambda_2}{2}\right)$$

其中：$\lambda=\lambda_0+\lambda_2\cos2(\zeta-\theta)$，$\lambda_0=\dfrac{\mu_0}{\delta}$。

设：
$$\Lambda_0=\frac{12}{\pi^2}\frac{\mu_0\tau L_i}{\delta}；\ \Lambda_2=\frac{\lambda_2}{2\lambda_0}\Lambda_0$$

则：
$$L_{ad}=\frac{w_1^2 k_{w_1}^2}{2p}(\Lambda_0+\Lambda_2) \tag{2-5}$$

2.1.2.2　q 轴主电感 L_{aq}（即 q 轴电枢反应电感系数）

$$L_{aq} = \frac{p\tau L_i}{\pi}\int_0^{2\pi}\lambda\left(\frac{F_q}{i_q}\right)^2 d\zeta = \frac{6\tau L_i w_1^2 k_{w_1}^2}{\pi^2 p}\left(\lambda_0-\frac{\lambda_2}{2}\right)$$

可得：
$$L_{aq}=\frac{w_1^2k_{w_1}^2}{2p}(\Lambda_0-\Lambda_2) \tag{2-6}$$

2.1.2.3　α 绕组主电感 $L_{\alpha\alpha}$

$$L_{\alpha\alpha}=\frac{p\tau L_i}{\pi}\int_0^{2\pi}\lambda\left(\frac{F_\alpha}{i_\alpha}\right)^2\mathrm{d}\zeta$$

所以：
$$L_{\alpha\alpha}=\frac{6\tau L_i w_1^2k_{w_1}^2}{\pi^2p}\left(\lambda_0+\frac{\lambda_2}{2}\cos2\theta\right)$$

可得：
$$L_{\alpha\alpha}=\frac{L_{ad}+L_{aq}}{2}+\frac{L_{ad}-L_{aq}}{2}\cos2\theta \tag{2-7}$$

2.1.2.4　α、β 绕组的气隙互电感 $L_{\alpha\beta}$

$$L_{\alpha\beta}=\frac{p\tau L_i}{\pi}\int_0^{2\pi}\lambda\frac{F_\alpha}{i_\alpha}\frac{F_\beta}{i_\beta}\mathrm{d}\zeta$$

所以：
$$L_{\alpha\beta}=\frac{6\tau L_i w_1^2k_{w_1}^2}{\pi^2p}\frac{\lambda_2}{2}\sin2\theta$$

可得：
$$L_{\alpha\beta}=\frac{L_{ad}-L_{aq}}{2}\sin2\theta \tag{2-8}$$

2.1.2.5　励磁绕组（f）的气隙主电感 L_{fm}

$$L_{\mathrm{fm}}=\frac{p\tau L_i}{\pi}\int_0^{2\pi}\lambda\left(\frac{F_{\mathrm{f}}}{i_{\mathrm{f}}}\right)^2\mathrm{d}\zeta=\frac{4\tau L_i w_{\mathrm{f}}^2k_{\mathrm{wf}}^2}{\pi^2p}\left(\lambda_0+\frac{\lambda_2}{2}\right)$$

可得：
$$L_{\mathrm{fm}}=\frac{2}{3}\frac{w_{\mathrm{f}}^2k_{\mathrm{wf}}^2}{w_1^2k_{w_1}^2}L_{ad} \tag{2-9}$$

2.1.2.6　α 和 f 绕组的气隙互电感 $L_{\alpha\mathrm{f}}$

$$L_{\alpha\mathrm{f}}=\frac{p\tau L_i}{\pi}\int_0^{2\pi}\lambda\frac{F_\alpha}{i_\alpha}\frac{F_{\mathrm{f}}}{i_{\mathrm{f}}}\mathrm{d}\zeta$$

所以：
$$L_{\alpha\mathrm{f}}=\sqrt{\frac{3}{2}}\frac{4\tau L_i w_1k_{w_1}w_{\mathrm{f}}k_{\mathrm{wf}}}{\pi^2p}\left(\lambda_0+\frac{\lambda_2}{2}\right)\cos\theta$$

可得：
$$L_{\alpha\mathrm{f}}=\sqrt{\frac{2}{3}}\frac{w_{\mathrm{f}}k_{\mathrm{wf}}}{w_1k_{w_1}}L_{ad}\cos\theta \tag{2-10}$$

2.1.2.7　β 绕组主电感 $L_{\beta\beta}$

$$L_{\beta\beta}=\frac{p\tau L_i}{\pi}\int_0^{2\pi}\lambda\left(\frac{F_\beta}{i_\beta}\right)^2\mathrm{d}\zeta$$

所以：
$$L_{\beta\beta}=\frac{6\tau L_i w_1^2k_{w_1}^2}{\pi^2p}\left(\lambda_0-\frac{\lambda_2}{2}\cos2\theta\right)$$

可得：
$$L_{\beta\beta}=\frac{L_{ad}+L_{aq}}{2}-\frac{L_{ad}-L_{aq}}{2}\cos2\theta \tag{2-11}$$

2.1.2.8　β 和 f 绕组的气隙互电感 $L_{\beta f}$

$$L_{\beta f}=\frac{p\tau L_i}{\pi}\int_0^{2\pi}\lambda\,\frac{F_\beta}{i_\beta}\,\frac{F_f}{i_f}\mathrm{d}\zeta$$

所以：
$$L_{\beta f}=\sqrt{\frac{3}{2}}\;\frac{4\tau L_i w_1 k_{w_1} w_f k_{wf}}{\pi^2 p}\left(\lambda_0+\frac{\lambda_2}{2}\right)\sin\theta$$

可得：
$$L_{\beta f}=\sqrt{\frac{2}{3}}\;\frac{w_f k_{wf}}{w_1 k_{w_1}}L_{ad}\sin\theta \tag{2-12}$$

然后将各绕组的漏磁电感加到各主电感上，可得式（2-13）：

$$\begin{cases}L_{\alpha\alpha}=\dfrac{L_d+L_q}{2}+\dfrac{L_d-L_q}{2}\cos2\theta=L_d\cos^2\theta+L_q\sin^2\theta\\[2ex]L_{\beta\beta}=\dfrac{L_d+L_q}{2}-\dfrac{L_d-L_q}{2}\cos2\theta=L_d\sin^2\theta+L_q\cos^2\theta\end{cases}\tag{2-13a}$$

$$\begin{cases}L_{\alpha\beta}=\dfrac{L_d-L_q}{2}\sin2\theta\\[2ex]L_{\alpha f}=\sqrt{\dfrac{2}{3}}\cdot\dfrac{w_f k_{wf}}{w_1 k_{w_1}}L_{ad}\cos\theta\;;L'_{\alpha f}=L_{ad}\cos\theta\\[2ex]L_{\beta f}=\sqrt{\dfrac{2}{3}}\cdot\dfrac{w_f k_{wf}}{w_1 k_{w_1}}L_{ad}\sin\theta\;;L'_{\beta f}=L_{ad}\sin\theta\\[2ex]L_f=L_{f\sigma}+\dfrac{2}{3}\cdot\dfrac{w_f^2 k_{wf}^2}{w_1^2 k_{w_1}^2}L_{ad}\quad;L'_f=L'_{f\sigma}+L_{ad}\end{cases}\tag{2-13b}$$

其中：$L_d=L_{ad}+L_\sigma$ 为直轴电感（或称为直轴同步电感）；

$L_q=L_{aq}+L_\sigma$ 为交轴电感（或称为交轴同步电感）；

带“′”的各电感系数为折算到定子 α、β 绕组的值。

式中　L_σ——定子绕组的漏磁电感；

$L_{f\sigma}$——励磁绕组的漏磁电感。

由式（2-13）可见，α 和 β 绕组的自感值在纵轴和横轴电感之间波动，α 和 β 绕组之间的互感一般是不等于零的。

2.1.3　无阻尼绕组同步电机的磁链和电压方程

根据上述电感系数可写出无阻尼绕组同步电机的磁链方程如下：

$$\begin{bmatrix}\psi_\alpha\\\psi_\beta\\\psi_f\end{bmatrix}=\begin{bmatrix}L_{\alpha\alpha}&L_{\alpha\beta}&L_{\alpha f}\\L_{\beta\alpha}&L_{\beta\beta}&L_{\beta f}\\L_{f\alpha}&L_{f\beta}&L_f\end{bmatrix}\begin{bmatrix}i_\alpha\\i_\beta\\i_f\end{bmatrix}\tag{2-14}$$

其电压方程为：

$$\begin{bmatrix} u_\alpha \\ u_\beta \\ u_f \end{bmatrix} = \begin{bmatrix} R_1 & 0 & 0 \\ 0 & R_1 & 0 \\ 0 & 0 & R_f \end{bmatrix} \begin{bmatrix} i_\alpha \\ i_\beta \\ i_f \end{bmatrix} + \frac{d}{dt} \begin{bmatrix} \psi_\alpha \\ \psi_\beta \\ \psi_f \end{bmatrix} \tag{2-15}$$

在采用发电机惯例时，ψ_α 和 i_α（或 ψ_β 和 i_β）之间符合左手螺旋，而且 $i_\alpha(i_\beta)$ 从 u_α（u_β）的正端流出电机。只需在式（2-14）和式（2-15）中用 $-i_\alpha$（$-i_\beta$）代替原来的 $i_\alpha(i_\beta)$ 即可。

在同步频率（ω_N）时，电抗可用下式表示：

$$\underline{x} = \omega_N \underline{L}$$

这样，用标幺值表示时，电感矩阵也可用电抗矩阵来表示，即 $\underline{x}^* = \underline{L}^*$。所以，式（2-14）的磁链方程可写成：

$$\begin{bmatrix} \psi_\alpha \\ \psi_\beta \\ \psi_f \end{bmatrix} = \begin{bmatrix} x_d \cos^2\theta + x_q \sin^2\theta & (x_d - x_q)\sin\theta\cos\theta & x_{ad}\cos\theta \\ (x_d - x_q)\sin\theta\cos\theta & x_d \sin^2\theta + x_q \cos^2\theta & x_{ad}\sin\theta \\ x_{ad}\cos\theta & x_{ad}\sin\theta & x_{ad} + x_{f\sigma} \end{bmatrix} \begin{bmatrix} i_\alpha \\ i_\beta \\ i_f \end{bmatrix} \quad \text{(p. u.)} \tag{2-16}$$

用标幺值表示电压方程式，只需将式（2-15）中的 t 用同步角 $\tau = \omega_N t$ 来代替，其他各量均改为标幺值即可。

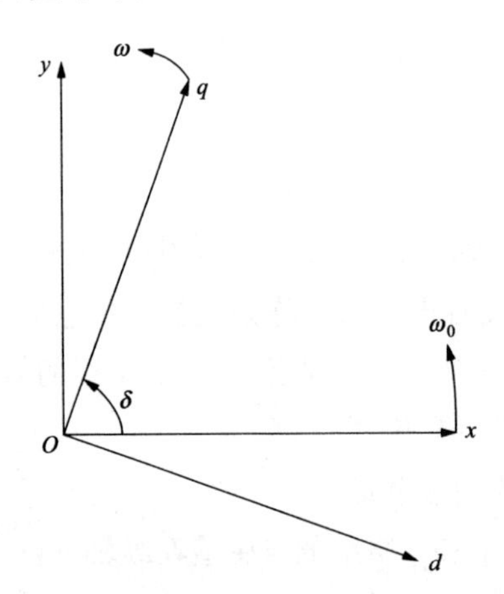

图 2-2 公共坐标 x、y 和 d、q 坐标的关系

在分析同步电机的机电过程时，还应注意各坐标之间的相对关系。在图 2-2 中，设公共坐标系统（$x-y$）以同步转速 ω_0 旋转，它用标幺值表示，即

$$\omega_0 = \frac{\omega_N}{\omega_N} = 1 \quad \text{(p. u.)}$$

d、q 坐标系统随转子以 ω 的电角速度旋转。转子位置电角 δ 为 q 轴相对于 x 轴的电角度，则有式（2-17）：

$$\omega = p\delta + \omega_0 = p\delta + 1 \quad (\text{p. u.}) \tag{2-17}$$

其中，$p\delta = \dfrac{\mathrm{d}\delta}{\mathrm{d}\tau} = \dfrac{1}{\omega_{\mathrm{N}}} \cdot \dfrac{\mathrm{d}\delta}{\mathrm{d}t}$，是转子相对于同步转速的摆动速率，它的负值就等于转差率 s。

式中　ω——转子转速的标幺值。

由式（2-16）可见，用 α、β 坐标系统表示的电感矩阵中各元素是转子位置电角 θ 的函数，而 θ 角又随时间而变。这样，在求动态问题的解析解时，往往非常复杂。为了使问题简化，便于分析，可用 d、q 分量表示的方程，即用Park方程来表示。只需利用式（1-33）和式（1-34）的正交变换即可得到变换后的系统方程。由 α、β 至 d、q 的坐标变换可写成：

$$\underline{i_{dq}} = \underline{c} \cdot \underline{i_{\alpha\beta}}$$

其中：

$$\underline{i_{dq}} = [i_d \quad i_q]^{\mathrm{T}};\ \underline{i_{\alpha\beta}} = [i_\alpha \quad i_\beta]^{\mathrm{T}}$$

$$\underline{c} = \begin{bmatrix} \cos\theta & \sin\theta \\ -\sin\theta & \cos\theta \end{bmatrix}$$

由式（2-15）可知

$$\underline{u_{\alpha\beta}} = R_1 \cdot \underline{i_{\alpha\beta}} + p\,\underline{\psi_{\alpha\beta}}$$

故：

$$\underline{c} \cdot \underline{u_{\alpha\beta}} = R_1 \underline{c} \cdot \underline{i_{\alpha\beta}} + \underline{c}\,p(\underline{c}^{-1}\,\underline{\psi_{dq}})$$

即：

$$\underline{u_{dq}} = R_1 \cdot \underline{i_{dq}} + p\underline{\psi_{dq}} + (\underline{c}p\,\underline{c}^{-1}) \cdot \underline{\psi_{dq}}$$

所以：

$$\underline{u_{dq}} = R_1 \cdot \underline{i_{dq}} + p\underline{\psi_{dq}} + \begin{bmatrix} 0 & -\omega \\ \omega & 0 \end{bmatrix} \cdot \underline{\psi_{dq}}$$

$$\omega = p\theta$$

式中　ω——转子的电角速度。

这样，就可写出用 d、q 分量表示的电压方程：

$$\begin{bmatrix} u_d \\ u_q \\ u_{\mathrm{f}} \end{bmatrix} = \begin{bmatrix} R_1 & 0 & 0 \\ 0 & R_1 & 0 \\ 0 & 0 & R_{\mathrm{f}} \end{bmatrix} \begin{bmatrix} i_d \\ i_q \\ i_{\mathrm{f}} \end{bmatrix} + \frac{\mathrm{d}}{\mathrm{d}\tau} \begin{bmatrix} \psi_d \\ \psi_q \\ \psi_{\mathrm{f}} \end{bmatrix} + \frac{\mathrm{d}\theta}{\mathrm{d}\tau} \begin{bmatrix} -\psi_q \\ \psi_d \\ 0 \end{bmatrix} \quad (\text{p. u.}) \tag{2-18}$$

同样，将式（1-34）代入式（2-16）可求得 d、q 坐标下的磁链方程：

$$\begin{bmatrix} \psi_d \\ \psi_q \\ \psi_{\mathrm{f}} \end{bmatrix} = \begin{bmatrix} x_d & 0 & x_{\mathrm{ad}} \\ 0 & x_q & 0 \\ x_{\mathrm{ad}} & 0 & x_{\mathrm{f}} \end{bmatrix} \begin{bmatrix} i_d \\ i_q \\ i_{\mathrm{f}} \end{bmatrix} \quad (\text{p. u.}) \tag{2-19}$$

2.1.4 电磁转矩方程

由式（1-28）可知同步电机定子的输入功率为：

$$P_1 = u_{\mathrm{a}}i_{\mathrm{a}} + u_{\mathrm{b}}i_{\mathrm{b}} + u_{\mathrm{c}}i_{\mathrm{c}} = u_d i_d + u_q i_q + u_0 i_0$$

再计入励磁回路的输入功率，则总的输入电功率为：

$$P = u_{\mathrm{f}} i_{\mathrm{f}} + u_d i_d + u_q i_q + u_0 i_0$$

将电压方程式（2-18）及零轴电压方程式代入上式，整理可得

$$P = \omega(\psi_d i_q - \psi_q i_d) + \left(i_d \frac{d\psi_d}{d\tau} + i_q \frac{d\psi_q}{d\tau} + i_0 \frac{d\psi_0}{d\tau} + i_{\mathrm{f}} \frac{d\psi_{\mathrm{f}}}{d\tau}\right)$$

$$+ (R_1 i_d^2 + R_1 i_q^2 + R_0 i_0^2 + R_{\mathrm{f}} i_{\mathrm{f}}^2) \quad (\mathrm{p.u.})$$

上式中，等号后分为三部分。第三部分为各绕组的电阻损耗；第二部分为各绕组磁场贮能的变化率；第一部分为电磁功率转化为转轴的机械功率，它除以电机转速 ω 即为电磁转矩，所以：

$$T_{\mathrm{e}} = \psi_d i_q - \psi_q i_d \quad (\mathrm{p.u.}) \tag{2-20}$$

在用发电机惯例时，电磁转矩为阻力矩，其表达式同样可推得为：

$$T_{\mathrm{e}} = \psi_d i_q - \psi_q i_d \quad (\mathrm{p.u.}) \tag{2-21}$$

在用 α、β 分量表示时，同步电机的电磁转矩为：

$$T_{\mathrm{e}} = \psi_\alpha i_\beta - \psi_\beta i_\alpha \quad (\mathrm{p.u.}) \tag{2-22}$$

§ 2.2　有阻尼绕组同步电机的基本方程

图 2-3 所示为有阻尼绕组凸极同步电机的模型简图。图中 D 代表转子的 d 轴阻尼绕组，Q 代表转子的 q 轴阻尼绕组。

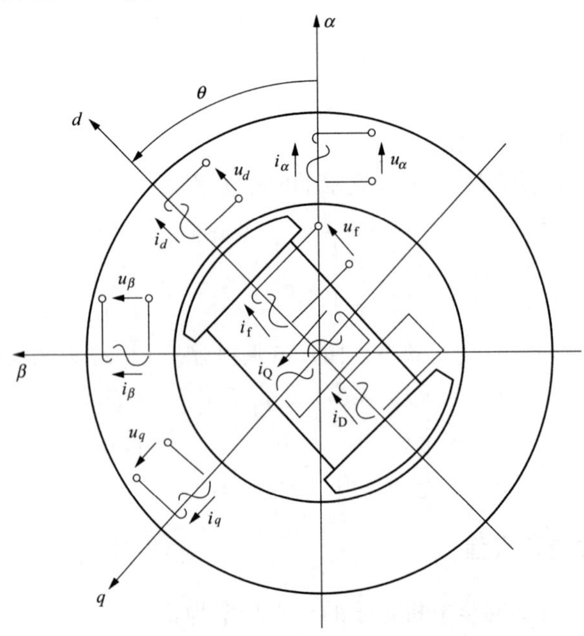

图 2-3　有阻尼绕组凸极同步电机

此时，式（2-13）中的各电感系数公式仍然适用。利用式（1-47）和式（1-48）还可求得其余几个电感系数如下：

$$
\begin{cases}
L_{\alpha D}=\sqrt{\dfrac{2}{3}}\dfrac{w_D k_{wD}}{w_1 k_{w1}}L_{ad}\cos\theta; & L'_{\alpha D}=L_{ad}\cos\theta \\
L_{\alpha Q}=-\sqrt{\dfrac{2}{3}}\dfrac{w_Q k_{wQ}}{w_1 k_{w1}}L_{aq}\sin\theta; & L'_{\alpha Q}=-L_{aq}\sin\theta \\
L_{\beta D}=\sqrt{\dfrac{2}{3}}\dfrac{w_D k_{wD}}{w_1 k_{w1}}L_{ad}\sin\theta; & L'_{\beta D}=L_{ad}\sin\theta \\
L_{\beta Q}=\sqrt{\dfrac{2}{3}}\dfrac{w_Q k_{wQ}}{w_1 k_{w1}}L_{aq}\cos\theta; & L'_{\beta Q}=L_{aq}\cos\theta \\
L_{fD}=\dfrac{2}{3}\cdot\dfrac{w_D k_{wD} w_f k_{wf}}{w_1^2 k_{w1}^2}L_{ad}+L_{fD\sigma}; & L'_{fD}=L_{ad}+L'_{fD\sigma} \\
L_{fQ}=L_{DQ}=0
\end{cases}
\tag{2-23}
$$

其中

$$L_D=\frac{2}{3}\cdot\frac{w_D^2 k_{wD}^2}{w_1^2 k_{w1}^2}L_{ad}+L_{D\sigma}+L_{fD\sigma}; \qquad L'_D=L_{ad}+L'_{D\sigma}+L'_{fD\sigma}$$

$$L_Q=\frac{2}{3}\cdot\frac{w_Q^2 k_{wQ}^2}{w_1^2 k_{w1}^2}L_{aq}+L_{Q\sigma}; \qquad L'_Q=L_{aq}+L'_{Q\sigma}$$

$$L_f=\frac{2}{3}\cdot\frac{w_f^2 k_{wf}^2}{w_1^2 k_{w1}^2}L_{ad}+L_{f\sigma}+L_{fD\sigma}; \qquad L'_f=L_{ad}+L'_{f\sigma}+L'_{fD\sigma}$$

式中　“′”——各电感系数为折算到定子 α、β 绕组的值；

$L_{f\sigma}$——励磁绕组的漏磁电感；

$L_{D\sigma}$、$L_{Q\sigma}$——阻尼绕组 D、Q 的漏磁电感；

$L_{fD\sigma}$——励磁绕组 f 和阻尼绕组 D 之间的互漏磁电感。

根据式（2-16）和式（2-23），可写出有阻尼绕组同步电机的磁链方程（用标幺值表示）：

$$
\begin{bmatrix}\psi_\alpha\\ \psi_\beta\\ \psi_f\\ \psi_D\\ \psi_Q\end{bmatrix}=
\begin{bmatrix}
x_d\cos^2\theta+x_q\sin^2\theta & (x_d-x_q)\sin\theta\cos\theta & x_{ad}\cos\theta & x_{ad}\cos\theta & -x_{aq}\sin\theta\\
(x_d-x_q)\sin\theta\cos\theta & x_d\sin^2\theta+x_q\cos^2\theta & x_{ad}\sin\theta & x_{ad}\sin\theta & x_{aq}\cos\theta\\
x_{ad}\cos\theta & x_{ad}\sin\theta & x_{ad}+x_{f\sigma}+x_{fD\sigma} & x_{ad}+x_{fD\sigma} & 0\\
x_{ad}\cos\theta & x_{ad}\sin\theta & x_{ad}+x_{fD\sigma} & x_{ad}+x_{D\sigma}+x_{fD\sigma} & 0\\
-x_{aq}\sin\theta & x_{aq}\cos\theta & 0 & 0 & x_{aq}+x_{Q\sigma}
\end{bmatrix}
\begin{bmatrix}i_\alpha\\ i_\beta\\ i_f\\ i_D\\ i_Q\end{bmatrix}\quad (\text{p. u.})
\tag{2-24}
$$

定子为α、β绕组时用标幺值表示的电压方程为：

$$\begin{bmatrix} u_\alpha \\ u_\beta \\ u_f \\ 0 \\ 0 \end{bmatrix} = \begin{bmatrix} R_1 & 0 & 0 & 0 & 0 \\ 0 & R_1 & 0 & 0 & 0 \\ 0 & 0 & R_f & 0 & 0 \\ 0 & 0 & 0 & R_D & 0 \\ 0 & 0 & 0 & 0 & R_Q \end{bmatrix} \begin{bmatrix} i_\alpha \\ i_\beta \\ i_f \\ i_D \\ i_Q \end{bmatrix} + \frac{d}{d\tau} \begin{bmatrix} \psi_\alpha \\ \psi_\beta \\ \psi_f \\ \psi_D \\ \psi_Q \end{bmatrix} \quad (\text{p. u.}) \tag{2-25}$$

式（2-25）和式（2-24）称为α、β、0 和d、q、0 坐标系统的混合型状态方程。

有阻尼绕组同步电机的派克方程可以由式（2-18）拓展而得，即增加D、Q绕组两个电压方程如下所示：

$$\begin{bmatrix} u_d \\ u_q \\ u_f \\ 0 \\ 0 \end{bmatrix} = \begin{bmatrix} R_1 & 0 & 0 & 0 & 0 \\ 0 & R_1 & 0 & 0 & 0 \\ 0 & 0 & R_f & 0 & 0 \\ 0 & 0 & 0 & R_D & 0 \\ 0 & 0 & 0 & 0 & R_Q \end{bmatrix} \begin{bmatrix} i_d \\ i_q \\ i_f \\ i_D \\ i_Q \end{bmatrix} + \frac{d}{d\tau} \begin{bmatrix} \psi_d \\ \psi_q \\ \psi_f \\ \psi_D \\ \psi_Q \end{bmatrix} + \omega \begin{bmatrix} -\psi_q \\ \psi_d \\ 0 \\ 0 \\ 0 \end{bmatrix} \quad (\text{p. u.}) \tag{2-26}$$

其磁链方程可由式（2-24）通过α、β至d、q的坐标变换求得如下：

$$\begin{bmatrix} \psi_d \\ \psi_f \\ \psi_D \end{bmatrix} = \begin{bmatrix} x_d & x_{ad} & x_{ad} \\ x_{ad} & x_f & x_{fD} \\ x_{ad} & x_{fD} & x_D \end{bmatrix} \begin{bmatrix} i_d \\ i_f \\ i_D \end{bmatrix} \quad (\text{p. u.})$$

$$\begin{bmatrix} \psi_q \\ \psi_Q \end{bmatrix} = \begin{bmatrix} x_q & x_{aq} \\ x_{aq} & x_Q \end{bmatrix} \begin{bmatrix} i_q \\ i_Q \end{bmatrix} \quad (\text{p. u.}) \tag{2-27}$$

其中：

$$\begin{cases} \omega = \dfrac{d\theta}{d\tau}; \\ x_d = x_{ad} + x_\sigma; \quad x_q = x_{aq} + x_\sigma; \\ x_{fD} = x_{ad} + x_{fD\sigma}; \quad x_Q = x_{aq} + x_{Q\sigma}; \\ x_f = x_{fD} + x_{f\sigma} = x_{ad} + x_{fD\sigma} + x_{f\sigma}; \\ x_D = x_{fD} + x_{D\sigma} = x_{ad} + x_{fD\sigma} + x_{D\sigma}; \end{cases} \quad (\text{p. u.})$$

式中　$x_{fD\sigma}$——转子励磁绕组f和D轴阻尼绕组之间的互漏磁电感（标幺值）。

式（2-27）中d轴电感相互关系的物理含义如图 2-4 所示。在隐极电机中$x_{fD\sigma}$为正值，而在凸极电机中，$x_{fD\sigma}$常为负值，表示阻尼绕组D与绕组d的磁耦合比与励磁绕组f的磁耦合更好。

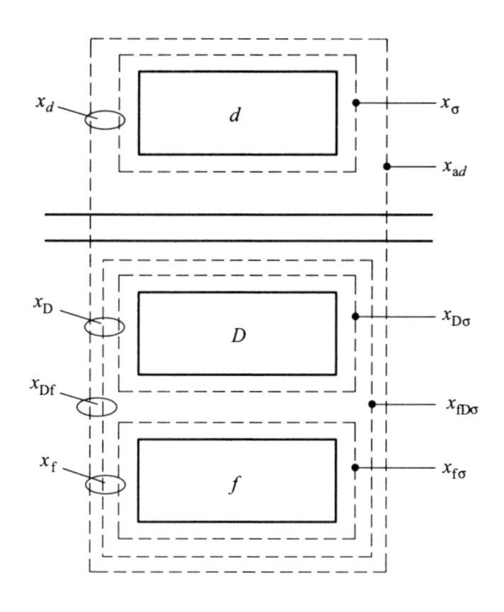

图 2-4　d 轴各电感的相互关系

§ 2.3　汽轮发电机的参数计算

2.3.1　主电感的计算

有阻尼绕组汽轮同步发电机用 d、q 坐标表示的磁链方程（不计漏磁时）如下：

$$\begin{bmatrix}\psi_d\\ \psi_f\\ \psi_D\end{bmatrix}=\begin{bmatrix}L_{ad} & L_{df} & L_{dD}\\ L_{fd} & L_f & L_{fD}\\ L_{Dd} & L_{fD} & L_D\end{bmatrix}\begin{bmatrix}i_d\\ i_f\\ i_D\end{bmatrix}\quad\begin{bmatrix}\psi_q\\ \psi_Q\end{bmatrix}=\begin{bmatrix}L_{aq} & L_{qQ}\\ L_{Qq} & L_Q\end{bmatrix}\begin{bmatrix}i_q\\ i_Q\end{bmatrix}\tag{2-28}$$

汽轮发电机的 d 轴气隙比磁导为：

$$\lambda=\frac{\mu_0}{\delta_{ef}}\tag{2-29}$$

$$\mu_0=0.4\pi\times10^{-8}\ (\mathrm{H/cm})$$

$$\delta_{ef}=K_{ca}\delta\ (\mathrm{cm})$$

式中　μ_0——真空磁导率；

δ_{ef}——等效气隙长；

δ——气隙长；

K_{ca}——定子卡特系数。

利用式（1-47）和式（1-48）可求得各电抗如下。

2.3.1.1 直轴电枢反应电抗 x_{ad}

$$\begin{cases} L_{ad}=\dfrac{3}{2}\Lambda w_1^2 k_{w_1}^2 \cdot \dfrac{1}{2\pi f} \quad (H) \\ x_{ad}=2\pi f L_{ad}=\dfrac{3}{2}\Lambda w_1^2 k_{w_1}^2 \quad (\Omega) \end{cases} \tag{2-30}$$

其中：
$$\Lambda=\frac{4f\mu_0 L_i D_i}{p^2\delta_{ef}}=5.03\times10^{-8}f\cdot\frac{L_i D_i}{p^2 K_{ca}\delta}(\Omega)$$

$$D_i=D_r+\delta(cm)$$

式中　f——额定频率（Hz）；

p——极对数；

D_i——气隙平均直径；

L_i——电枢轴向计算长度（cm）。

2.3.1.2 互感电抗 x_{df}

$$\begin{cases} L_{df}=\sqrt{\dfrac{2}{3}}\dfrac{w_f k_{wf}}{w_1 k_{w_1}}L_{ad} \quad (H) \\ x_{df}=\sqrt{\dfrac{2}{3}}\dfrac{w_f k_{wf}}{w_1 k_{w_1}}x_{ad}=\sqrt{\dfrac{3}{2}}\Lambda w_1 k_{w_1} w_f k_{wf} \quad (\Omega) \end{cases} \tag{2-31}$$

2.3.1.3 互感电抗 x_{dD}

$$\begin{cases} L_{dD}=\sqrt{\dfrac{2}{3}}\dfrac{w_D k_{wD}}{w_1 k_{w_1}}L_{ad} \quad (H) \\ x_{dD}=\sqrt{\dfrac{2}{3}}\dfrac{w_D k_{wD}}{w_1 k_{w_1}}x_{ad}=\sqrt{\dfrac{3}{2}}\Lambda w_1 k_{w_1} w_D k_{wD} \quad (\Omega) \end{cases} \tag{2-32}$$

2.3.1.4 互感电抗 x_{fD}

$$\begin{cases} L_{fD}=\dfrac{2}{3}\dfrac{w_f k_{wf} w_D k_{wD}}{w_1^2 k_{w_1}^2}L_{ad} \quad (H) \\ x_{fD}=\dfrac{2}{3}\dfrac{w_f k_{wf} w_D k_{wD}}{w_1^2 k_{w_1}^2}x_{ad}=\Lambda w_f k_{wf} w_D k_{wD} \quad (\Omega) \end{cases} \tag{2-33}$$

2.3.1.5 励磁绕组主电抗 x_{fm}

$$\begin{cases} L_{fm}=\dfrac{2}{3}\dfrac{w_f^2 k_{wf}^2}{w_1^2 k_{w_1}^2}L_{ad} \quad (H) \\ x_{fm}=\dfrac{2}{3}\dfrac{w_f^2 k_{wf}^2}{w_1^2 k_{w_1}^2}x_{ad}=\Lambda w_f^2 k_{wf}^2 \quad (\Omega) \end{cases} \tag{2-34}$$

2.3.1.6　阻尼绕组 D 主电抗 x_{Dm}

$$\begin{cases} L_{\mathrm{Dm}}=\dfrac{2}{3}\dfrac{w_{\mathrm{D}}^{2}k_{\mathrm{wD}}^{2}}{w_{1}^{2}k_{\mathrm{w_1}}^{2}}L_{\mathrm{a}d} & (\mathrm{H}) \\ x_{\mathrm{Dm}}=\dfrac{2}{3}\dfrac{w_{\mathrm{D}}^{2}k_{\mathrm{wD}}^{2}}{w_{1}^{2}k_{\mathrm{w_1}}^{2}}x_{\mathrm{a}d}=\Lambda w_{\mathrm{D}}^{2}k_{\mathrm{wD}}^{2} & (\Omega) \end{cases} \tag{2-35}$$

2.3.1.7　交轴电枢反应电抗 $x_{\mathrm{a}q}$

q 轴的等效气隙为 $K_{\mathrm{ca}}\cdot K_{\mathrm{cr}}\delta=K_{\mathrm{cr}}\delta_{\mathrm{ef}}$，其中 K_{cr} 为转子卡特系数，故 q 轴气隙比磁导为：

$$\lambda_{q}=\frac{\mu_{0}}{K_{\mathrm{cr}}\delta_{\mathrm{ef}}} \tag{2-36}$$

所以：

$$L_{\mathrm{a}q}=\frac{p\tau L_{i}}{\pi}\int_{0}^{2\pi}\lambda_{q}\left(\frac{F_{q}}{i_{q}}\right)^{2}\mathrm{d}\zeta$$

$$\begin{cases} L_{\mathrm{a}q}=\dfrac{1}{K_{\mathrm{cr}}}\cdot L_{\mathrm{a}d} & (\mathrm{H}) \\ x_{\mathrm{a}q}=2\pi fL_{\mathrm{a}q}=\dfrac{x_{\mathrm{a}d}}{K_{\mathrm{cr}}} & (\Omega) \end{cases} \tag{2-37}$$

2.3.1.8　阻尼绕组 Q 主电抗 x_{Qm}

$$x_{\mathrm{Qm}}=\frac{2}{3}\frac{w_{\mathrm{Q}}^{2}k_{\mathrm{wQ}}^{2}}{w_{1}^{2}k_{\mathrm{w_1}}^{2}}x_{\mathrm{a}q}=\frac{\Lambda w_{\mathrm{Q}}^{2}k_{\mathrm{wQ}}^{2}}{K_{\mathrm{cr}}}\quad(\Omega) \tag{2-38}$$

2.3.1.9　互感电抗 $x_{q\mathrm{Q}}$

$$x_{q\mathrm{Q}}=\sqrt{\frac{2}{3}}\frac{w_{\mathrm{Q}}k_{\mathrm{wQ}}}{w_{1}k_{\mathrm{w_1}}}x_{\mathrm{a}q}=\sqrt{\frac{3}{2}}\frac{\Lambda w_{1}k_{\mathrm{w_1}}w_{\mathrm{Q}}k_{\mathrm{wQ}}}{K_{\mathrm{cr}}}\quad(\Omega) \tag{2-39}$$

2.3.1.10　互感电抗 x_{af}

$$\begin{cases} x_{\mathrm{af}}=X_{\mathrm{af}}\cos\theta & (\Omega) \\ X_{\mathrm{af}}=\dfrac{2}{3}\dfrac{w_{\mathrm{f}}k_{\mathrm{wf}}}{w_{1}k_{\mathrm{w_1}}}x_{\mathrm{a}d}=\Lambda w_{1}k_{\mathrm{w_1}}w_{\mathrm{f}}k_{\mathrm{wf}} & (\Omega) \end{cases} \tag{2-40}$$

2.3.1.11　互感电抗 x_{aD}

$$\begin{cases} x_{\mathrm{aD}}=X_{\mathrm{aD}}\cos\theta & (\Omega) \\ X_{\mathrm{aD}}=\dfrac{2}{3}\dfrac{w_{\mathrm{D}}k_{\mathrm{wD}}}{w_{1}k_{\mathrm{w_1}}}x_{\mathrm{a}d}=\Lambda w_{1}k_{\mathrm{w_1}}w_{\mathrm{D}}k_{\mathrm{wD}} & (\Omega) \end{cases} \tag{2-41}$$

2.3.1.12　互感电抗 x_{aQ}

类似于 x_{aD} 可推得

$$\begin{cases} x_{\mathrm{aQ}}=X_{\mathrm{aQ}}\sin\theta & (\Omega) \\ X_{\mathrm{aQ}}=\dfrac{2}{3}\dfrac{w_{\mathrm{Q}}k_{\mathrm{wQ}}}{w_{1}k_{\mathrm{w_1}}}x_{\mathrm{a}q}=\dfrac{\Lambda w_{1}k_{\mathrm{w_1}}w_{\mathrm{Q}}k_{\mathrm{wQ}}}{K_{\mathrm{cr}}} & (\Omega) \end{cases} \tag{2-42}$$

下面计算各电感（和电抗）的标幺值。例如，在不计漏磁时，有：

$$\psi_d = L_{ad} i_d + L_{df} i_f + L_{dD} i_D$$

用 $\psi_{db} = L_{db} I_{db}$ 除上式两边可得：

$$\frac{\psi_d}{\psi_{db}} = \frac{L_{ad}}{L_{db}} \cdot \frac{i_d}{I_{db}} + \left(\frac{L_{df} I_{fb}}{L_{db} I_{db}}\right) \frac{i_f}{I_{fb}} + \left(\frac{L_{dD} I_{Db}}{L_{db} I_{db}}\right) \frac{i_D}{I_{Db}}$$

所以：

$$\psi_d^* = L_{ad}^* i_d^* + L_{df}^* i_f^* + L_{dD}^* i_D^*$$

其中：

$$L_{ad}^* = \frac{L_{ad}}{L_{db}} = \frac{x_{ad}}{Z_{db}} = \frac{x_{ad}}{Z_b} = x_{ad}^* \tag{2-43}$$

注意，式（2-43）中的 $L_{ad}^* = x_{ad}^*$，仅在额定频率时成立。

$$L_{df}^* = \frac{L_{df}}{L_{db}} \cdot \frac{1}{k_{if}} \tag{2-44}$$

将式（2-31）和式（1-62）代入式（2-44），可得：

$$L_{df}^* = L_{ad}^* = x_{ad}^*,\quad x_{df}^* = x_{ad}^* \tag{2-45}$$

同理可得：

$$L_{dD}^* = \frac{L_{dD}}{L_{db}} \cdot \frac{1}{k_{iD}} \tag{2-46}$$

将式（2-32）和式（1-64）代入式（2-46），可得：

$$L_{dD}^* = L_{ad}^*,\quad x_{dD}^* = x_{ad}^* \tag{2-47}$$

同样，由 $\psi_f = L_{fd} i_d + L_f i_f + L_{fD} i_D$ 可推得：

$$L_{fd}^* = L_{fd} \frac{k_{uf}}{L_{db}} \tag{2-48}$$

将式（2-31）和式（1-62）代入式（2-48），可得：

$$L_{fd}^* = L_{ad}^*,\quad x_{fd}^* = x_{ad}^* \tag{2-49}$$

同理可得：

$$L_f^* = \frac{L_f}{L_{db}} \cdot \frac{k_{uf}}{k_{if}} \tag{2-50}$$

将式（1-62）和式（2-23）代入式（2-50），可得：

$$L_f^* = L_{ad}^*,\quad x_f^* = x_{ad}^* \tag{2-51}$$

同理可得：

$$L_{fD}^* = \frac{L_{fD}}{L_{db}} \cdot \frac{k_{uf}}{k_{iD}} \tag{2-52}$$

将式（1-61）和式（2-33）代入式（2-52），可得：

$$L_{fD}^* = L_{ad}^*,\quad x_{fD}^* = x_{ad}^* \tag{2-53}$$

同样，由 $\psi_D = L_{Dd} i_d + L_{Df} i_f + L_D i_D$ 可得：

$$L_{Dd}^* = L_{Dd} \frac{k_{uD}}{L_{db}} \tag{2-54}$$

将式（2-32）和式（1-64）代入式（2-54），可得：

$$L_{Dd}^{*}=L_{ad}^{*},\quad x_{Dd}^{*}=x_{ad}^{*} \tag{2-55}$$

同理可得：

$$L_{Df}^{*}=\frac{L_{fD}}{L_{db}}\cdot\frac{k_{uD}}{k_{if}} \tag{2-56}$$

将式（2-33）和式（1-62）、式（1-64）代入式（2-56），可得：

$$L_{Df}^{*}=L_{ad}^{*},\quad x_{Df}^{*}=x_{ad}^{*} \tag{2-57}$$

同理可得：

$$L_{D}^{*}=\frac{L_{D}}{L_{db}}\cdot\frac{k_{uD}}{k_{iD}} \tag{2-58}$$

将式（2-35）和式（1-64）代入式（2-58），可得：

$$L_{D}^{*}=L_{ad}^{*},\quad x_{D}^{*}=x_{ad}^{*} \tag{2-59}$$

对于 q 轴电感有：

$$\psi_{q}=L_{aq}i_{q}+L_{qQ}i_{Q}$$

用 $\psi_{qb}=L_{qb}I_{qb}$ 除以上式两边，可得：

$$\frac{\psi_{q}}{\psi_{qb}}=\frac{L_{aq}}{L_{qb}}\cdot\frac{i_{q}}{I_{qb}}+\left(\frac{L_{qQ}I_{Qb}}{L_{qb}I_{qb}}\right)\frac{i_{Q}}{I_{Qb}}$$

所以：

$$\psi_{q}^{*}=L_{aq}^{*}i_{q}^{*}+L_{qQ}^{*}i_{Q}^{*}$$

其中：

$$L_{aq}^{*}=\frac{L_{aq}}{L_{qb}}=\frac{x_{aq}}{Z_{qb}}=\frac{x_{aq}}{Z_{b}}=x_{aq}^{*} \tag{2-60}$$

$$L_{qQ}^{*}=\frac{L_{qQ}}{L_{qb}}\cdot\frac{I_{Qb}}{I_{qb}}=\frac{L_{qQ}}{L_{qb}}\cdot\frac{1}{k_{iQ}} \tag{2-61}$$

将式（2-39）和式（1-65）代入式（2-61），可得：

$$L_{qQ}^{*}=\frac{L_{aq}}{L_{qb}}=L_{aq}^{*},\quad x_{qQ}^{*}=x_{aq}^{*} \tag{2-62}$$

同理，由 $\psi_{Q}=L_{Qq}i_{q}+L_{Q}i_{Q}$，用 $\psi_{Qb}=\tau_{b}U_{Qb}$ 除以上式两边，可得：

$$\frac{\psi_{Q}}{\psi_{Qb}}=\left(\frac{L_{Qq}I_{qb}}{\tau_{b}U_{Qb}}\right)\frac{i_{q}}{I_{qb}}+\left(\frac{L_{Q}I_{Qb}}{\tau_{b}U_{Qb}}\right)\frac{i_{Q}}{I_{Qb}}$$

所以：

$$\psi_{Q}^{*}=L_{Qq}^{*}i_{q}^{*}+L_{Q}^{*}i_{Q}^{*}$$

$$L_{Qq}^{*}=\frac{L_{Qq}I_{qb}}{\tau_{b}U_{Qb}}=\frac{L_{Qq}}{L_{qb}}k_{uQ} \tag{2-63}$$

将式（2-39）和式（1-65）代入式（2-63），可得：

$$L_{Qq}^{*}=\frac{L_{aq}}{L_{qb}}=L_{aq}^{*},\quad x_{Qq}^{*}=x_{aq}^{*} \tag{2-64}$$

同理可得：

$$L_Q^* = \frac{L_Q}{\tau_b} \cdot \frac{I_{Qb}}{U_{Qb}} = \frac{L_Q}{L_{qb}} \cdot \frac{k_{uQ}}{k_{iQ}} \tag{2-65}$$

将式（1-65）和式（2-38）代入式（2-65），可得：

$$L_Q^* = \frac{L_{aq}}{L_{qb}} = L_{aq}^*;\ x_Q^* = x_{aq}^* \tag{2-66}$$

可见，用本节所述方法求得的各主、互气隙电感（即不计漏磁时）标幺值与上节的结果是相同的。

2.3.2 漏磁电感的计算

2.3.2.1 电枢绕组的漏磁电感系数 α_d

在电机设计中，电枢绕组的漏抗为：

$$x_{a\sigma} = 4\pi f \mu_0 \frac{w_1^2}{pq_a} L_i \sum \lambda (\Omega) \tag{2-67}$$

$$\sum \lambda = \lambda_N + \lambda_K + \lambda_e + \lambda_\delta$$

式中 q_a——电枢绕组的每极每相槽数；

λ_N、λ_K、λ_e、λ_δ——槽、齿顶、端部、谐波比漏磁导，它们的计算与槽形尺寸和材料等因素有关。详可参见参考文献［13］，此处从略。

在 x_{ad} 的式（2-30）中，将 Λ 代入，可得：

$$x_{ad} = 4\pi f \mu_0 \frac{w_1^2}{pq_a} L_i \lambda_m (\Omega) \tag{2-68}$$

$$\lambda_m = \frac{3}{\pi^2} k_{w_1}^2 \frac{q_a \tau}{\delta_{ef}}$$

式中 λ_m——主磁路的比磁导。

所以，漏磁系数：

$$\alpha_d = \frac{x_{a\sigma}}{x_{ad}} = \frac{\sum \lambda}{\lambda_m} \tag{2-69}$$

将 $\delta_{ef} = K_{ca}\delta$，$\tau = \dfrac{\pi D_i}{2p}$ 代入 λ_m，可得：

$$\begin{cases} \alpha_d = \dfrac{2\pi\delta K_{ca} p}{3D_i q_a k_{w_1}^2} (\lambda_N + \lambda_K + \lambda_e + \lambda_\delta) \\ x_d = (1 + \alpha_d) x_{ad} \end{cases} \tag{2-70}$$

2.3.2.2 励磁绕组的漏磁系数 α_f

由式（2-34）可得励磁绕组的主电抗：

$$x_{fm} = \Lambda w_f^2 k_{wf}^2 (\Omega) \tag{2-71}$$

再将式（2-30）中的 Λ 代入，可得：

$$x_{fm} = 4\pi f \mu_0 \frac{w_f^2}{pq_f} L_i \lambda_{fm} (\Omega) \tag{2-72}$$

$$\lambda_{fm}=\frac{2}{\pi^2}k_{wf}^2\frac{q_f\tau}{\delta_{ef}}$$

式中　λ_{fm}——励磁绕组的主磁路比磁导；

q_f——励磁绕组每极槽数；

w_f——励磁绕组总匝数。

这里，先不计 $x_{fD\sigma}$的影响。类似于 $x_{a\sigma}$式，励磁绕组的漏抗为：

$$x_{f\sigma}=4\pi f\mu_0\frac{w_f^2}{pq_f}L_i\sum\lambda_f(\Omega) \tag{2-73}$$

$$\sum\lambda_f=\lambda_{Nf}+\lambda_{Kf}+\lambda_{ef}$$

式中　λ_{Nf}、λ_{Kf}、λ_{ef}——励磁绕组的槽、齿顶、端部比漏磁导。

所以，励磁绕组的漏磁系数为：

$$\begin{cases}\alpha_f=\dfrac{x_{f\sigma}}{x_{fm}}=\dfrac{x_{f\sigma}}{x_f-x_{f\sigma}}=\dfrac{\sum\lambda_f}{\lambda_{fm}}=\dfrac{\pi K_{ca}\delta p}{q_fD_ik_{wf}^2}\sum\lambda_f\\ x_f=(1+\alpha_f)x_{fm}\end{cases} \tag{2-74}$$

2.3.2.3　阻尼绕组 D 的漏磁系数 α_D

将式（2-30）代入式（2-35）可得阻尼绕组 D 的主电抗：

$$\begin{cases}x_{Dm}=\Lambda w_D^2k_{wD}^2(\Omega)\\ x_{Dm}=4\pi f\mu_0\dfrac{w_D^2}{pq_D}L_i\lambda_{Dm}(\Omega)\end{cases} \tag{2-75}$$

$$\lambda_{Dm}=\frac{2}{\pi^2}k_{wD}^2\frac{q_D\tau}{\delta_{ef}}$$

式中　λ_{Dm}——阻尼绕组 D 的主磁路比磁导；

q_D——阻尼绕组 D 的每极槽数（$q_D=q_f$）；

w_D——阻尼绕组 D 的总匝数。

同样，这里先不计 $x_{fD\sigma}$ 的影响。类似地，阻尼绕组 D 的漏抗为：

$$x_{D\sigma}=4\pi f\mu_0\frac{w_D^2}{pq_D}L_i\sum\lambda_D(\Omega) \tag{2-76}$$

$$\sum\lambda_D=\lambda_{ND}+\lambda_{KD}+\lambda_{eD}$$

式中　λ_{ND}、λ_{KD}、λ_{eD}——阻尼绕组 D 的槽、齿顶、端部比漏磁导。

因而，阻尼绕组 D 的漏磁系数为：

$$\begin{cases}\alpha_D=\dfrac{x_{D\sigma}}{x_{Dm}}=\dfrac{x_{D\sigma}}{x_D-x_{D\sigma}}=\dfrac{\sum\lambda_D}{\lambda_{Dm}}\\ \alpha_D=\dfrac{\pi K_{ca}\delta p}{q_DD_ik_{wD}^2}\sum\lambda_D\\ x_D=(1+\alpha_D)x_{Dm}\end{cases} \tag{2-77}$$

2.3.2.4 励磁绕组和阻尼绕组之间的互漏磁系数 α_{fD}

由式（2-33）可求出不计漏磁时，励磁绕组 f 和阻尼绕组 D 之间的互感电抗：

$$x_{fDm}=\Lambda w_f k_{wf} w_D k_{wD}=4\pi f\mu_0\frac{w_f w_D}{pq_D}L_i\lambda_{fDm}(\Omega) \tag{2-78}$$

$$\lambda_{fDm}=\frac{2}{\pi^2}k_{wf}k_{wD}\frac{q_D\tau}{\delta_{ef}}=\frac{q_D D_i k_{wf}k_{wD}}{\pi\delta K_{ca}p}$$

同样，类似于式（2-76）可求得 f、D 绕组间的互漏抗为：

$$x_{fD\sigma}=4\pi f\mu_0\frac{w_f w_D}{pq_D}L_i\sum\lambda_D(\Omega) \tag{2-79}$$

所以，f、D 绕组之间的互漏磁系数为：

$$\begin{cases}\alpha_{fD}=\dfrac{x_{fD\sigma}}{x_{fD}-x_{fD\sigma}}=\dfrac{x_{fD\sigma}}{x_{fDm}}=\dfrac{\pi K_{ca}\delta p}{q_D D_i k_{wD}k_{wf}}\sum\lambda_D=\alpha_D\dfrac{k_{wD}}{k_{wf}}\\ x_{fD}=(1+\alpha_{fD})x_{fDm}\end{cases} \tag{2-80}$$

2.3.2.5 阻尼绕组 Q 的漏磁系数 α_Q

类似于 α_D 可推出阻尼绕组 Q 的漏磁系数为：

$$\alpha_Q=\frac{x_{Q\sigma}}{x_Q-x_{Q\sigma}}=\frac{x_{Q\sigma}}{x_{Qm}}=\frac{\pi K_{ca}K_{cr}\delta p}{q_Q D_i k_{wQ}^2}\sum\lambda_Q \tag{2-81}$$

式中　$K_{ca}K_{cr}\delta$——q 轴的等效气隙长，其中 K_{cr}为转子的卡特系数。

其中：

$$\sum\lambda_Q=\lambda_{NQ}+\lambda_{KQ}+\lambda_{eQ}=\sum\lambda_D \tag{2-82}$$

由 α_D 式可推出：

$$\alpha_Q=\alpha_D K_{cr}\frac{k_{wD}^2}{k_{wQ}^2},\ x_Q=(1+\alpha_Q)x_{aq} \tag{2-83}$$

2.3.2.6 电枢绕组的 q 轴漏磁系数 α_q

由于 $x_{aq}=\dfrac{x_{ad}}{K_{cr}}$，所以：

$$\begin{cases}\alpha_q=\dfrac{x_{a\sigma}}{x_{aq}}=\dfrac{x_{a\sigma}}{\dfrac{x_{ad}}{K_{cr}}}=\alpha_d K_{cr}\\ x_q=(1+\alpha_q)x_{aq}\end{cases} \tag{2-84}$$

§ 2.4 同步电机的等值电路和运算电抗

2.4.1 励磁电流基值的确定

现在一般采用 x_{ad} 基值系统，即采用功率相等和磁链相等的原则，故有：

$$U_{\mathrm{fb}}I_{\mathrm{fb}}=\frac{3}{2}U_{\mathrm{b}}I_{\mathrm{b}}=S_{\mathrm{b}}=S_{\mathrm{N}} \tag{2-85}$$

$$X_{\mathrm{af}}I_{\mathrm{fb}}=X_{\mathrm{a}d}I_{\mathrm{b}} \tag{2-86}$$

设 I_{fG} 为在定子绕组中产生空载额定电压（$U_{\mathrm{b}}=\sqrt{2}U_{\mathrm{N}}$）的励磁电流，则：

$$I_{\mathrm{fG}}X_{\mathrm{af}}=U_{\mathrm{b}}=\sqrt{2}U_{\mathrm{N}} \tag{2-87}$$

将式（2-86）代入式（2-87），可得

$$I_{\mathrm{fb}}=\frac{X_{\mathrm{a}d}}{X_{\mathrm{af}}}I_{\mathrm{b}}=\frac{X_{\mathrm{a}d}}{Z_{\mathrm{b}}}I_{\mathrm{fG}}=x_{\mathrm{a}d}I_{\mathrm{fG}} \tag{2-88}$$

式中　$x_{\mathrm{a}d}$——$X_{\mathrm{a}d}$ 的标幺值（p. u.）。

所以：

$$\begin{cases}I_{\mathrm{fb}}=x_{\mathrm{a}d}I_{\mathrm{fG}}\\ U_{\mathrm{fb}}=\dfrac{S_{\mathrm{N}}}{I_{\mathrm{fb}}}\end{cases} \tag{2-89}$$

由式（2-30）和式（2-40）可知：

$$x_{\mathrm{a}d}=\frac{3}{2}\Lambda w_1^2k_{\mathrm{w}1}^2,\quad X_{\mathrm{af}}=\Lambda w_1k_{\mathrm{w}1}w_{\mathrm{f}}k_{\mathrm{wf}}$$

所以：

$$I_{\mathrm{fb}}=\frac{3}{2}\cdot\frac{w_1k_{\mathrm{w}1}}{w_{\mathrm{f}}k_{\mathrm{wf}}}I_{\mathrm{b}}=\sqrt{\frac{3}{2}}\cdot\frac{w_1k_{\mathrm{w}1}}{w_{\mathrm{f}}k_{\mathrm{wf}}}I_{d\mathrm{b}}=\frac{I_{d\mathrm{b}}}{k_{i\mathrm{f}}}$$

可见，按照上述原则所确定的励磁电流基值是与磁势相等原则所确定的结果相同的。

2.4.2　等值电路

同步电机的电压和磁链方程为常系数线性微分方程和代数方程。可以通过卡松变换或拉氏变换（统称为积分变换），把它变成带有复变量 p 的代数方程，然后用解代数方程的方法求出待求函数的卡松（或拉氏）象函数，再通过卡松（或拉氏）反变换求出原函数，这种方法称为运算微积法。

磁链方程式（2-27）可用图2-5所示的等值电路表示。图中 x 为电感标幺值。

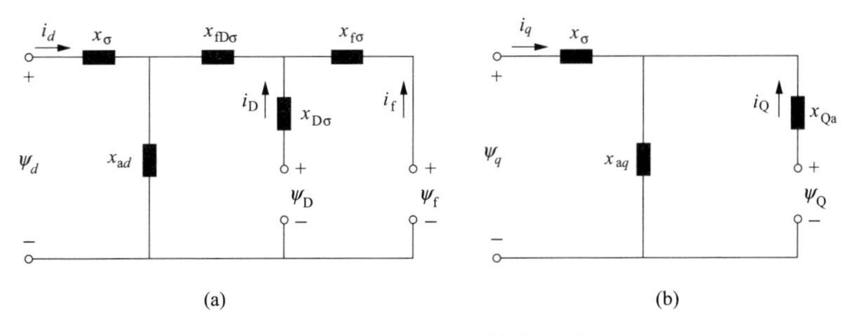

图2-5　磁链方程的等值电路

转子电压方程为：

$$\begin{cases}u_{\mathrm{f}}=p\psi_{\mathrm{f}}+R_{\mathrm{f}}i_{\mathrm{f}}\\0=p\psi_{\mathrm{D}}+R_{\mathrm{D}}i_{\mathrm{D}}\\0=p\psi_{\mathrm{Q}}+R_{\mathrm{Q}}i_{\mathrm{Q}}\end{cases}\qquad\begin{cases}\psi_{\mathrm{f}}=\dfrac{u_{\mathrm{f}}}{p}-\dfrac{R_{\mathrm{f}}}{p}i_{\mathrm{f}}\\\psi_{\mathrm{D}}=-\dfrac{R_{\mathrm{D}}}{p}i_{\mathrm{D}}\\\psi_{\mathrm{Q}}=-\dfrac{R_{\mathrm{Q}}}{p}i_{\mathrm{Q}}\end{cases}\quad(\mathrm{p.u.})$$

式中　p ——微分算子 $\left(p=\dfrac{\mathrm{d}}{\mathrm{d}\tau}\right)$，在积分变换后，$p$ 为复数。

如果把转子电压方程也包含在内，则可用图 2-6 所示的等值电路表示。其中的磁链相当于电压，电抗相当于电阻，而电阻则相当于电容。

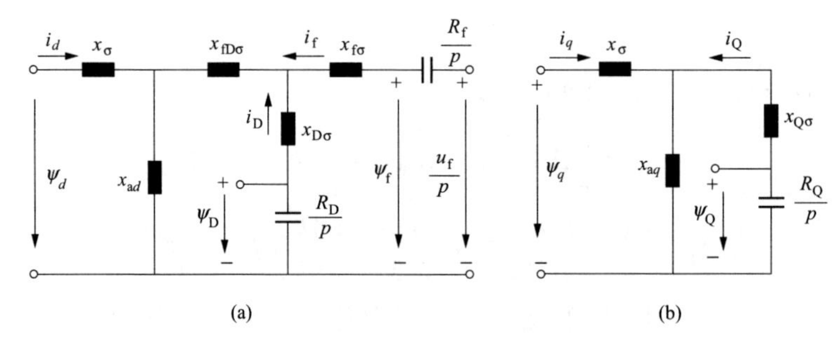

图 2-6　包含转子电压方程的等值电路

2.4.3　运算电抗

为求出运算电抗，对直轴可取出式（2-26）和式（2-27）中的有关方程：

$$\begin{cases}\psi_d=x_d i_d+x_{\mathrm{ad}}i_{\mathrm{f}}+x_{\mathrm{ad}}i_{\mathrm{D}}\\\dfrac{u_{\mathrm{f}}}{p}=x_{\mathrm{ad}}i_d+\left(x_{\mathrm{f}}+\dfrac{R_{\mathrm{f}}}{p}\right)i_{\mathrm{f}}+x_{\mathrm{Df}}i_{\mathrm{D}}\\0=x_{\mathrm{ad}}i_d+x_{\mathrm{Df}}i_{\mathrm{f}}+\left(x_{\mathrm{D}}+\dfrac{R_{\mathrm{D}}}{p}\right)i_{\mathrm{D}}\end{cases}\quad(\mathrm{p.u.})\tag{2-90}$$

将上面的二、三两式，解出 i_{D}、i_{f} 用 u_{f} 和 i_d 来表示的表达式，再代入第一式，可得：

$$\psi_d=G(p)\cdot u_{\mathrm{f}}+x_d(p)\cdot i_d\tag{2-91}$$

其中，直轴传递函数为：

$$G(p)=\frac{p(x_{\mathrm{D}}-x_{\mathrm{fD}})x_{\mathrm{ad}}+x_{\mathrm{ad}}R_{\mathrm{D}}}{p^2(x_{\mathrm{D}}x_{\mathrm{f}}-x_{\mathrm{fD}}^2)+p(x_{\mathrm{D}}R_{\mathrm{f}}+x_{\mathrm{f}}R_{\mathrm{D}})+R_{\mathrm{D}}R_{\mathrm{f}}}\tag{2-92}$$

直轴运算电抗为：

$$x_d(p)=x_d-\frac{p^2(x_D-2x_{fD}+x_f)x_{ad}^2+p(R_f+R_D)x_{ad}^2}{p^2(x_Dx_f-x_{fD}^2)+p(x_DR_f+x_fR_D)+R_DR_f} \tag{2-93}$$

对交轴而言，有：

$$\begin{cases}\psi_q=x_qi_q+x_{aq}i_Q\\ 0=x_{aq}i_q+\left(x_Q+\dfrac{R_Q}{p}\right)i_Q\end{cases} \tag{2-94}$$

消去 i_Q 以后，可得：

$$\psi_q=x_q(p)i_q \tag{2-95}$$

其中，交轴运算电抗为：

$$x_q(p)=x_q-\frac{px_{aq}^2}{px_Q+R_Q}=x_q\frac{T''_qp+1}{T''_{q0}p+1} \tag{2-96}$$

定子绕组空载时，交轴次暂态时间常数为［见图 2-6（b）］：

$$T''_{q0}=\frac{x_Q}{R_Q} \tag{2-97}$$

定子绕组短接且电阻为零时，交轴次暂态时间常数为［见图 2-6（b）］：

$$T''_q=\frac{1}{R_Q}\left(x_{Q\sigma}+\frac{x_{aq}x_\sigma}{x_{aq}+x_\sigma}\right)=\frac{x''_q}{x_q}T''_{q0} \tag{2-98}$$

同样，式（2-80）也可改写为：

$$x_d(p)=x_d\cdot\frac{(T'_dp+1)(T''_dp+1)}{(T'_{d0}p+1)(T''_{d0}p+1)} \tag{2-99}$$

其中，T'_d 为定子绕组短接且电阻为零时，直轴暂态时间常数。此时 D 绕组可看作开路。

$$T'_d=\frac{1}{R_f}\left(x_{f\sigma}+x_{fD\sigma}+\frac{x_{ad}x_\sigma}{x_{ad}+x_\sigma}\right) \tag{2-100}$$

定子绕组短接且电阻为零时，直轴次暂态时间常数为：

$$T''_d=\frac{1}{R_D}\left(x_{D\sigma}+\frac{x_{ad}x_{f\sigma}x_{fD\sigma}+x_{ad}x_\sigma x_{f\sigma}+x_\sigma x_{f\sigma}x_{fD\sigma}}{x_{ad}x_{f\sigma}+x_{ad}x_{fD\sigma}+x_{ad}x_\sigma+x_\sigma x_{f\sigma}+x_\sigma x_{fD\sigma}}\right) \tag{2-101}$$

定子绕组断开（空载）时，直轴暂态时间常数为：

$$T'_{d0}=\frac{1}{R_f}(x_{ad}+x_{f\sigma}+x_{fD\sigma}) \tag{2-102}$$

定子绕组断开（空载）时，直轴次暂态时间常数为：

$$T''_{d0}=\frac{1}{R_D}\left[x_{D\sigma}+\frac{x_{f\sigma}(x_{ad}+x_{fD\sigma})}{x_{ad}+x_{f\sigma}+x_{fD\sigma}}\right] \tag{2-103}$$

在式（2-93）和式（2-96）的 $x_d(p)$ 和 $x_q(p)$ 中，不计各绕组电阻，可得直轴次暂态电抗 x''_d 和交轴次暂态电抗 x''_q 如下：

$$x''_d=x_d-\frac{x_Dx_{ad}^2-2x_{fD}x_{ad}^2+x_fx_{ad}^2}{x_Dx_f-x_{fD}^2} \tag{2-104}$$

$$x''_q = x_q - \frac{x_{aq}^2}{x_Q} = x_\sigma + \frac{x_{aq} x_{Q\sigma}}{x_{aq} + x_{Q\sigma}} \tag{2-105}$$

在图 2-6（a）中，将阻尼绕组支路 D 断开，不计电阻，并设 u_f 为零，可得直轴暂态电抗 x'_d 如下：

$$x'_d = x_\sigma + \frac{x_{ad}(x_{f\sigma} + x_{fD\sigma})}{x_{ad} + x_{f\sigma} + x_{fD\sigma}} \tag{2-106}$$

这些参数可以通过设计公式求得，也可利用突然短路试验时定、转子电流波形图分析计算求得。

在分析某些动态问题时，常用 $\frac{1}{x_d(p)}$ 和 $\frac{1}{x_q(p)}$ 的形式比较简便。可将 $\frac{1}{x_d(p)}$ 改写为：

$$\frac{1}{x_d(p)} = \frac{1}{x_d} + \left(\frac{1}{x'_d} - \frac{1}{x_d}\right)\frac{T'_d p}{1 + T'_d p} + \left(\frac{1}{x''_d} - \frac{1}{x'_d}\right)\frac{T''_d p}{1 + T''_d p} \tag{2-107}$$

其中：

$$x''_d = x_d \frac{T'_d T''_d}{T'_{d0} T''_{d0}} \tag{2-108}$$

$$x'_d = \frac{x_d x''_d (T'_d - T''_d)}{x''_d (T'_{d0} + T''_{d0}) - (x_d + x''_d) T''_d} \tag{2-109}$$

式（2-108）和式（2-109）分别与式（2-104）和式（2-106）是一致的。

同样，将 $\frac{1}{x_q(p)}$ 改写为：

$$\frac{1}{x_q(p)} = \frac{1}{x_q} + \left(\frac{1}{x''_q} - \frac{1}{x_q}\right)\frac{T''_q p}{1 + T''_q p} \tag{2-110}$$

其中：

$$x''_q = x_q \cdot \frac{T'_q}{T''_{q0}} \tag{2-111}$$

式（2-111）是与式（2-105）一致的。

§2.5 等值电路的变换和参数的实验确定

2.5.1 $x_d(p)$ 等值电路的另一形式

式（2-107）可写成另一形式，即：

$$\frac{1}{x_d(p)} = \frac{1}{x_d} + \frac{1}{\frac{x_d x'_d}{x_d - x'_d}\left(1 + \frac{1}{T'_d p}\right)} + \frac{1}{\frac{x'_d x''_d}{x'_d - x''_d}\left(1 + \frac{1}{T''_d p}\right)} \tag{2-112}$$

由式（2-112）可很方便地画出如图 2-7 所示的等值电路。

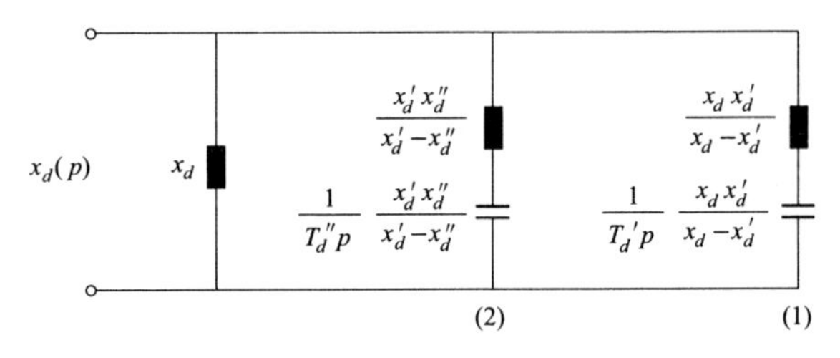

图 2-7　$x_d(p)$ 的等值电路

2.5.2　外接电抗 x_e 与 $x_d(p)$ 串联时的等值电路

当外接电抗 x_e 与 $x_d(p)$ 串联时，其运算电抗用 $x_{de}(p)$ 表示。由于 x_e 实际上是与定子漏抗 x_σ 串联，故 $x_{de}(p)$ 的开路时间常数应与 $x_d(p)$ 的相同，也是 T'_{d0} 和 T''_{d0} 。所以，$x_{de}(p)$ 可以写成以下两种形式：

$$x_{de}(p) = x_e + x_d(p) = x_e + x_d \frac{(1+T'_d p)(1+T''_p)}{(1+T'_{d0} p)(1+T''_{d0} p)} \tag{2-113}$$

$$x_{de}(p) = x_{de} \frac{(1+T'_{de} p)(1+T''_{de} p)}{(1+T'_{d0} p)(1+T''_{d0} p)} \tag{2-114}$$

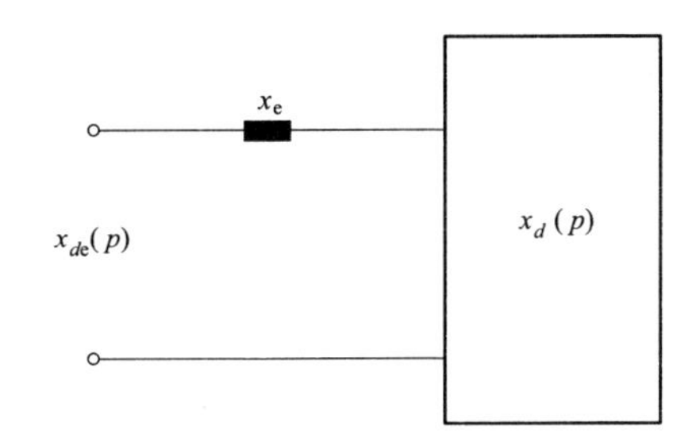

图 2-8　$x_{de}(p)$ 的等值电路

由式（2-113）和式（2-114）的分子相等，可得

$$x_{de} = x_d + x_e \tag{2-115}$$

$$x_{de} \frac{T'_{de} T''_{de}}{T'_{d0} T''_{d0}} = x_d \frac{T'_d T''_d}{T'_{d0} T''_{d0}} + x_e \tag{2-116}$$

式（2-116）即为：

$$x''_{de} = x''_d + x_e \tag{2-117}$$

其中：

$$x''_{de} = x_{de} \frac{T'_{de} T''_{de}}{T'_{d0} T''_{d0}} \tag{2-118}$$

而 $x''_d = x_d \dfrac{T'_d T''_d}{T'_{d0} T''_{d0}}$ ，即式（2-108）。

将式（2-118）写成：

$$T'_{de}T''_{de}=\frac{x''_{de}}{x_{de}}T'_{d0}T''_{d0} \tag{2-119}$$

由式（2-113）和式（2-114）的分子中算子 p 的系数相等可得：

$$T'_{de}+T''_{de}=\frac{1}{x_{de}}[(T'_d+T''_d)x_d+(T'_{d0}+T''_{d0})x_e] \tag{2-120}$$

联立求解式（2-119）和式（2-120）可求得 $x_{de}(p)$ 的短路时间常数 T'_{de} 和 T''_{de}。

再参照式（2-106），可写出 x'_{de}的计算式：

$$x'_{de}=\frac{x_{de}(T'_{de}-T''_{de})}{(T'_{d0}+T''_{d0})-(1+\frac{x_{de}}{x''_{de}})T''_{de}} \tag{2-121}$$

这样，就可计算 x_e 和 $x_d(p)$ 串联的 $x_{de}(p)$ 的电抗 x_{de}、x'_{de}、x''_{de} 和短路时间常数 T'_{de}、T''_{de}。

2.5.3 *d* 轴等值电路模型参数的实验确定

比较式（2-107）的分子与（2-99）的分母相等，可得：

$$\begin{cases} T'_{d0}+T''_{d0}=\dfrac{x_d}{x'_d}T'_d+\left(1-\dfrac{x_d}{x'_d}+\dfrac{x_d}{x''_d}\right)T''_d \\ T'_{d0}\cdot T''_{d0}=T'_dT''_d\dfrac{x_d}{x''_d} \end{cases} \tag{2-122}$$

由式（2-122）求解可求出空载时间常数。一般通过常规试验和三相突然短试验，可先求出 x_d、x'_d、x''_d、T'_d 和 T''_d，然后再由上式求出 T'_{d0}和 T''_{d0}。

图 2-7 所示为运算电抗 $x_d(p)$ 按式（2-112）展开的等值电路。其中（1）、（2）支路是虚构的。例如支路（1）不能看作励磁回路（f），因为不知道支路（1）是否满足直轴传递函数$G(p)$。在它不满足的情况下，必须引入一个参量 x_c 来增加这个系统的自由度，这个参量 x_c 称为特征电抗。因此，设外接电抗 $x_e=-x_c$，形成 $x_d(p)-x_c$ 单元，再外加特征电抗 x_c，得到图 2-9（a）所示的等值电路。现在 x_c 是可变的。图中电抗 $x_{dc}=x_d-x_c$，x'_{dc}、x''_{dc}和时间常数 T'_{dc}、T''_{dc}可用式（2-117）～式（2-121）求出。

图中 I_{fG}为产生定子额定电压的励磁电流，由式（2-87）可知：$X_{af}I_{fG}=U_b$。同样，由磁链相等原则和功率相等原则可得：

$$\begin{cases} X_{af}I_{fb}=(X_d-X_c)I_b \quad ; \quad u_{fb}=\dfrac{S_N}{I_{fb}} \\ \dfrac{I_{fb}}{I_{fG}}=\dfrac{(X_d-X_c)}{Z_b}=x_d-x_c \quad ; \quad I_{fb}=(x_d-x_c)I_{fG} \end{cases} \tag{2-123}$$

为使支路（f）$'$能代表真正的励磁回路，必须使 x_c 为某一特定值时支路

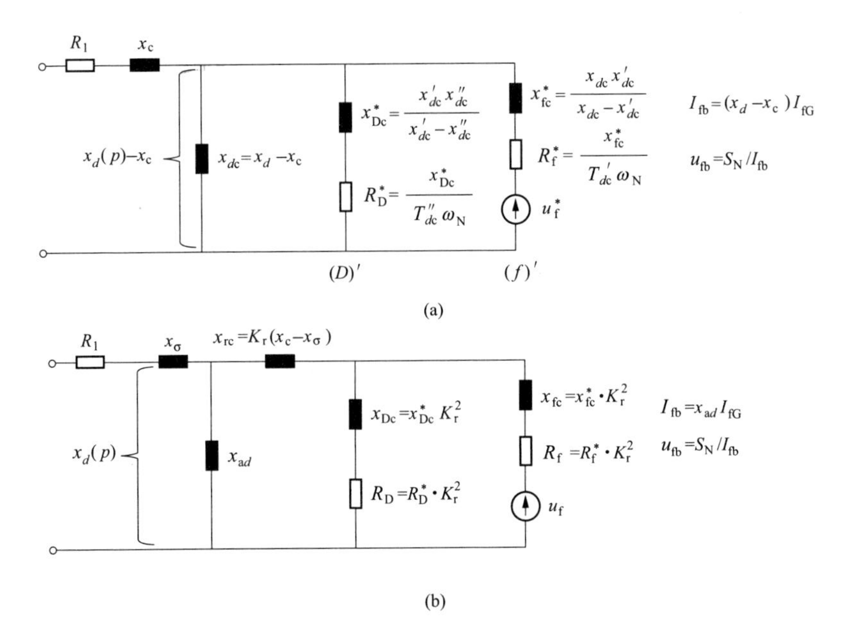

图 2-9　d 轴等值电路的变换

$(f)'$能满足传递函数 $G(p)$，为此可采用下面所述的 I/T 电路变换，将图 2-9（a）变换成（b）。

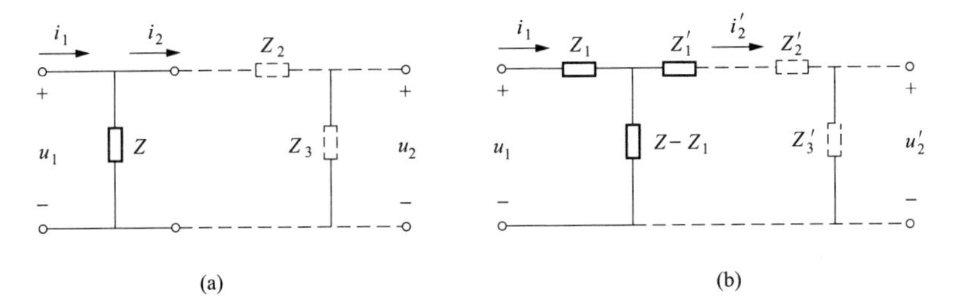

图 2-10　I/T 电路变换

在图 2-10 中，（a）至（b）的变换即为 I/T 变换。由图 2-10（a）可得：

$$u_1=Z(i_1-i_2)=Z_1i_1+(Z-Z_1)\left(i_1-i_2\cdot\frac{Z}{Z-Z_1}\right) \tag{2-124}$$

将式（2-124）对照图 2-10（b）可导出：

$$i'_2=\frac{i_2Z}{Z-Z_1}=\frac{i_2}{K_r} \tag{2-125}$$

其中：

$$K_r=\frac{Z-Z_1}{Z} \tag{2-126}$$

为使：

$$u'_2=K_r u_2 \tag{2-127}$$

应使：

$$Z'_2=K_r^2 Z_2 \quad ; \quad Z'_3=K_r^2 Z_3 \tag{2-128}$$

由电路（a）可得：

$$u_2=(i_1-i_2)Z-i_2 Z_2$$

由电路（b）可得：

$$u'_2=(Z-Z_1)(i_1-i'_2)-(Z'_1+Z'_2)\cdot i'_2$$

将上两式代入式（2-127）可得：

$$Z'_1=-K_r Z_1 \tag{2-129}$$

即当Z'_1满足式（2-129）时，式（2-127）和式（2-128）必然成立。

对上述I/T变换而言，图2-10（b）中的Z_1可任意选择。如果Z_1和Z具有相同的幅角，那么，变换系数K_r为实数。

现在令$Z=x_d-x_c=x_{dc}$，选$Z_1=x_\sigma-x_c$，则由式（2-126）可得：

$$K_r=\frac{x_{ad}}{x_d-x_c} \tag{2-130}$$

由式（2-129）可得：

$$x_{rc}=K_r(x_c-x_\sigma) \tag{2-131}$$

从而将电路图2-9（a）等效变换为（b）。在I/T变换后的电路（b）中，（f）支路标幺值的基准电流是图（a）中相应支路的K_r倍$\left(K_r=\frac{x_{ad}}{x_d-x_c}\right)$。再将式（2-130）代入式（2-131）可得：

$$x_c=x_\sigma+\frac{x_{ad}x_{rc}}{x_{ad}+x_{rc}} \tag{2-132}$$

式中　x_{rc}——励磁绕组（f）与阻尼绕组（D）之间的互漏磁电抗$x_{fD\sigma}$。

当x_c按式（2-132）选择时，图2-9（b）与图2-6（a）完全相同，支路f满足传递函数G（p）。

电抗x_c和x_{rc}的大小与电机的结构有关。对于有阻尼绕组的汽轮发电机，因为$x_{rc}>0$，由式（2-132）可见$x_c>x_\sigma$；而对凸极同步电机，由于$x_{rc}<0$，使$x_c<x_\sigma$。一般x_{rc}可由电机的几何尺寸计算求出，也可测量试验求得。

2.5.4 比值R（$=\frac{i_{f\sim}}{i_{f0}}$）的公式推导

图2-11所示为三相突然短路试验时测取的励磁电流波形图。其中，i_{f0}是短路前的励磁电流。$2i_{f\sim}(t)$是短路期间励磁电流基频周期分量的包络线，$2i_{f\sim}$为其初始值。

设i_{f0}产生的定子磁链为ψ_d，对应的空载电压为u。$i_{f\sim}$是突然三相短路时，

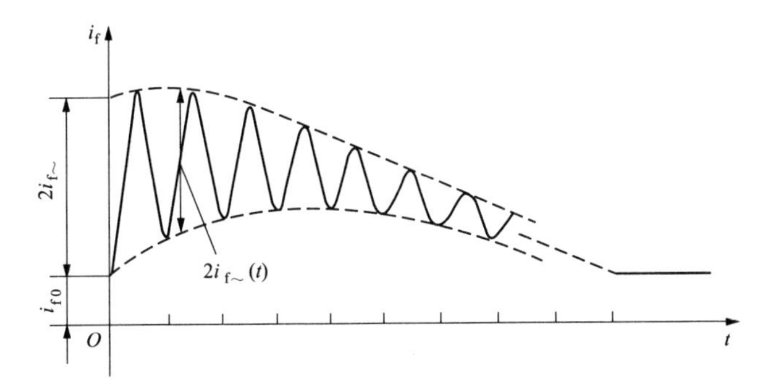

图 2-11　三相突然短路试验的励磁电流

定子三相绕组维持磁链守恒使其合成磁链等于 ψ_d 而在励磁绕组中的感应电流。这个保持守恒的定子绕组合成磁链在空间的位置也是固定不变的。若使转子静止，励磁绕组短接，而在定子三相绕组上施加三相对称电压 u。此时，在励磁绕组中产生的电流也是 $i_{f\sim}$。不过后者是一种稳态运行方式，这时的磁链是恒速旋转的，因而 ψ_d 是时间的基频正弦函数。由于稳态运行方式时，其 $i_{f\sim}$ 可用解稳态交流电路的符号法来计算。

在 $x_d(p)$ 前串入 x_e 和 $-x_e$，如图 2-12（a）所示。图 2-12（b）中把 $-x_e+x_d(p)$ 合并成 $x_{de}(p)$。此时计算 x_{de} 和 x''_{de} 的公式为：

$$x_{de}=x_d-x_e \tag{2-133}$$

$$x''_{de}=x''_d-x_e \tag{2-134}$$

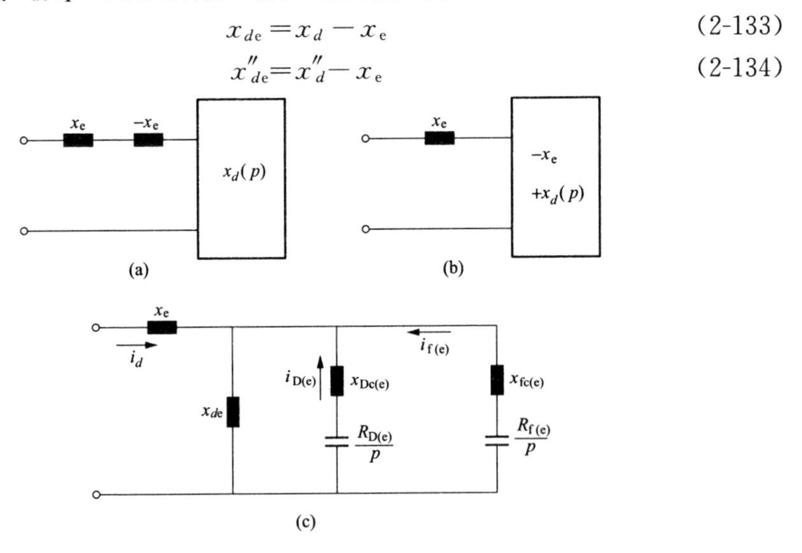

图 2-12　$x_d(p)$ 前串入 x_e 和 $-x_e$ 的变换

计算 x'_{de}、T'_{de}、T''_{de} 的公式仍为式（2-121）和式（2-119）、式（2-120），这样就可求得图 2-12（c）中各参数：

$$\begin{cases} x_{\mathrm{fc(e)}}=\dfrac{x_{de}x'_{de}}{x_{de}-x'_{de}} \\ R_{\mathrm{f(e)}}=\dfrac{x_{\mathrm{fc(e)}}}{T'_{de}\omega_{\mathrm{N}}} \\ x_{\mathrm{Dc(e)}}=\dfrac{x'_{de}x''_{de}}{x'_{de}-x''_{de}} \\ R_{\mathrm{D(e)}}=\dfrac{x_{\mathrm{Dc(e)}}}{T''_{de}\omega_{\mathrm{N}}} \end{cases} \tag{2-135}$$

由图 2-12（c）和前述，可写出下列公式：

$$\psi_d=x_d(p)\cdot i_d \tag{2-136}$$

$$\psi_d=x_d i_d+x_{de}i_{\mathrm{f(e)}}+x_{de}i_{\mathrm{D(e)}} \tag{2-137}$$

$$\psi_{\mathrm{f(e)}}=x_{de}i_d+(x_{de}+x_{\mathrm{fc(e)}})i_{\mathrm{f(e)}}+x_{de}i_{\mathrm{D(e)}} \tag{2-138}$$

$$0=p\psi_{\mathrm{f(e)}}+R_{\mathrm{f(e)}}i_{\mathrm{f(e)}} \tag{2-139}$$

在短路前有：

$$i_{\mathrm{f0(e)}}=\frac{\psi_d}{x_{de}} \tag{2-140}$$

将式（2-136）～式（2-139）四式中消去 $\psi_{\mathrm{f(e)}}$、i_d 和 $i_{\mathrm{D(e)}}$，可得：

$$i_{\mathrm{f(e)}}=\frac{p\left[-\dfrac{x_{\mathrm{e}}}{x_d(p)}-1\right]\psi_d}{R_{\mathrm{f(e)}}+px_{\mathrm{fc(e)}}} \tag{2-141}$$

把式（2-141）中的变量用相量表示，p 用 j 代入，再除以式（2-140），即可求得电流 $i_{\mathrm{f(e)}}$ 与 $i_{\mathrm{f0(e)}}$ 的比值 $R(j)$，其模值 R 就是 $\dfrac{i_{\mathrm{f}\sim}}{i_{\mathrm{f0}}}$ 的比值：

$$R=\frac{i_{\mathrm{f}\sim}}{i_{\mathrm{f0}}}=\frac{x_{de}\left|-\dfrac{x_{\mathrm{e}}}{x_d(\mathrm{j})}-1\right|}{\left|R_{\mathrm{f(e)}}+\mathrm{j}x_{\mathrm{fc(e)}}\right|} \tag{2-142}$$

式（2-142）中，$x_d(\mathrm{j})$ 可用式（2-99）计算：

$$x_d(j)=x_d\cdot\frac{(1+\mathrm{j}T'_d)(1+\mathrm{j}T''_d)}{(1+\mathrm{j}T'_{d0})(1+\mathrm{j}T''_{d0})} \tag{2-143}$$

设 $\mathrm{j}x_d(j)=r_{d1}+\mathrm{j}x_{d1}$，$x_{\mathrm{e}}=-x_{\mathrm{c}}$，代入式（2-142），并将式（2-135）中 $R_{\mathrm{f(e)}}$ 和 $x_{\mathrm{fc(e)}}$ 的公式代入，可得：

$$R=\frac{x_d-x_{\mathrm{c}}-x'_{d\mathrm{c}}}{x'_{d\mathrm{c}}}\cdot\left|\frac{\omega_{\mathrm{N}}T'_{d\mathrm{c}}}{1+\mathrm{j}\omega_{\mathrm{N}}T'_{d\mathrm{c}}}\cdot\frac{r_{d1}+\mathrm{j}(x_{d1}-x_{\mathrm{c}})}{r_{d1}+\mathrm{j}x_{d1}}\right| \tag{2-144}$$

2.5.5 同步电机实验参数的计算程序

2.5.5.1 d 轴参数的计算步骤

（1）试验所得已知数据。由常规试验和三相突然短路试验可得 R_1、x_σ、

x_d、x'_d、x''_d、T'_d、T''_d、$R(=\frac{i_{f\sim}}{i_{f0}})$。

（2）计算 T'_{d0}、T''_{d0}：由（2-122）式可得：

$$\begin{cases} T'_{d0}\cdot T''_{d0}=T'_d T''_d \dfrac{x_d}{x''_d} \\ T'_{d0}+T''_{d0}=\dfrac{x_d}{x'_d}T'_d+\left(1-\dfrac{x_d}{x'_d}+\dfrac{x_d}{x''_d}\right)T''_d \end{cases} \tag{2-145}$$

（3）设 $x_e=-x_c$，在式（2-115）、式（2-117）及以后各式中，用 c 代替 e。一般 $x_c<x''_d$，故可先设 $x_c\approx x''_d$ 进行计算：

$$x_{dc}=x_d-x_c \tag{2-146}$$

$$x''_{dc}=x''_d-x_c \tag{2-147}$$

（4）计算 T'_{dc}、T''_{dc}。由式（2-119）、式（2-120）可得：

$$\begin{cases} T'_{dc}T''_{dc}=\dfrac{x''_{dc}}{x_{dc}}T'_{d0}T''_{d0} \\ T'_{dc}+T''_{dc}=[(T'_d+T''_d)x_d+(T'_{d0}+T''_{d0})\cdot(-x_c)]\cdot\dfrac{1}{x_{dc}} \end{cases} \tag{2-148}$$

（5）计算 x'_{dc}。由式（2-121）可知：

$$x'_{dc}=\frac{x_{dc}(T'_{dc}-T''_{dc})}{(T'_{d0}+T''_{d0})-\left(1+\dfrac{x_{dc}}{x''_{dc}}\right)T''_{dc}} \tag{2-149}$$

（6）计算 x_{rc}。由式（2-131）可得：

$$x_{rc}=(x_c-x_\sigma)\frac{x_{ad}}{x_{dc}} \tag{2-150}$$

（7）计算 x_{DC}。由图 2-9 中公式可得：

$$x_{DC}=\frac{x'_{dc}x''_{dc}}{x'_{dc}-x''_{dc}}\cdot\frac{x^2_{ad}}{x^2_{dc}} \tag{2-151}$$

（8）计算 x_{fc}。

$$x_{fc}=\frac{x_{dc}x'_{dc}}{x_{dc}-x'_{dc}}\cdot\frac{x^2_{ad}}{x^2_{dc}} \tag{2-152}$$

（9）计算 r_D。

$$r_D=\frac{x_{Dc}}{\omega_N T''_{dc}} \tag{2-153}$$

（10）计算 r_f。

$$r_f=\frac{x_{fc}}{\omega_N T'_{dc}} \tag{2-154}$$

（11）计算 r_{dl}、x_{dl}。

$$r_{dl}+jx_{dl}=jx_d\cdot\frac{(1+jT'_d)(1+jT''_d)}{(1+jT'_{d0})(1+jT''_{d0})} \tag{2-155}$$

（12）计算 R'。由式（2-144）用 R' 代替 R，可得：

$$R'=\left|\frac{[r_{d1}+\mathrm{j}(x_{d1}-x_c)]\omega_N T'_{dc}}{(r_{d1}+\mathrm{j}x_{d1})(1+\mathrm{j}\omega_N T'_{dc})}\right|\frac{x_d-x_c-x'_{dc}}{x'_{dc}} \tag{2-156}$$

（13）判断 $|R'-R|<\varepsilon=0.01$，若成立则打印输出，否则令 $x_c=x_c-0.001$，再回到第（3）步，重复（3）～（13）步的计算和判断。

如果能测得 R_f 的准确值，也可用 R_f 作为比较判别的依据。此时，只需要重复（3）～（10）的计算，再判断 $|R_f-r_f|<\varepsilon$（可由 R_f 的值选择 ε 的大小）。

2.5.5.2 q 轴参数的计算步骤

（1）由试验求得已知数据：x_σ、x_q、x'_q、x''_q、T'_q、T''_q。

（2）在 d 轴参数计算公式中将 d、c 下标分别用 q、a 代替，并令 $x_{rc}=0$，$x_c=x_\sigma$。

（3）求 T'_{q0}、T''_{q0}。

$$\begin{cases} T'_{q0}+T''_{q0}=\dfrac{x_q}{x'_q}T'_q+\left(1-\dfrac{x_q}{x'_q}+\dfrac{x_q}{x''_q}\right)T''_q \\ T'_{q0}\cdot T''_{q0}=T'_q\cdot T''_q\dfrac{x_q}{x''_q} \end{cases} \tag{2-157}$$

（4）计算 x_{qa}。

$$x_{qa}=x_q-x_\sigma=x_{aq} \tag{2-158}$$

（5）计算 T'_{qa}、T''_{qa}：

$$\begin{cases} T'_{qa}+T''_{qa}=(T'_q+T''_q)\dfrac{x_q}{x_{qa}}-(T'_{q0}+T''_{q0})\dfrac{x_\sigma}{x_{qa}} \\ T'_{qa}\cdot T''_{qa}=T'_{q0}\cdot T''_{q0}\dfrac{x''_{qa}}{x_{qa}} \end{cases} \tag{2-159}$$

（6）计算 x'_{qa}。

$$x'_{qa}=x_{qa}\frac{T'_{qa}-T''_{qa}}{T'_{q0}+T''_{q0}-\left(1+\dfrac{x_{qa}}{x''_{qa}}\right)T''_{qa}} \tag{2-160}$$

（7）计算 x_{Q2}。

$$x_{Q2}=\frac{x'_{qa}x''_{qa}}{x'_{qa}-x''_{qa}}=x_{Qc} \tag{2-161}$$

（8）计算 x_{Q1}。

$$x_{Q1}=\frac{x_{qa}x'_{qa}}{x_{qa}-x'_{qa}}=x_{Hc} \tag{2-162}$$

（9）计算 r_{Q2}。

$$r_{Q2}=\frac{x_{Q2}}{\omega_N T''_{qa}}=r_Q \tag{2-163}$$

（10）计算 r_{Q1}。

$$r_{Q1}=\frac{x_{Q1}}{\omega_N T'_{qa}}=r_H \tag{2-164}$$

2.5.6　包含电压方程的等值电路

以上所述是磁链方程的等值电路。因为电压 u 的量纲是磁链 ψ 乘以转速 ω 或算子 p，所以定子电压方程式（2-26）的等值电路如图 2-13 所示。

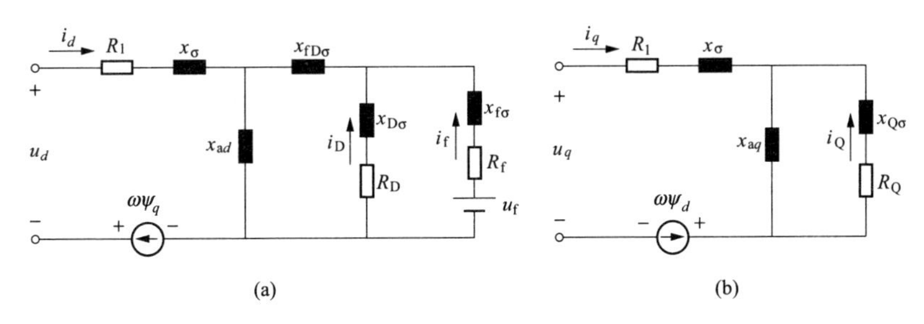

图 2-13　包含电压方程的等值电路

图 2-13（b）所示为 q 轴转子只有一个阻尼绕组 Q 的等值电路。如果转子 q 轴用 H、Q 绕组的两个电路表示，其等值电路如图 2-14 所示。其中，H 绕组用来等效转子 q 轴的涡流效应。

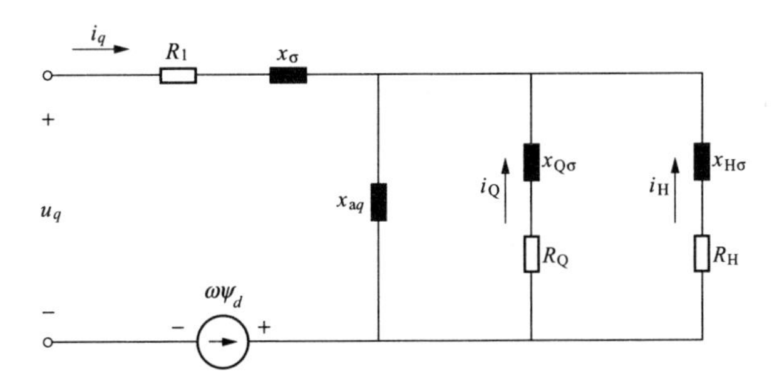

图 2-14　转子 q 轴有 H、Q 两个绕组的等值电路

§2.6　用综合矢量表示的同步电机基本方程

2.6.1　无阻尼绕组同步电机基本方程

2.6.1.1　电压方程

由式（2-18）可得：

$$\begin{cases} u_d = R_1 i_d + \dfrac{d\psi_d}{d\tau} - \omega\psi_q \\ u_q = R_1 i_q + \dfrac{d\psi_q}{dt} + \omega\psi_d \\ u_f = R_f i_f + \dfrac{d\psi_f}{d\tau} \end{cases} \quad (p.u.)$$

从而，可写出用综合矢量表示的电压方程如下：

$$\begin{cases} \vec{u}_1 = R_1 \vec{i}_1 + \dfrac{d\vec{\psi}_1}{d\tau} + j\omega\vec{\psi}_1 \\ \vec{u}_f = R_f \vec{i}_f + \dfrac{d\vec{\psi}_f}{d\tau} \end{cases} \quad (p.u.) \tag{2-165}$$

其中：$\vec{u}_1 = u_d + ju_q$； $\vec{i}_1 = i_d + ji_q$；$\vec{\psi}_1 = \psi_d + j\psi_q$；$\omega = \dfrac{d\theta}{d\tau}$ (p. u.)；$\vec{u}_f = u_f$；$\vec{i}_f = i_f$；$\vec{\psi}_f = \psi_f$ 。

式中　ω——转子的电角速度。

2.6.1.2　磁链方程

由式（2-19）可得：

$$\begin{cases} \psi_d = x_d i_d + x_{ad} i_f \\ \psi_f = x_{ad} i_d + x_f i_f \end{cases} \qquad \psi_q = x_q i_q \qquad \begin{cases} \vec{\psi}_1 = \psi_d + j\psi_q \\ \vec{\psi}_f = \psi_f \end{cases} \quad (p.u.) \tag{2-166}$$

2.6.2　有阻尼绕组同步电机基本方程

2.6.2.1　电压方程

用综合矢量表示的有阻尼绕组同步电机的电压方程为：

$$\begin{cases} \vec{u}_1 = R_1 \vec{i}_1 + \dfrac{d\vec{\psi}_1}{d\tau} + j\omega\vec{\psi}_1 \\ \vec{u}_f = R_f \vec{i}_f + \dfrac{d\vec{\psi}_f}{d\tau} \\ 0 = R_2 \vec{i}_2 + \dfrac{d\vec{\psi}_2}{d\tau} \end{cases} \quad (p.u.) \tag{2-167}$$

式（2-167）中前两个方程就是式（2-165），第三个方程是阻尼绕组的电压方程近似表达式。其中：

$$\vec{i}_2 = i_D + ji_Q;\ \vec{\psi}_2 = \psi_D + j\psi_Q;\ R_D \approx R_Q \approx R_2 \tag{2-168}$$

由于，在实际电机中，一般 $R_D \neq R_Q$，所以此式只是一个近似的表达式。

2.6.2.2　磁链方程

$$\begin{cases}\vec{\psi}_1=\psi_d+\mathrm{j}\psi_q\\ \vec{\psi}_2=\psi_\mathrm{D}+\mathrm{j}\psi_\mathrm{Q}\\ \vec{\psi}_\mathrm{f}=\psi_\mathrm{f}\end{cases}\quad\begin{cases}\psi_d=x_d i_d+x_{\mathrm{ad}}i_\mathrm{D}+x_{\mathrm{ad}}i_\mathrm{f}\\ \psi_\mathrm{D}=x_{\mathrm{ad}}i_d+x_\mathrm{D}i_\mathrm{D}+x_{\mathrm{ad}}i_\mathrm{f}\\ \psi_\mathrm{f}=x_{\mathrm{ad}}i_d+x_{\mathrm{ad}}i_\mathrm{D}+x_\mathrm{f}i_\mathrm{f}\end{cases}\tag{2-169}$$

$$\begin{cases}\psi_q=x_q i_q+x_{\mathrm{aq}}i_\mathrm{Q}\\ \psi_\mathrm{Q}=x_{\mathrm{aq}}i_q+x_\mathrm{Q}i_q\end{cases}\quad(\mathrm{p.\,u.})$$

2.6.3　用综合矢量表示的电磁转矩

电磁转矩的表达式，在用电动机惯例时，可用式（2-170）表示：

$$\begin{aligned}T_\mathrm{e}&=I_\mathrm{m}\{\vec{\psi}_1^*\cdot\vec{i}_1\}=I_\mathrm{m}\{(\psi_d-\mathrm{j}\psi_d)(i_d+\mathrm{j}i_q\}\\&=\psi_d i_q-\psi_q i_d\quad(\mathrm{p.\,u.})\end{aligned}\tag{2-170}$$

§2.7　同步电机的结构框图

2.7.1　无阻尼绕组同步电机的结构框图

由于转子的不匀称，在转子转速 ω 为常数时，从定子上看主电感 L_h 以两倍频率周期性地在 L_{dd} 和 L_{aq} 之间变化。从转子上看，主电感等于常数，只是在 d、q 两轴的大小不同，即 $L_{\mathrm{ad}}\neq L_{\mathrm{aq}}$。无阻尼绕组同步电机是一个双绕组电机。其电压方程为：

$$\begin{cases}\vec{u}_1=R_1\vec{i}_1+\dfrac{\mathrm{d}\vec{\psi}_1}{\mathrm{d}\tau}+\mathrm{j}\omega\vec{\psi}_1\\ \vec{u}_1=u_d+\mathrm{j}u_q;\ \vec{i}_1=i_d+\mathrm{j}i_q;\ \vec{\psi}_1=\psi_d+\mathrm{j}\psi_q\qquad(\mathrm{p.\,u.})\\ \vec{u}_\mathrm{f}=R_\mathrm{f}\vec{i}_\mathrm{f}+\dfrac{\mathrm{d}\vec{\psi}_\mathrm{f}}{\mathrm{d}\tau};\ \vec{\psi}_\mathrm{f}=\psi_\mathrm{f}\end{cases}\tag{2-171}$$

磁链方程为：

$$\begin{cases}\psi_d=L_{\mathrm{ad}}(i_d+i_\mathrm{f})+L_\sigma i_d\\ \psi_q=L_{\mathrm{aq}}i_q+L_\sigma i_q\\ \psi_\mathrm{f}=L_{\mathrm{ad}}(i_d+i_\mathrm{f})+L_{\mathrm{f}\sigma}i_\mathrm{f}\end{cases}\tag{2-172}$$

根据以上方程可画出结构框图如图 2-15 所示。在 q 轴上是一个实数一阶环节，因为在转子上 q 轴没有绕组。而在 d 轴上为一个实数二阶环节。d、q 环节之间通过 ω 相互耦合。图 2-15 表示无阻尼绕组同步电机的结构框图。图中各参数有如下关系：

$$\begin{cases}\delta'_q=\dfrac{R_1}{L_q} & ; \quad L_d=L_{ad}+L_\sigma \\ \delta'_d=\dfrac{R_1}{\sigma L_d} & ; \quad L_f=L_{ad}+L_{f\sigma}\end{cases} \tag{2-173}$$

$$\begin{cases}\delta'_f=\dfrac{R_f}{\sigma L_f} & ; \quad C_{df}=\dfrac{L_{ad}}{L_d}\delta'_f \\ \sigma=1-\dfrac{L_{ad}^2}{L_dL_f} & ; \quad C_{fd}=\dfrac{L_{ad}}{L_f}\delta'_d\end{cases} \tag{2-173}$$

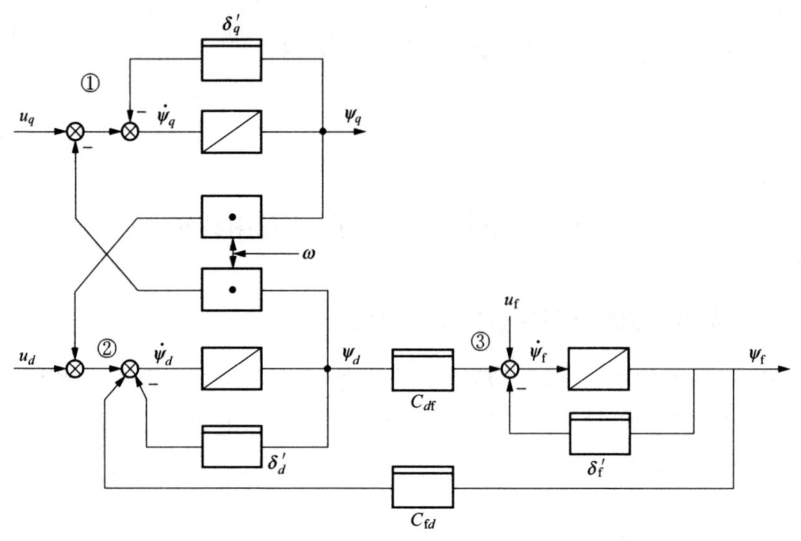

图 2-15 无阻尼绕组同步电机的结构框图

图中结点①所表示的方程为：

$$u_q-\frac{R_1}{L_q}\psi_q-\omega\psi_d=\dot{\psi}_q$$

结点②所表示的方程为：

$$u_d+\omega\psi_q-\frac{R_1}{\sigma L_d}\psi_d+\psi_f\frac{L_{ad}}{L_f}\cdot\frac{R_1}{\sigma L_d}=\dot{\psi}_d$$

其中 ：

$$-R_1\left(\frac{\psi_d}{\sigma L_d}-\frac{\psi_f L_{ad}}{\sigma L_f L_d}\right)=-R_1\frac{L_f\psi_d-\psi_f L_{ad}}{\sigma L_f L_d}=-R_1 i_d$$

而结点③所表示的方程为：

$$u_f+\psi_d\frac{L_{ad}}{L_d}\cdot\frac{R_f}{\sigma L_f}-\psi_f\frac{R_f}{\sigma L_f}=\dot{\psi}_f$$

其中：

$$\psi_d \frac{L_{ad}}{L_d} \cdot \frac{R_f}{\sigma L_f} - \psi_f \frac{R_f}{\sigma L_f} = -i_f R_f$$

结点②和③方程的推导，只需将式（2-172）和式（2-173）代入即可。而 $\dot{\psi}_d$ 即为 $\frac{d\psi_d}{d\tau}$。

2.7.2 有阻尼绕组同步电机的结构框图

在计算有阻尼绕组同步电机的暂态性能时，由于方程数太多，导出结构框图是较为有利的。下面我们通过折算将 d 轴变换为只有一个主电感的方程，带“′”的各量为折算量。

在忽略漏磁时，由式（2-30）～式（2-39）可知：

$$\begin{cases} L_{ad} = \frac{3}{2}\Lambda \frac{w_1^2 k_{w_1}^2}{2\pi f} \\ L_{df} = \sqrt{\frac{3}{2}}\Lambda \frac{w_1 k_{w_1} w_f k_{wf}}{2\pi f} \\ L_{dD} = \sqrt{\frac{3}{2}}\Lambda \frac{w_1 k_{w_1} w_D k_{wD}}{2\pi f} \\ L_{Df} = \Lambda \frac{w_f k_{wf} w_D k_{wD}}{2\pi f} \end{cases} \quad \begin{cases} L_{Qm} = \frac{1}{2\pi f} \cdot \Lambda \frac{w_Q^2 k_{wQ}^2}{K_{cr}} \\ L_{Dm} = \Lambda \frac{w_D^2 k_{wD}^2}{2\pi f} \\ L_{fm} = \Lambda \frac{w_f^2 k_{wf}^2}{2\pi f} \\ L_{aq} = \frac{L_{ad}}{K_{cr}} \\ L_{qQ} = \frac{1}{2\pi f}\sqrt{\frac{3}{2}} \cdot \Lambda \frac{w_1 k_{w_1} w_Q k_{wQ}}{K_{cr}} \end{cases} \tag{2-174}$$

由式（2-174）可见，d 轴主电感为：

$$L_{ad} = \frac{L_{dD} L_{df}}{L_{Df}} \tag{2-175}$$

而 q 轴主电感为：

$$L'_{qQ} = \sqrt{\frac{3}{2}} \frac{w_1 k_{w_1}}{w_Q k_{wQ}} L_{qQ} = L_{aq} \tag{2-176}$$

其磁链方程为：

$$\begin{cases} \psi_d = L_{ad}(i_d + i'_D + i'_f) + L_\sigma i_d = \psi_{ad} + l_\sigma i_d;\ \vec{\psi}_1 = \psi_d + j\psi_q \\ \psi'_D = L_{ad}(i_d + i'_D + i'_f) + L'_{D\sigma} i'_D = \psi_{ad} + L'_{D\sigma} i'_D;\ \vec{\psi}'_2 = \psi'_D + j\psi'_Q \\ \psi'_f = L_{ad}(i_d + i'_D + i'_f) + L'_{f\sigma} i'_f = \psi_{ad} + L'_{f\sigma} i'_f;\ \vec{\psi}'_f = \psi'_f \\ \psi_q = L_{aq}(i_q + i'_Q) + L_\sigma i_q = \psi_{aq} + L_\sigma i_q \\ \psi'_Q = L_{aq}(i_q + i'_Q) + L'_{Q\sigma} i'_Q = \psi_{aq} + L'_{Q\sigma} i'_Q \end{cases} \tag{2-177}$$

其中：

$$\begin{cases} i'_{\mathrm{D}}=\dfrac{L_{\mathrm{Df}}}{L_{d\mathrm{f}}}i_{\mathrm{D}}=\sqrt{\dfrac{2}{3}}\dfrac{w_{\mathrm{D}}k_{\mathrm{wD}}}{w_1k_{\mathrm{w}_1}}i_{\mathrm{D}}\ ; & \psi_{\mathrm{ad}}=L_{\mathrm{ad}}(i_d+i'_{\mathrm{D}}+i'_{\mathrm{f}}) \\ i'_{\mathrm{Q}}=\sqrt{\dfrac{2}{3}}\dfrac{w_{\mathrm{Q}}k_{\mathrm{wQ}}}{w_1k_{\mathrm{w}_1}}i_{\mathrm{Q}}\ ; & \psi_{\mathrm{aq}}=L_{\mathrm{aq}}(i_q+i'_{\mathrm{Q}}) \\ i'_{\mathrm{f}}=\dfrac{L_{\mathrm{Df}}}{L_{d\mathrm{D}}}i_{\mathrm{f}}=\sqrt{\dfrac{2}{3}}\dfrac{w_{\mathrm{f}}k_{\mathrm{wf}}}{w_1k_{\mathrm{w}_1}}i_{\mathrm{f}}\ ; & \psi'_{\mathrm{f}}=\dfrac{L_{d\mathrm{D}}}{L_{\mathrm{Df}}}\psi_{\mathrm{f}} \\ \psi'_{\mathrm{D}}=\dfrac{L_{d\mathrm{f}}}{L_{\mathrm{Df}}}\psi_{\mathrm{D}}\ ; & \psi'_{\mathrm{D}}=\sqrt{\dfrac{3}{2}}\dfrac{w_1k_{\mathrm{w}_1}}{w_{\mathrm{Q}}k_{\mathrm{wQ}}}\psi_{\mathrm{Q}} \end{cases} \tag{2-178}$$

可见，上面的折算符合磁势相等的原则。

由式（2-177）可得：

$$\begin{aligned}\psi_{\mathrm{ad}}&=L_{\mathrm{ad}}\left(\frac{\psi_d-\psi_{\mathrm{ad}}}{L_\sigma}+\frac{\psi'_{\mathrm{D}}-\psi_{\mathrm{ad}}}{L'_{\mathrm{D}\sigma}}+\frac{\psi'_{\mathrm{f}}-\psi_{\mathrm{ad}}}{L'_{\mathrm{f}\sigma}}\right)\\&=\frac{\psi_d-\psi_{\mathrm{ad}}}{\sigma_d}+\frac{\psi'_{\mathrm{D}}-\psi_{\mathrm{ad}}}{\sigma_{\mathrm{D}}}+\frac{\psi'_{\mathrm{f}}-\psi_{\mathrm{ad}}}{\sigma_{\mathrm{f}}}\end{aligned}$$

其中：

$$\sigma_d=\frac{L_\sigma}{L_{\mathrm{ad}}},\ \sigma_{\mathrm{D}}=\frac{L'_{\mathrm{D}\sigma}}{L_{\mathrm{ad}}},\ \sigma_{\mathrm{f}}=\frac{L'_{\mathrm{f}\sigma}}{L_{\mathrm{ad}}}$$

令：

$$\sigma''=\sigma_d\sigma_{\mathrm{D}}\sigma_{\mathrm{f}}+\sigma_d\sigma_{\mathrm{D}}+\sigma_d\sigma_{\mathrm{f}}+\sigma_{\mathrm{D}}\sigma_{\mathrm{f}}$$

所以，由上式可得

$$\begin{aligned}\psi_{\mathrm{ad}}&=\frac{\dfrac{\psi_d}{\sigma_d}+\dfrac{\psi'_{\mathrm{D}}}{\sigma_{\mathrm{D}}}+\dfrac{\psi'_{\mathrm{f}}}{\sigma_{\mathrm{f}}}}{1+\dfrac{1}{\sigma_d}+\dfrac{1}{\sigma_{\mathrm{D}}}+\dfrac{1}{\sigma_{\mathrm{f}}}}\\&=\frac{1}{\sigma''}(\sigma_{\mathrm{D}}\sigma_{\mathrm{f}}\psi_d+\sigma_d\sigma_{\mathrm{f}}\psi'_{\mathrm{D}}+\sigma_d\sigma_{\mathrm{D}}\psi'_{\mathrm{f}})\end{aligned} \tag{2-179}$$

在式（2-177）中，实质上是忽略了互漏磁电感 $L_{\mathrm{fD}\sigma}$，因此，它是一个磁链方程的近似表达式，式中有关参数为：

$$\begin{cases} L_\sigma=L_d\left(1-\dfrac{L_{d\mathrm{D}}L_{d\mathrm{f}}}{L_{\mathrm{Df}}L_d}\right)=L_d-L_{\mathrm{ad}} \\ L'_{\mathrm{D}\sigma}=\dfrac{L^2_{d\mathrm{f}}}{L^2_{\mathrm{Df}}}L_{\mathrm{D}}-L_{\mathrm{ad}}=(1+\alpha_{\mathrm{D}})L_{\mathrm{ad}}-L_{\mathrm{ad}}=\alpha_{\mathrm{D}}L_{\mathrm{ad}} \\ L'_{\mathrm{f}\sigma}=\dfrac{L^2_{d\mathrm{D}}}{L^2_{\mathrm{Df}}}L_{\mathrm{f}}-L_{\mathrm{ad}}=(1+\alpha_{\mathrm{f}})L_{\mathrm{ad}}-L_{\mathrm{ad}}=\alpha_{\mathrm{f}}L_{\mathrm{ad}} \\ L'_{\mathrm{Q}\sigma}=L'_{\mathrm{Q}}-L_{\mathrm{aq}}=\dfrac{3}{2}\dfrac{w_1^2k^2_{\mathrm{w}_1}}{w^2_{\mathrm{Q}}k^2_{\mathrm{wQ}}}L_{\mathrm{Q}}-L_{\mathrm{aq}}=(1+\alpha_{\mathrm{Q}})L_{\mathrm{aq}}-L_{\mathrm{aq}}=\alpha_{\mathrm{Q}}L_{\mathrm{aq}} \end{cases} \tag{2-180}$$

其电压方程为：

$$\begin{cases} \vec{u}_1 = R_1 \vec{i}_1 + \dfrac{\mathrm{d}\vec{\psi}_1}{\mathrm{d}t} + \mathrm{j}\omega\vec{\psi}_1 \\ 0 = R'_2 \vec{i}'_2 + \dfrac{\mathrm{d}\vec{\psi}'_2}{\mathrm{d}t} \\ \vec{u}'_\mathrm{f} = R'_\mathrm{f} \vec{i}'_\mathrm{f} + \dfrac{\mathrm{d}\vec{\psi}'_\mathrm{f}}{\mathrm{d}t} \end{cases} \tag{2-181}$$

其中：

$$\begin{cases} \vec{u} = u_d + \mathrm{j}u_q; \quad \vec{i}_1 = i_d + \mathrm{j}i_q; \quad \vec{\psi}_1 = \psi_d + \mathrm{j}\psi_q; \quad \vec{i}'_2 = i'_\mathrm{D} + \mathrm{j}i'_\mathrm{Q} \\ \vec{u}'_\mathrm{f} = \dfrac{L_{d\mathrm{D}}}{L_\mathrm{Df}} \vec{u}_\mathrm{f}; \quad R'_\mathrm{f} = \dfrac{L^2_{d\mathrm{D}}}{L^2_\mathrm{Df}} R_\mathrm{f}; \quad i'_\mathrm{f} = \dfrac{L_\mathrm{Df}}{L_{d\mathrm{D}}} i_\mathrm{f} \\ R'_2 \approx R'_\mathrm{D} = \dfrac{L^2_{d\mathrm{f}}}{L^2_\mathrm{Df}} R_\mathrm{D} \approx R'_\mathrm{Q}; \quad \vec{\psi}'_2 = \psi'_\mathrm{D} + \mathrm{j}\psi'_\mathrm{Q}; \quad \vec{\psi}'_\mathrm{f} = \psi'_\mathrm{f} \end{cases} \tag{2-182}$$

显然，式（2-181）中第二个电压方程是代表阻尼绕组（D、Q）的。由于实际电机中，一般 $R'_\mathrm{Q} \neq R_\mathrm{D} \dfrac{L^2_{d\mathrm{f}}}{L^2_\mathrm{Df}}$，所以这个电压方程的综合矢量表达式是近似的。

下面定义 d 轴的各阻尼系数 δ 和耦合系数 C：

$$\begin{cases} \delta'_d = \dfrac{R_1}{L_{ad}} \cdot \dfrac{\sigma_\mathrm{D}\sigma_\mathrm{f} + \sigma_\mathrm{D} + \sigma_\mathrm{f}}{\sigma''} = \dfrac{R_1}{\sigma_d L_{ad}} \left(1 - \dfrac{\sigma_\mathrm{D}\sigma_\mathrm{f}}{\sigma''}\right) \\ \delta'_\mathrm{D} = \dfrac{R'_\mathrm{D}}{L_{ad}} \cdot \dfrac{\sigma_d\sigma_\mathrm{f} + \sigma_d + \sigma_\mathrm{f}}{\sigma''} = \dfrac{R'_\mathrm{D}}{\sigma_\mathrm{D} L_{ad}} \left(1 - \dfrac{\sigma_d\sigma_\mathrm{f}}{\sigma''}\right) \\ \delta'_\mathrm{f} = \dfrac{R'_\mathrm{f}}{L_{ad}} \cdot \dfrac{\sigma_d\sigma_\mathrm{D} + \sigma_d + \sigma_\mathrm{D}}{\sigma''} = \dfrac{R'_\mathrm{f}}{\sigma_\mathrm{f} L_{ad}} \left(1 - \dfrac{\sigma_d\sigma_\mathrm{D}}{\sigma''}\right) \\ C_{d\mathrm{D}} = \dfrac{R'_\mathrm{D}}{L_{ad}} \cdot \dfrac{\sigma_\mathrm{f}}{\sigma''}; \quad C_{d\mathrm{f}} = \dfrac{R'_\mathrm{f}}{L_{ad}} \cdot \dfrac{\sigma_\mathrm{D}}{\sigma''}; \quad C_\mathrm{Df} = \dfrac{R'_\mathrm{f}}{L_{ad}} \cdot \dfrac{\sigma_d}{\sigma''} \\ C_{\mathrm{D}d} = \dfrac{R_1}{L_{ad}} \cdot \dfrac{\sigma_\mathrm{f}}{\sigma''}; \quad C_{\mathrm{f}d} = \dfrac{R_1}{L_{ad}} \cdot \dfrac{\sigma_\mathrm{D}}{\sigma''}; \quad C_\mathrm{fD} = \dfrac{R'_\mathrm{D}}{L_{ad}} \cdot \dfrac{\sigma_d}{\sigma''} \end{cases} \tag{2-183}$$

其中：$\sigma_d = \dfrac{L_\sigma}{L_{ad}}$；$\sigma_\mathrm{D} = \dfrac{L'_{\mathrm{D}\sigma}}{L_{ad}}$；$\sigma_\mathrm{f} = \dfrac{L'_{\mathrm{f}\sigma}}{L_{ad}}$。

$$\sigma'' = \sigma_d\sigma_\mathrm{D}\sigma_\mathrm{f} + \sigma_d\sigma_\mathrm{D} + \sigma_d\sigma_\mathrm{f} + \sigma_\mathrm{D}\sigma_\mathrm{f}$$

q 轴的各阻尼系数 δ 和耦合系数 C 定义如下：

$$\begin{cases} \delta'_q = \dfrac{R_1}{\sigma L_q}; \quad \delta'_\mathrm{Q} = \dfrac{R_\mathrm{Q}}{\sigma L_\mathrm{Q}} \\ C_{q\mathrm{Q}} = \dfrac{L_{aq}}{L_q} \delta'_\mathrm{Q}; \quad C_{\mathrm{Q}q} = \dfrac{L_{aq}}{L_\mathrm{Q}} \delta'_q \end{cases} \tag{2-184}$$

其中：

$$\sigma = 1 - \frac{L_{aq}^2}{L_q L_Q}$$

根据电压和磁链方程式（2-181）和式（2-177）及所定义的参数式（2-183）和式（2-184），可以画出图 2-16 所示的有阻尼绕组同步电机的结构框图。

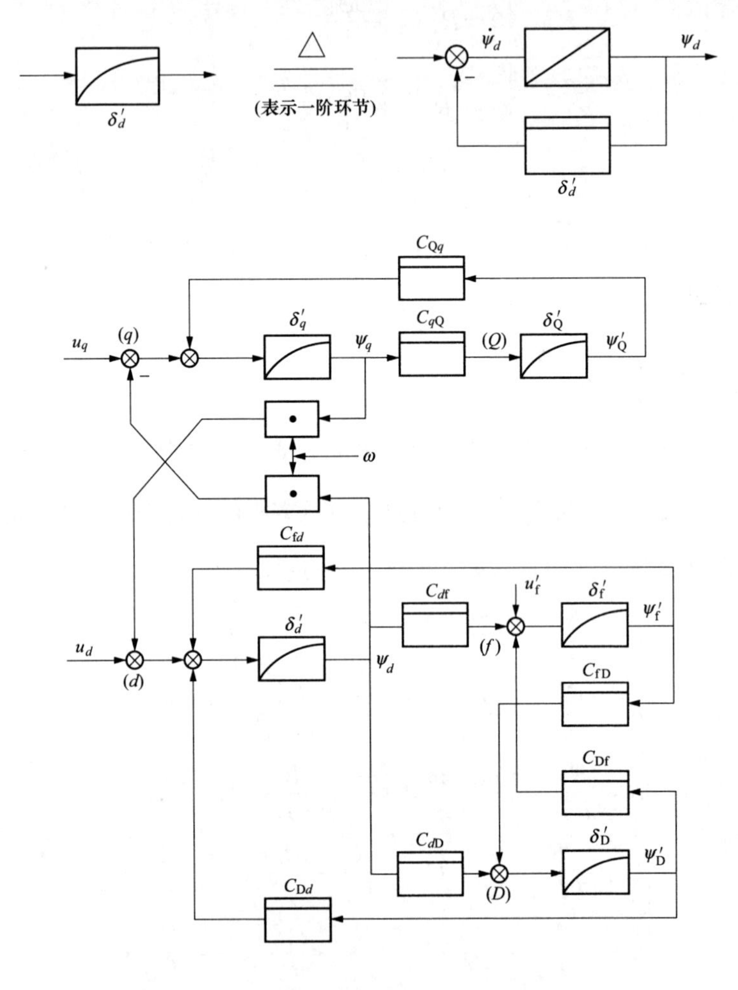

图 2-16 有阻尼绕组同步电机的结构框图

图中含 δ'_d 的一阶环节所表示的传递函数为：

$$G(p) = \frac{1/p}{1 + \delta'_d / p} = \frac{1}{p + \delta'_d}$$

在图 2-16 中，结点 d 所表示的方程为：

$$u_d + \omega\psi_q + C_{Dd}\psi'_D + C_{fd}\psi'_f - \delta'_d\psi_d = \dot{\psi}_d$$

将式（2-183）中的参数式代入上式，可得：

$$C_{Dd}\psi'_{D}+C_{fd}\psi'_{f}-\delta'_{d}\psi_{d}=\frac{R_{1}\sigma_{f}}{L_{ad}\sigma''}\psi'_{D}+\frac{R_{1}\sigma_{D}}{L_{ad}\sigma''}\psi'_{f}-\frac{R_{1}}{L_{ad}\sigma_{d}}(1-\frac{\sigma_{D}\sigma_{f}}{\sigma''})\psi_{d}$$

$$=\frac{R_{1}}{L_{ad}\sigma_{d}\sigma''}(\sigma_{d}\sigma_{f}\psi'_{D}+\sigma_{d}\sigma_{D}\psi'_{f}+\sigma_{D}\sigma_{f}\psi_{d})-\frac{R_{1}}{\sigma_{d}L_{ad}}\psi_{d}$$

$$=\frac{R_{1}}{\sigma_{d}L_{ad}}\psi_{ad}-\frac{R_{1}}{\sigma_{d}L_{ad}}\psi_{d}=-R_{1}i_{d}$$

所以：

$$u_{d}+\omega\psi_{q}-R_{1}i_{d}=\dot{\psi}_{d}$$

同理，可证明结点 q 表示的方程为：

$$u_{q}-\omega\psi_{d}-R_{1}i_{q}=\dot{\psi}_{q}$$

结点 f 表示的方程为：

$$u'_{f}-R'_{f}i'_{f}=\dot{\psi}'_{f}$$

结点 D 表示的方程为：

$$0=R'_{D}i'_{D}+\dot{\psi}'_{D}$$

Q 点表示的方程为：

$$0=R'_{Q}i'_{Q}+\dot{\psi}'_{Q}$$

在图 2-16 中，q 轴的二个绕组 q、Q 用两个一阶实数环节来表示，d 轴的三个绕组 d、D、f 用三个一阶实数环节来表示。在近似计算时，常作些省略。例如，设 $R_{1}=0$，则 δ'_{d}、δ'_{q}、C_{Dd}、C_{fd} 和 C_{Qq} 均为零。这样，可大量简化结构框图和传递函数。

图 2-16 中，原本已省略了励磁绕组 f 和阻尼绕组 D 之间的互漏磁电感。如果参阅图 2-9（a），它是经过 d 轴等值电路的 $I-T$ 变换而得到的准确电路。若如表 2-1 所示，例如用 x_{c} 代替 x_{σ}，用 $x_{dc}=x_{d}-x_{c}$ 代替 x_{ad} 等，从而求出新的 L_{σ}、L_{ad}、$L'_{D\sigma}$、$L'_{f\sigma}$、R'_{D}、R'_{f} 等值。然后，将它们代入式（2-183），求出新的各阻尼系数 δ 和耦合系数 C，则图 2-16 所示的结构框图就可用来表示不忽略励磁绕组和阻尼绕组间的互漏磁电感（$L_{fD\sigma}$）的有阻尼绕组同步电机结构框图。

表 2-1　　d 轴等值电路参数变换

$x_{c}\rightarrow x_{\sigma}$	$x_{Dc}^{*}\rightarrow x_{Dc}$	$x_{fc}^{*}\rightarrow x_{fc}$
$x_{dc}\rightarrow x_{ad}$	$R_{D}^{*}\rightarrow R_{D}$	$R_{f}^{*}\rightarrow R_{f}$

第 3 章　同步电机的 Canay 模型

§ 3.1　同步电机的理想等值电路

I. M. Canay 提出在理想情况下[7]，用标幺值表示的同步电机等值电路如图 3-1 所示。其中，x 称为理想化的定子漏磁电抗，x_{rc}为理想化的 f、D 绕组间的互漏磁电抗。x 和 x_{rc}为可变量。注意，这里转子漏抗的下标改用 c 表示。

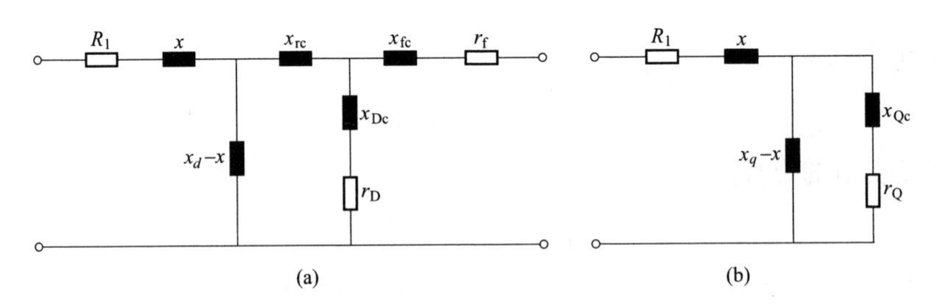

图 3-1　同步电机的理想等值电路

(a) d 轴；(b) q 轴

转子各量的基值选定，同样采用磁链相等和功率相等的原则。由图 3-1 可知，类似于式（2-123）有：

$$\begin{cases} X_{af}I_{fb}=(X_d-X)I_b \\ U_{fb}I_{fb}=S_b=S_N \end{cases} \tag{3-1}$$

所以：

$$\begin{cases} I_{fb}=\dfrac{X_d-X}{X_{af}}\dfrac{U_b}{Z_b}=\dfrac{x_d-x}{X_{af}}U_b \quad , \quad U_{fb}=\dfrac{S_N}{I_{fb}} \\ I_{Db}=\dfrac{x_d-x}{X_{aD}}U_b \quad , \quad U_{Db}=\dfrac{S_N}{I_{Db}} \\ I_{Qb}=\dfrac{x_q-x}{X_{aQ}}U_b \quad , \quad U_{Qb}=\dfrac{S_N}{I_{Qb}} \end{cases} \tag{3-2}$$

由图 3-1 的等值电路可写出 d 轴磁链方程为：

$$\begin{bmatrix} \psi_d \\ \psi_f \\ \psi_D \end{bmatrix} = \begin{bmatrix} x_d & x_d-x & x_d-x \\ x_d-x & x_f & x_{fD} \\ x_d-x & x_{fD} & x_D \end{bmatrix} \begin{bmatrix} i_d \\ i_f \\ i_D \end{bmatrix} \quad \text{(p. u.)} \tag{3-3}$$

由图3-1（a）所示的d轴等值电路，可得到如下关系式：

$$\begin{cases} x_{\mathrm{fD}}=x_d-x+x_{\mathrm{rc}} \\ x_{\mathrm{f}}=x_d-x+x_{\mathrm{rc}}+x_{\mathrm{fc}} \quad (\mathrm{p.u.}) \\ x_{\mathrm{D}}=x_d-x+x_{\mathrm{rc}}+x_{\mathrm{Dc}} \end{cases} \tag{3-4}$$

对式（3-3）进行变换，保持d-F、d-D和F-D间互感磁链不变，ψ_d不变，如式（3-5）所示：

$$\begin{bmatrix} \psi_d \\ b\psi_{\mathrm{f}} \\ b\psi_{\mathrm{D}} \end{bmatrix}=\begin{bmatrix} x_d & b(x_d-x) & b(x_d-x) \\ b(x_d-x) & b^2x_{\mathrm{f}} & b^2x_{\mathrm{fD}} \\ b(x_d-x) & b^2x_{\mathrm{fD}} & b^2x_{\mathrm{D}} \end{bmatrix}\begin{bmatrix} i_d \\ \dfrac{1}{b}i_{\mathrm{f}} \\ \dfrac{1}{b}i_{\mathrm{D}} \end{bmatrix} \tag{3-5}$$

式（3-5）的变换相当于改变F和D绕组的基准值为：

$$\begin{cases} I_{\mathrm{fb}}=\dfrac{U_{\mathrm{b}}}{X_{\mathrm{af}}}(x_d-x)b,\ U_{\mathrm{fb}}=\dfrac{S_{\mathrm{N}}}{I_{\mathrm{fb}}} \\ I_{\mathrm{Db}}=\dfrac{U_{\mathrm{b}}}{X_{\mathrm{aD}}}(x_d-x)b,\ U_{\mathrm{Db}}=\dfrac{S_{\mathrm{N}}}{I_{\mathrm{Db}}} \end{cases} \tag{3-6}$$

为使变换后只有一个主电抗，所有互感电抗均相等，则：

$$b(x_d-x)=b^2x_{\mathrm{fD}}$$

即：

$$b=\frac{x_d-x}{x_d-x+x_{\mathrm{rc}}} \tag{3-7}$$

变换后的电压方程为：

$$\begin{cases} bu_{\mathrm{f}}=p(b\psi_{\mathrm{f}})+b^2r_{\mathrm{f}}(\dfrac{1}{b}i_{\mathrm{f}}) \\ 0=p(b\psi_{\mathrm{D}})+b^2r_{\mathrm{D}}(\dfrac{1}{b}i_{\mathrm{D}}) \end{cases} \tag{3-8}$$

将式$b(x_d-x)$用$x_{d\mathrm{c}}$表示，并设：

$$x_{d\mathrm{c}}=b(x_d-x)=x_d-x_{\mathrm{c}} \tag{3-9}$$

则：

$$b=\frac{x_d-x_{\mathrm{c}}}{x_d-x} \tag{3-10}$$

因而，将式（3-10）代入式（3-6），转子d轴基准值为：

$$I_{\mathrm{fb}}=\frac{U_{\mathrm{b}}}{X_{\mathrm{af}}}x_{d\mathrm{c}} \qquad I_{\mathrm{Db}}=\frac{U_{\mathrm{b}}}{X_{\mathrm{aD}}}x_{d\mathrm{c}} \tag{3-11}$$

对式（3-5）所示的磁链方程和式（3-8）的电压方程可设：

$$\begin{cases} x_{\mathrm{fT}}=b^2x_{\mathrm{f}}\ ,\ x_{\mathrm{fcT}}=b^2x_{\mathrm{fc}}\ ,\ x_{\mathrm{DT}}=b^2x_{\mathrm{D}} \\ x_{\mathrm{DCT}}=b^2x_{\mathrm{DC}}\ ,\ r_{\mathrm{fT}}=b^2r_{\mathrm{f}}\ ,\ r_{\mathrm{DT}}=b^2r_{\mathrm{D}} \end{cases} \tag{3-12}$$

$$\begin{cases} i_{\mathrm{fT}}=\dfrac{1}{b}i_{\mathrm{f}}\ ,\ i_{\mathrm{DT}}=\dfrac{1}{b}i_{\mathrm{D}}\ ,\ u_{\mathrm{fT}}=bu_{\mathrm{f}} \\ \psi_{\mathrm{fT}}=b\psi_{\mathrm{f}}\ ,\ \psi_{\mathrm{DT}}=b\psi_{\mathrm{D}} \end{cases} \tag{3-13}$$

从而，磁链方程式（3-5）变换为：

$$\begin{bmatrix} \psi_d \\ \psi_{\mathrm{fT}} \\ \psi_{\mathrm{DT}} \end{bmatrix}=\begin{bmatrix} x_d & x_{dc} & x_{dc} \\ x_{dc} & x_{\mathrm{fT}} & x_{dc} \\ x_{dc} & x_{dc} & x_{\mathrm{DT}} \end{bmatrix}\begin{bmatrix} i_d \\ i_{\mathrm{fT}} \\ i_{\mathrm{DT}} \end{bmatrix} \tag{3-14}$$

同样，电压方程式（3-8）变换为：

$$\begin{cases} u_{\mathrm{fT}}=P\psi_{\mathrm{fT}}+r_{\mathrm{fT}}i_{\mathrm{fT}} \\ 0\qquad=P\psi_{\mathrm{DT}}+r_{\mathrm{DT}}i_{\mathrm{DT}} \end{cases} \tag{3-15}$$

式（3-14）和式（3-15）可用图 3-2 所示的等值电路来表示。其参数之间关系则变换为：

$$\begin{cases} x'_{\mathrm{fc}}=x_{\mathrm{fT}}-x_{dc}\ ,\ x'_{\mathrm{DC}}=x_{\mathrm{DT}}-x_{dc}\ ,\ x_{dc}=x_d-x_{\mathrm{c}} \\ r'_{\mathrm{f}}=r_{\mathrm{fT}}\qquad\qquad ,\ r'_{\mathrm{D}}=r_{\mathrm{DT}} \end{cases} \tag{3-16}$$

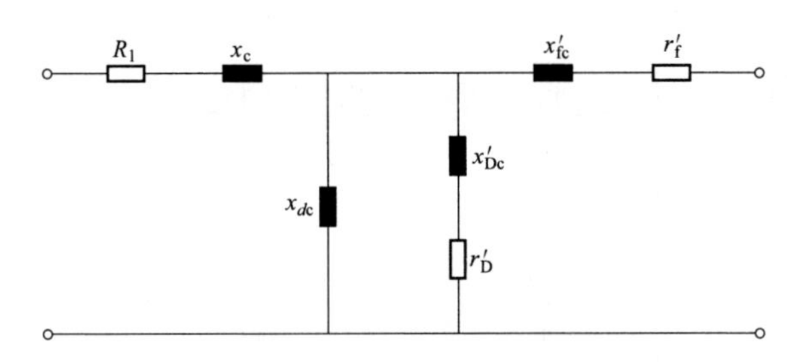

图 3-2　d 轴等值电路的变换

由式（3-7）和式（3-10）可推出：

$$\frac{1}{x_{\mathrm{rc}}}+\frac{1}{x_d-x}=\frac{1}{x_{\mathrm{c}}-x} \tag{3-17}$$

从式（3-17）可见，x_{rc}随 x 而变。当 $x=x_{\mathrm{a}\sigma}$时，$x_{\mathrm{rc}}=x_{\mathrm{fD}\sigma}$；而当 $x=x_{\mathrm{c}}$ 时，$x_{\mathrm{rc}}=0$。此时，即为图 3-2 所示的情况。

下面推导 x_{c} 的计算公式。由式（2-80）$x_{\mathrm{fD}\sigma}=\alpha_{\mathrm{fD}}x_{\mathrm{fDm}}$ 和式（2-53）可知 $x_{\mathrm{fDm}}=x_{ad}$（p. u.），从而可得：

$$\begin{cases} x_{\mathrm{fD}\sigma}=\alpha_{\mathrm{fD}}x_{ad} \\ x_{\mathrm{fD}}=(1+\alpha_{\mathrm{fD}})x_{ad} \end{cases}\quad (\text{p. u.}) \tag{3-18}$$

由式（2-78）和式（2-80）可得：

$$x_{\mathrm{fD}}=(1+\alpha_{\mathrm{fD}})\Lambda w_{\mathrm{f}}k_{\mathrm{wf}}w_{\mathrm{D}}k_{\mathrm{wD}} \tag{3-19}$$

由式（2-30）、式（2-40）和式（2-41）和式（3-19）可推出：

$$\frac{3}{2}\cdot\frac{X_{\mathrm{af}}X_{\mathrm{aD}}}{X_{ad}X_{\mathrm{fD}}}=\frac{1}{1+\alpha_{\mathrm{fD}}}=1-\frac{\alpha_{\mathrm{fD}}}{1+\alpha_{\mathrm{fD}}} \tag{3-20}$$

将 $x=x_\sigma$ 时，$x_{rc}=x_{fD\sigma}$ 及式（3-18）代入式（3-17），可得：

$$x_c=x_\sigma+\frac{\alpha_{fD}}{1+\alpha_{fD}}x_{ad} \quad \text{(p. u.)} \tag{3-21}$$

再将式（3-20）代入式（3-21），可得：

$$x_c=x_d\left[1-\frac{3}{2}\frac{X_{af}X_{aD}}{X_dX_{fD}}\right] \quad \text{(p. u.)} \tag{3-22}$$

§3.2　理想等值电路的参数计算

利用式（2-44）～式（2-58）和式（1-55）可推出各电抗的标幺值表达式：

$$\begin{cases} x_{df}=\dfrac{X_{df}I_{fb}}{U_{db}}, & x_{fd}=\dfrac{X_{fd}I_{db}}{U_{fb}}=\dfrac{X_{fd}I_{fb}}{U_{db}} \\ x_{dD}=\dfrac{X_{dD}I_{Db}}{U_{db}}, & x_{Dd}=\dfrac{X_{Dd}I_{db}}{U_{Db}}=\dfrac{X_{Dd}I_{Db}}{U_{db}} \\ x_f=\dfrac{X_fI_{fb}}{U_{fb}}, & x_{fD}=\dfrac{X_{fD}I_{Db}}{U_{fb}} \\ x_{Df}=\dfrac{X_{Df}I_{fb}}{U_{Db}}=\dfrac{X_{DF}I_{Db}}{U_{fb}} \end{cases} \quad \text{(p. u.)} \tag{3-23}$$

其中，

$$x_{df}=x_{fd},\ x_{dD}=x_{Dd},\ x_{fD}=x_{Df} \quad \text{(p. u.)} \tag{3-24}$$

将式（3-2）代入式（3-23）可得：

$$x_{Df}=\frac{2}{3}\frac{x_{fD}Z_b}{X_{af}x_{aD}}(x_d-x)^2 \quad \text{(p. u.)} \tag{3-25}$$

3.2.1　励磁绕组漏抗 x_{fc}

由式（3-2）可得：

$$Z_{fb}=\frac{U_{fb}}{I_{fb}}=\frac{3}{2}\frac{X_{af}^2}{(x_d-x)^2Z_b}\ (\Omega) \tag{3-26}$$

由式（2-61）可知：

$$x_f=x_{fm}+x_{fc}=x_{fm}(1+\alpha_f)\ (\Omega) \tag{3-27}$$

从式（2-40）和（2-71）可推出：

$$\frac{x_{af}^2}{x_{fm}}=\Lambda w_1^2k_{w1}^2=\frac{2}{3}x_{ad}\ (\Omega) \tag{3-28}$$

将式（3-26）和式（3-28）代入（3-27）可得：

$$x_f=\frac{X_f}{Z_{fb}}=\frac{1+\alpha_f}{x_{ad}}(x_d-x)^2 \quad \text{(p. u.)} \tag{3-29}$$

由式（3-21）可推出：

$$x_d - x_c = \frac{x_{ad}}{1+\alpha_{fD}} \quad (\text{p. u.}) \tag{3-30}$$

将式（3-30）代入式（3-29）可得：

$$x_f = \frac{(x_d - x)^2}{x_d - x_c} \cdot \frac{1+\alpha_f}{1+\alpha_{fD}} \quad (\text{p. u.}) \tag{3-31}$$

由式（3-22）可得：

$$x_d - x_c = \frac{3}{2} \frac{X_{af} X_{aD}}{X_{fD} Z_b} \quad (\text{p. u.}) \tag{3-32}$$

将式（3-32）代入式（3-25）可得：

$$x_{Df} = \frac{(x_d - x)^2}{x_d - x_c} \quad (\text{p. u.}) \tag{3-33}$$

所以：

$$x_{fc} = x_f - x_{Df} = \frac{\alpha_f - \alpha_{fD}}{1+\alpha_{fD}} \cdot \frac{(x_d - x)^2}{x_d - x_c} \quad (\text{p. u.}) \tag{3-34}$$

由式（2-41）、式（2-75）和式（2-30）可得：

$$\frac{X_{aD}^2}{x_{Dm}} = \Lambda w_1^2 k_{w_1}^2 = \frac{2}{3} x_{ad} \ (\Omega) \tag{3-35}$$

3.2.2 阻尼绕组 D 的漏抗 x_{Dc}

利用式（3-2）可求得：

$$Z_{Db} = \frac{U_{Db}}{I_{Db}} = \frac{3}{2} \frac{X_{aD}^2}{Z_b (x_d - x)^2} \ (\Omega) \tag{3-36}$$

由式（2-77）可知：

$$x_D = (1+\alpha_D) x_{Dm}$$

由式（3-35）、式（3-36）和上式可得：

$$x_D = \frac{X_D}{Z_{Db}} = \frac{(x_d - x)^2}{x_{ad}} (1+\alpha_D) \quad (\text{p. u.})$$

将式（3-30）代入上式，可推出：

$$x_D = \frac{1+\alpha_D}{1+\alpha_{fD}} \cdot \frac{(x_d - x)^2}{x_d - x_c} \quad (\text{p. u}) \tag{3-37}$$

所以，由式（3-33）和式（3-37）可得：

$$x_{Dc} = x_D - x_{Df} = \frac{\alpha_D - \alpha_{fD}}{1+\alpha_{fD}} \cdot \frac{(x_d - x)^2}{x_d - x_c} \quad (\text{p. u.}) \tag{3-38}$$

3.2.3 阻尼绕组 Q 的漏抗 x_{Qc}

同样，由式（3-2）可得：

$$Z_{Qb}=\frac{U_{Qb}}{I_{Qb}}=\frac{3}{2}\ \frac{X_{aQ}^{2}}{(x_q-x)^2 Z_b}\qquad (\Omega) \tag{3-39}$$

由式（2-81）可知：

$$x_Q=x_{Qm}+x_{Qc}=(1+\alpha_Q)X_{Qm}\qquad (\Omega) \tag{3-40}$$

类似于式（2-38）有：

$$x_{Qm}=\Lambda\ \frac{w_Q^2 k_{wQ}^2}{K_{cr}}\qquad (\Omega) \tag{3-41}$$

同样，由式（2-42）有：

$$x_{aQ}=\Lambda\ \frac{w_1 k_{w_1} w_Q k_{wQ}}{K_{cr}}\qquad (\Omega) \tag{3-42}$$

所以：

$$\frac{x_{aQ}}{x_{Qm}}=\frac{2}{3}x_{aq} \tag{3-43}$$

因而：

$$x_Q=\frac{X_Q}{Z_{Qb}}=\frac{(x_q-x)^2}{x_{aq}}\cdot(1+\alpha_Q)\qquad (\text{p. u.}) \tag{3-44}$$

所以：

$$x_{Qc}=x_Q-(x_q-x)=\left(\alpha_Q+\frac{x_\sigma-x}{x_q-x}\right)\frac{(x_q-x)^2}{x_{aq}}\qquad (\text{p. u.}) \tag{3-45}$$

3.2.4　励磁绕组电阻 r_f

由式（3-26）、式（2-30）和式（2-40）可得：

$$Z_{fb}=\frac{x_{ad}}{(x_d-x)^2}\Lambda w_f^2 k_{wf}^2\ (\Omega) \tag{3-46}$$

励磁绕组的平均线匝长（l_f）为：

$$l_f=2l_r+\frac{\pi D_r}{p}\left(1-\frac{\gamma_f}{2}\right)\ (\text{cm}) \tag{3-47}$$

式中　l_r——转子长度，包括通风道（cm）；

D_r——转子直径（cm）；

γ_f——转子相对绕线区。

励磁绕组每支路串联总匝数（w_f）为：

$$w_f=\frac{z_f q_f p}{a_f} \tag{3-48}$$

式中　z_f——每槽串联导体数；

q_f——每极槽数；

a_f——并联支路数。

励磁绕组每支路导体截面积（Q_f）为：

$$Q_f = \frac{Q_{fN}}{z_f} \quad (cm^2) \tag{3-49}$$

式中 Q_{fN}——每槽导体总截面（cm^2）。

所以励磁绕组电阻（r_f）为

$$r_f = \frac{w_f l_f}{a_f Q_f \sigma_f Z_{fb}} = \frac{l_f}{\Lambda k_{wf}^2 q_f Q_{fN} \sigma_f p} \frac{(x_d - x)^2}{x_{ad}} \quad (p.u) \tag{3-50}$$

式中 σ_f——导体电导率 [$1/(\Omega \cdot cm)$]。

3.2.5 阻尼绕组电阻 r_D

由式（3-2）、式（2-30）和式（2-41）可得：

$$Z_{Db} = \frac{U_{Db}}{I_{Db}} = \frac{x_{ad}}{(x_d - x)^2} \Lambda w_D^2 k_{wD}^2 \quad (\Omega) \tag{3-51}$$

设阻尼绕组每槽为一匝，则其总匝数为：

$$w_D = p q_D \tag{3-52}$$

式中 q_D——阻尼绕组 D 的每极槽数。

设阻尼绕组平均每匝长（l_D）为：

$$l_D = 2 l_r K_D \quad (cm) \tag{3-53}$$

$$K_D = K_Q = \left(1 + \frac{D_r}{l_r}\right) \cdot K_s$$

式中 K_D——D、Q 绕组由于端部和其他边界效应引起的电阻增长系数，K_s 由结构确定。

所以：

$$r_D = \frac{w_D l_D}{Q_D \sigma_D Z_{Db}} \quad (p.u.) \tag{3-54}$$

式中 Q_D——阻尼条横截面（cm^2）；

σ_D——阻尼导条电导率 [$1/(\Omega \cdot cm)$]。

将式（3-51）、式（3-52）和式（3-53）代入式（3-54），可得

$$r_D = \frac{2 l_r K_D}{\Lambda k_{wD}^2 p Q_D q_D \sigma_D} \frac{(x_d - x)^2}{x_{ad}} \quad (p.u.) \tag{3-55}$$

3.2.6 阻尼绕组电阻 r_Q

同样，与 D 轴的推导类似可求得：

$$r_Q = \frac{2 l_r K_Q}{\Lambda k_{wQ}^2 p Q_D q_D \sigma_D} \frac{(x_q - x)^2}{x_{aq}} \quad (p.u.) \tag{3-56}$$

3.2.7　励磁绕组的基波绕组系数 k_{wf}

励磁绕组可看作整距分布绕组。图 3-3 表示励磁绕组的电流分布情况。设 q_f 为其每极槽数；α_1 为槽间隔电弧度；γ_f 为其相对绕线区，即绕线区所占与 π 弧度的百分比；z_f 为每槽串联匝数，则由图可见：

$$\gamma_f \pi = q_f \alpha_1 \tag{3-57}$$

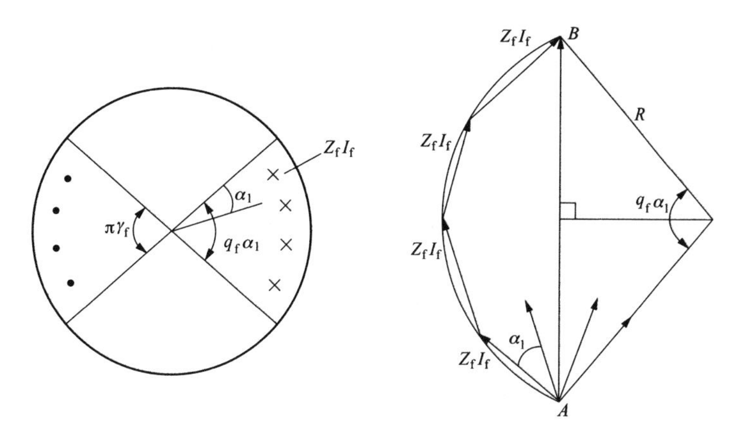

图 3-3　励磁绕组的电流分布及基波合成磁势

图中$\overrightarrow{AB}$表示每对极励磁绕组基波合成磁势：

$$AB = 2R\sin\frac{q_f\alpha_1}{2} = 2R\sin\frac{\gamma_f\pi}{2} \tag{3-58}$$

设 q_f 很大，则这些分布绕组集中产生的基波合成磁势为：

$$q_f z_f I_f \approx R q_f \alpha_1 = R\gamma_f\pi \tag{3-59}$$

式中　I_f——励磁电流。

所以，励磁绕组的基波绕组系数为：

$$k_{wf} = \frac{AB}{q_f z_f I_f} = \frac{2\sin\dfrac{\gamma_f\pi}{2}}{\gamma_f\pi} \tag{3-60}$$

3.2.8　阻尼绕组的基波绕组系数 k_{wD}、k_{wQ}

阻尼绕组为整距分布绕组，阻尼条中的电流可分解为 i_D、i_Q，i_D 和 i_Q 的基波在空间按正弦分布如图 3-4 所示。即：

$$i_D = I_{Dm}\cos x \tag{3-61}$$

而 i_D 在 D 轴的投影为：

$$i_D\cos x = I_{Dm}\cos^2 x \tag{3-62}$$

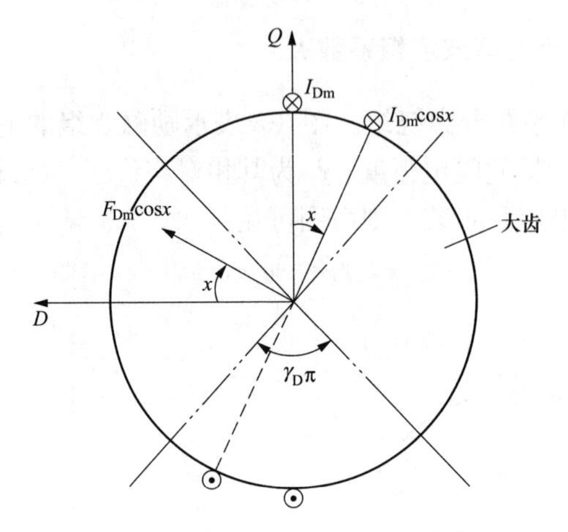

图 3-4　阻尼绕组 D 的电流分布

设 F_{Dm} 为电流最大 I_{Dm} 的一匝整距 D 绕组所产生的每极磁势幅值。所以，D 绕组的基波合成磁势平均值为：

$$F_D=\frac{1}{\gamma_D\pi}\int_{-\gamma_D\pi/2}^{\gamma_D\pi/2}F_{Dm}\cos^2 x\,dx=F_{Dm}\left(0.5+\frac{\sin\gamma_D\pi}{2\gamma_D\pi}\right) \tag{3-63}$$

设 $\gamma_D\pi$ 范围内的阻尼条集中在 I_{Dm} 处（即 D 轴）所产生的合成基波磁势平均值为：

$$F_D{}'=\frac{\gamma_D\pi F_{Dm}}{\gamma_D\pi}=F_{Dm} \tag{3-64}$$

所以，阻尼绕组 D 的基波绕组系数为：

$$k_{wD}=\frac{F_D}{F'_D}=0.5+\frac{\sin\gamma_D\pi}{2\gamma_D\pi} \tag{3-65}$$

同样，如图 3-5 所示，设 F_{Qm} 为电流最大的一匝整距 Q 绕组所产生的每极磁势幅值，则 Q 绕组的基波合成磁势平均值为：

$$F_Q=\frac{1}{\gamma_D\pi}\int_{\frac{\pi}{2}(1-\gamma_D)}^{\frac{\pi}{2}(1+\gamma_D)}F_{Qm}\cos^2 x\,dx=F_{Qm}\left(0.5-\frac{\sin\gamma_D\pi}{2\gamma_D\pi}\right) \tag{3-66}$$

设 $\gamma_D\pi$ 范围内的阻尼条集中在 I_{Qm} 处（即 Q 轴）所产生的合成磁势的平均值为：

$$F'_Q=\frac{\pi\gamma_D F_{Qm}}{\pi\gamma_D}=F_{Qm} \tag{3-67}$$

所以：

$$k_{wQ}=\frac{F_Q}{F'_Q}=0.5-\frac{\sin\gamma_D\pi}{2\gamma_D\pi} \tag{3-68}$$

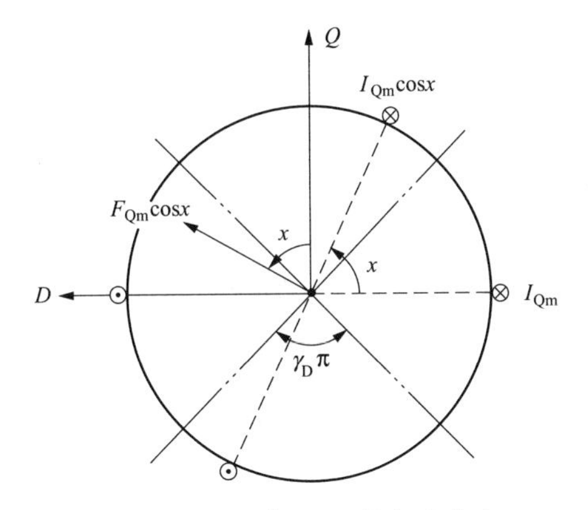

图 3-5　阻尼绕组 Q 的电流分布

§ 3.3　计及转子涡流时汽轮发电机的等值电路

3.3.1　转子涡流的透入深度

大容量汽轮发电机的转子转速可达到 170～180m/s。由于转速极高，转子某些部件将受到极大的机械应力。因此，现代大型汽轮发电机的转子一般都用整块的具有良好导磁性能的高强度合金钢锻成。在电机异步运行时，旋转磁场将会在转子表面及槽壁感应涡流。根据电磁场理论，涡流的透入深度为[26]：

$$\Delta=\sqrt{\frac{2}{|\omega|\mu\sigma}}=712\sqrt{\frac{1}{s\mu_{\mathrm{rm}}\sigma_{\mathrm{e}}}}=\frac{d_{\mathrm{n}}}{\sqrt{s}}\ (\mathrm{cm}) \tag{3-69}$$

$$d_{\mathrm{n}}=\frac{712}{\sqrt{\mu_{\mathrm{rm}}\sigma_{\mathrm{e}}}}$$

$$\omega=2\pi f$$

$$\mu=\mu_0\mu_{\mathrm{rm}}$$

$$\mu_0=0.4\pi\times10^{-8}(\mathrm{H/cm})$$

$$\sigma=\sigma_{\mathrm{e}}$$

$$s=\frac{|f|}{50}$$

式中　Δ——透入深度，即磁感应强度（或电场强度及电流密度）从导体表面的值 B_0 衰减为 $0.369B_0$（即衰减到表面值的 e^{-1}倍）的深度；

ω——磁场相对于转子变化或旋转的角频率（电弧度/秒）；

σ——铁芯导电率 [1/(Ω · cm)]；

s——转差率的绝对值（为使公式简化，在本章涡流阻抗的公式中，s 均表示转差率的绝对值）；

f——转子涡流的频率；

μ_{rm}——相对磁导率的平均值，对铸铁、锻钢可用经验公式：

$$\mu_{rm}=10+\frac{12\ 500}{\hat{H}}\left(1+\ln\frac{\hat{H}}{20}\right)\leqslant 650 \tag{3-70}$$

在瞬态和超瞬态运行时，转子表面磁场强度振幅 $\hat{H}$(A/cm) 可用式（3-71）两式的平均值表示：

$$\hat{H}=\sqrt{2}A_{an}\frac{u}{x'_d},\quad \hat{H}=\sqrt{2}A_{an}\frac{u}{x''_d} \tag{3-71}$$

$$A_{an}=\frac{6ZNpq_aI_N}{\pi D_i a}\quad (\text{A/cm}) \tag{3-72}$$

$$D_i=D_r+\delta$$

式中 u——短路试验时电枢端电压的标幺值，一般为 0.35；

x'_d、x''_d——d 轴暂态及次暂态电抗（p.u.）；

A_{an}——相对于气隙平均直径 D_i 的电枢线负荷；

ZN——电枢每槽导体数；

q_a——电枢绕组每极每相槽数；

a——电枢绕组并联支路数；

D_i——气隙平均直径（cm）；

p——发电机的极对数。

3.3.2 转子各涡流阻抗的计算和等值电路

3.3.2.1 实心转子表面涡流电阻 $R_{DE}(js)$ 和 $R_{QE}(js)$

在整个转子表面形成涡流导电层，其等效厚度为$\frac{d_n}{\sqrt{s}}$。它可以被看作一个阻尼笼。这个阻尼电路在气隙中几乎没有漏磁场，它与气隙主磁场相交链。因此，$R_{DE}(js)$、$R_{QE}(js)$ 应分别与 x_{ad}、x_{aq} 并联。在式（3-55）中，用 $\gamma_D=\gamma_Q=1$，$k_{wD}=k_{wQ}=0.5$，$x=x_\sigma$，$\sigma_D=\sigma_e$ 和 $pq_DQ_D=\frac{d_nD_r\pi}{2\sqrt{s}}$ 代入，并考虑到涡流阻抗的虚数部分 λ，可得式（3-73）：

$$r_{DE}(js)=r_{QE}(js)=\frac{8l_rK_D}{\Lambda d_nD_r\pi\sigma_e}x_{ad}\sqrt{s}(1+j\lambda)=r_{DE}\sqrt{s}(1+j\lambda) \tag{3-73}$$

根据电磁场涡流的线性理论，虚数分量 $\lambda=1$。若计及磁滞损耗和饱和的影响 $\lambda=0.5\sim0.6$。

3.3.2.2 励磁绕组槽壁涡流电阻 $R_{fE}(js)$

若励磁绕组导体中间是铜（Cu），边上是青铜（B_Z），电流将按电阻 r_{Cu}、r_{Bz}

分配如图 3-6 所示。

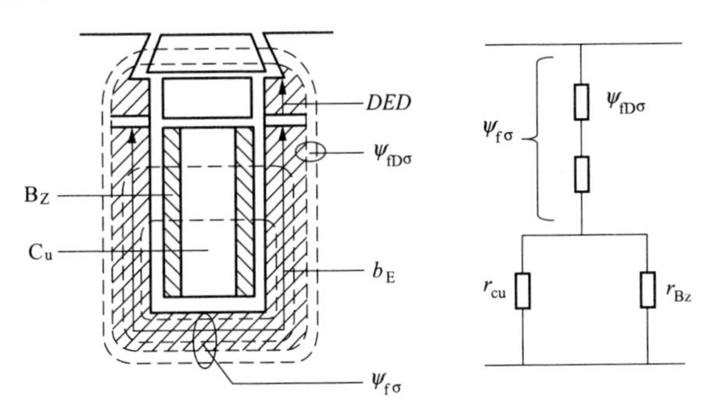

图 3-6　励磁绕组的电流及漏磁分布

这两个电流路径的漏抗 x_{fc} 是相同的。由于导电铁心槽壁的作用与青铜电阻 r_{Bz} 的作用相同，并且它们都与同样的漏磁 $\psi_{f\sigma}$ 相交链，所以槽壁涡流电阻 $R_{fE}(js)$ 应与 r_f 并联。它的计算公式可利用式（3-50），式中铜的横截面积 Q_{fN} 用 $\frac{b_E d_n}{\sqrt{s}}$ 代替，平均每匝长 $l_f=2l_rK_D$，$\sigma_f=\sigma_e$（铁芯导电率），$x=x_\sigma$，可推得：

$$r_{fE}(js)=\frac{2l_rK_D}{\Lambda k_{wf}^2 pq_f b_E d_n \sigma_e}x_{ad}\sqrt{s}(1+j\lambda)=r_{fE}\sqrt{s}(1+j\lambda)\quad (p.u.) \tag{3-74}$$

实际上，由于 $r_{fE}\gg r_f$，故仅当励磁绕组开路或与很大的外接电阻 Δr_f 串联时，$r_{fE}(js)$ 才起作用。

当取 $x=x_\sigma$ 时，d 轴等值电路如图 3-7 所示。其中，$r_{DE}(js)$ 为 P 支路。

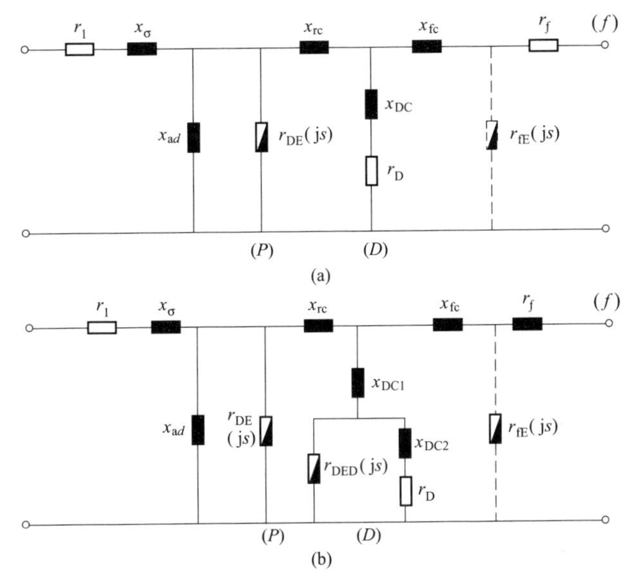

图 3-7　计及转子涡流的 d 轴等值电路

3.3.2.3 阻尼绕组槽壁涡流电阻 $R_{DED}(js)$ 的计算公式

在图 3-7（b）中，x_{DC1} 为 D 绕组槽漏抗加上齿顶漏抗，x_{DC2} 为 D 绕组端部漏抗，$x_{DC1}+x_{DC2}=x_{DC}$ 为 D 绕组的漏磁电抗。D 绕组的槽壁涡流电阻 $r_{DED}(js)$ 应与 r_D+jsx_{DC2} 并联[10]，因为它们都与同样的漏磁链（即与 x_{DC1} 对应的 $\psi_{D\sigma1}$）相交链。

利用式（3-55），式中 Q_D 用 $2DED\cdot\dfrac{d_n}{\sqrt{s}}$ 代替，$\sigma_D=\sigma_e$，$x=x_\sigma$，再计入涡流阻抗的虚数部分 λ，可求得：

$$r_{DED}(js)=\frac{l_r K_D\cdot x_{ad}}{\Lambda k_{wD}^2 pq_D\cdot DED\cdot dn\sigma_e}\sqrt{s}(1+j\lambda)\qquad(\text{p. u.})\tag{3-75}$$

由于 $r_{DED}(js)$ 的数值很大，在等值电路中可看作开路，故具体计算时可略去不计。

q 轴等值电路如图 3-8 所示。其中 $r_{QE}(js)=r_{DE}(js)$，可用式（3-73）计算。

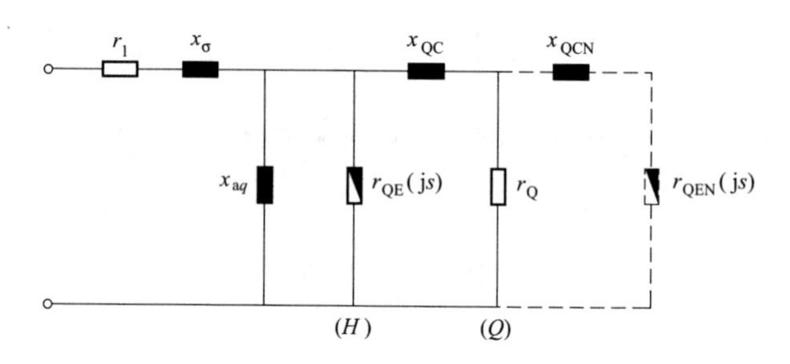

图 3-8 计及转子涡流的 q 轴等值电路

3.3.2.4 阻尼条下面的转子槽壁涡流电阻 $r_{QEN}(js)$

$r_{QEN}(js)$ 的计算可利用式（3-56），用 $Q_D=b_E\cdot\dfrac{d_n}{\sqrt{s}}$，$\sigma_D=\sigma_e$，$x=x_\sigma$ 代入可得：

$$r_{QEN}(js)=\frac{2l_r K_D}{\Lambda k_{wQ}^2 pq_D b_E d_n\sigma_e}\cdot x_{aq}\sqrt{s}(1+j\lambda)\qquad(\text{p. u.})\tag{3-76}$$

图 3-8 中，x_{QCN} 表示阻尼条以下转子槽的比漏磁导 λ_{Nf0} 所对应的漏抗，显然：

$$\lambda_{Nf0}=\lambda_{Nf}-\lambda_{ND}\tag{3-77}$$

式中 λ_{Nf}——励磁绕组槽比漏磁导；

λ_{ND}——阻尼绕组槽比漏磁导。

x_{QCN} 的计算可利用式（3-45），其中漏磁系数 α_Q 用式（2-83）。而 α_D 的计算在用式（2-77）时，可用 λ_{Nf0} 来代替 $\sum\lambda_D$（$=\lambda_{ND}+\lambda_{KD}+\lambda_{eD}$），从而求得：

$$x_{QCN}=\frac{\pi K_{ca}K_{cr}\delta p\lambda_{Nf0}}{D_i q_D k_{wQ}^2}\cdot x_{aq}\qquad(\text{p. u.})\tag{3-78}$$

3.3.3　等值电路的化简

将图 3-7 和图 3-8 化简为图 3-9。转子 d 轴用 F、D 两个支路表示。由于 $r_{DE} \gg x_{rc}$，故可近似将 $r_{DE}(js)$ 与 $r_D + jsx_{DC}$ 并联的阻抗值作为 D 支路的漏阻抗 $r_D + jsx_{DC}$。转子 q 轴用 H、Q 两个支路表示。其中，Q 支路由图 3-8 中的 r_Q 与 $r_{QEN}(js) + jsx_{QCN}$ 并联，再与 jsx_{QC} 串联的阻抗值作为 Q 支路的漏阻抗 $r_Q + jsx_{QC}$。而 H 支路即为 r_{QE}（js），其漏阻抗值为：

$$\begin{cases} r_{QE}(js) = \sqrt{s}\, r_{QE}(1 + j\lambda) = r_H + jsx_{HC} \\ \dfrac{r_{QE}(js)}{s} = \dfrac{r_H}{s} + jx_{HC} \\ r_H = \sqrt{s}\, r_{QE},\ x_{HC} = r_{QE} \dfrac{\lambda}{\sqrt{s}} \end{cases} \tag{3-79}$$

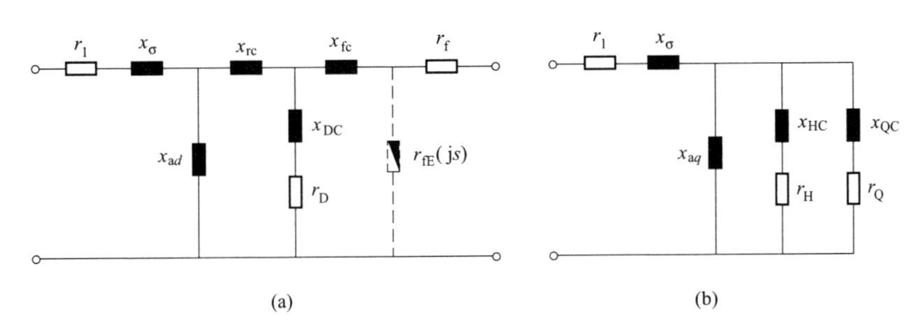

图 3-9　等值电路的化简

（a）d 轴；（b）q 轴

由此可见，图中的参数 r_D、x_{DC}、r_H、x_{HC} 和 r_{fE} 都是转差率 s 的函数，故称为变参数模型。在用计算机仿真迭代时，应根据每一步的转差率，利用复数阻抗的计算方法来计算各有关参数，再代入状态方程。

3.3.4　饱和的近似考虑

主磁场的饱和会使短路比增大，x_{ad}、x_{aq} 等有关电抗减小。设电机的空载特性如图 3-10 所示。其中，u_0、i_f 均为标幺值。

若在 $i_f = 1$ 时，$\boldsymbol{u}_0 = 1$，则考虑到按习惯采用 x_{ad} 基值系统，当 $u_0 = 1$ 时应有 $i_f = \dfrac{1}{x_{ad}}$。因而将空载特性中的 i_f 均除以 x_{ad}，作为励磁电流的标幺值，因为额定转速时空载电压为：

$$u_0 = \psi_{d0} = x_{ad} i_{f0} \qquad (\text{p. u.}) \tag{3-80}$$

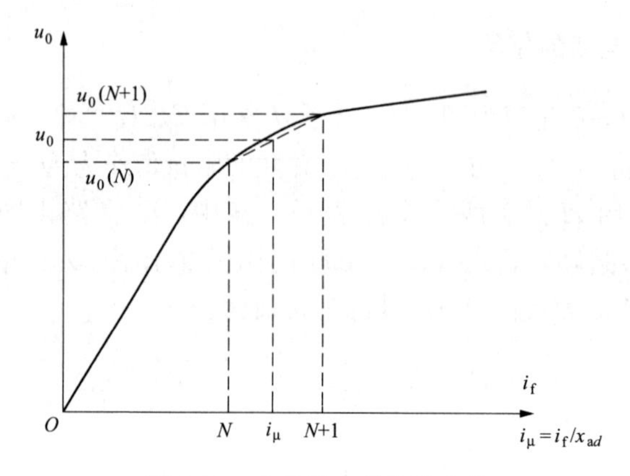

图 3-10　电机的空载特性曲线

所以：

$$x_{ad} = \frac{u_0}{i_{f0}} \quad \text{(p. u.)} \tag{3-81}$$

而：

$$i_\mu = \sqrt{(i_f + i_D - i_d)^2 + (i_H + i_Q - i_q)^2} \quad \text{(p. u.)} \tag{3-82}$$

式（3-82）为发电机惯例时，若正方向采用电动机惯例，则 i_d 和 i_q 前用加号。设 Δi_μ 为空载特性横坐标相等的间隔长，则令：

$$N = INT\left(\frac{i_\mu}{\Delta i_\mu}\right) \tag{3-83}$$

式中　INT——将（$\frac{i_\mu}{\Delta i_\mu}$）的值截去小数部分取整数。

用分段线性插值法可得：

$$u_0 = u_0(N) + \frac{u_0(N+1) - u_0(N)}{\Delta i_\mu}[i_\mu - i_\mu(N)] \tag{3-84}$$

则 x_{ad} 的饱和值为：

$$x_{ad} = \frac{u_0}{i_\mu} \tag{3-85}$$

从而可得 x_{aq} 的饱和值为：

$$x_{aq} = \frac{x_{aq}}{K_{cr}} \tag{3-86}$$

式中　K_{cr}——转子的卡特系数。

具体计算时，可将以上算式编成子程序，每次迭代时算出 x_{ad}、x_{aq} 的饱和值，并相应求出所有随 x_{ad} 和 x_{aq} 变化的电抗参数，如 $x_d = x_{ad} + x_\sigma$，$x_q = x_{aq} + x_\sigma$，$x_{fD} = x_{ad} + x_{rc}$ 等，并根据当时的转差率绝对值（s）求出各涡流复阻抗参数，作为下一步迭代时的参数值。

3.3.5　涡流阻抗最小值的计算

由于涡流的透入深度 $\Delta=\frac{d_n}{\sqrt{s}}$，当转子转差率的绝对值很小时，$\Delta$ 很大。但因 Δ 受电机尺寸的限制，各涡流阻抗均存在最小值。下面以 $r_{fE}(js)$ 的最小值计算为例，加以说明。

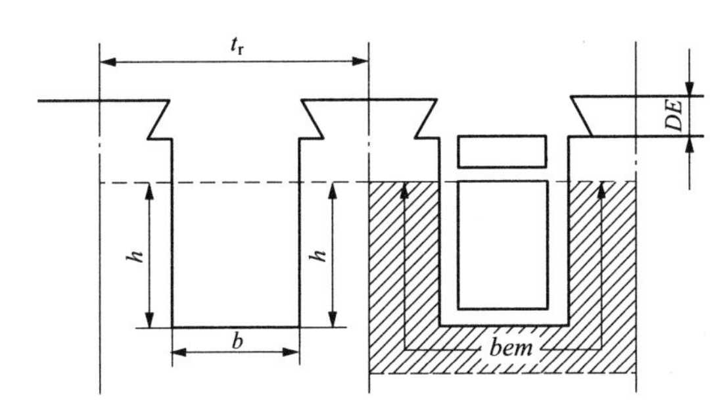

图 3-11　转子的结构尺寸简图

如图 3-11 所示，转子槽距 t_r 为：

$$t_r=\frac{\gamma_f\tau}{q_f} \tag{3-87}$$

$$\tau=\frac{\pi D_r}{2p}$$

$$D_r=D_i-\delta$$

式中　D_i——气隙平均直径（cm）；

q_f——每极转子槽数。

齿宽为（t_r-b）。由图 3-11 可见其透入深度的最大值 Δ_{max1} 为：

$$\Delta_{max1}=\frac{t_r-b}{2}$$

由式（3-74）可知 $r_{fE}(js)=r_{fE}\sqrt{s}(1+j\lambda)$，并设：

$$r_{fEs}=\frac{K_1\sqrt{s}}{b_E d_n}=r_{fE}\sqrt{s} \tag{3-88}$$

$$K_1=\frac{2l_r K_D x_{ad}}{\Lambda k_{wf}^2 p q_f \sigma_e}$$

式中，当 $s=1$ 时，$b_E=2h+b+2d_n$。

当 $\frac{d_n}{\sqrt{s}}=\Delta_{max1}$ 时，r_{fES} 的最小值为：

$$r_{\mathrm{fEM}}=\frac{K_1}{b_{\mathrm{em}}\Delta_{\mathrm{max1}}}=r_{\mathrm{fE}}\cdot\frac{b_{\mathrm{E}}d_{\mathrm{n}}}{b_{\mathrm{em}}\Delta_{\mathrm{max1}}} \tag{3-89}$$

$$b_{\mathrm{em}}=2h+b+2\Delta_{\mathrm{max1}}$$

r_{QENs} 的最小值求法与 r_{fEs} 的最小值计算方法相似，同样可求得 r_{QENs} 的最小值为：

$$r_{\mathrm{QENM}}=r_{\mathrm{QEN}}\cdot\frac{b_{\mathrm{E}}d_{\mathrm{n}}}{b_{\mathrm{em}}\Delta_{\mathrm{max1}}} \tag{3-90}$$

第4章　同步电机的稳态及动态分析

§4.1　同步电机稳态运行矢量图和电磁转矩

稳态运行时，电机转速为恒定的同步转速（$\omega=\omega_0$）。磁链对时间的导数为零，即ψ_d、ψ_q和ψ_f为恒值。此时阻尼绕组不起作用，故可用无阻尼绕组同步电机方程来分析。应用电动机惯例时，其电压和磁链方程为：

$$\vec{U}_1=R_1\vec{i}_1+\mathrm{j}\omega_0\vec{\psi}_1 \tag{4-1}$$

$$\begin{cases}\vec{\psi}_1=L_d\vec{i}_d+\mathrm{j}L_q\vec{i}_q+L_{ad}\vec{i}_f=(L_d-L_q)\vec{i}_d+L_q\vec{i}_1+L_{ad}\vec{i}_f\\ \vec{\psi}_f=L_{ad}\vec{i}_d+(L_{ad}+L_{fc})\vec{i}_f;\ \vec{\psi}_1=\psi_d+\mathrm{j}\psi_q\end{cases} \tag{4-2}$$

引入励磁电压（又称空载电压）：

$$\vec{U}_p=\mathrm{j}\omega_0L_{ad}\vec{i}_f=\mathrm{j}U_p;\ U_p=\omega_0L_{ad}i_f \tag{4-3}$$

将式（4-3）代入式（4-1）可得：

$$\vec{U}_1=R_1\vec{i}_1+\mathrm{j}\omega_0(L_d-L_q)\vec{i}_d+\mathrm{j}\omega_0L_q\vec{i}_1+\vec{U}_p \tag{4-4}$$

图4-1所示为一过励同步电动机的矢量图。设过励时$\vec{i}_1$超前于$\vec{u}_1\varphi$电角（此时$0<\varphi<90°$）。已知U_1、i_1、φ及电机的参数R_1、L_d、L_q、L_{ad}。根据上列各式就可画出图4-1。由图4-1可见，当定子电压和负载（即功角θ_p）不变时，减小励磁电流i_f会使U_p和功率因数角φ减小，直至φ变为负值，即$\vec{i}_1$滞后于$\vec{U}_1$。此时，同步电动机作为电网的负载性质就由电阻、电容变为电阻、电感，从而由过励运行变为欠励运行。在电动机运行时，$\vec{U}_1$超前于$\vec{U}_P\theta_p$电角（$\theta_p>0$）。

图4-2表示在过励发电机运行（$90°<\varphi<180°$）时的矢量图。此时，电机吸收容性无功功率，即输出感性无功功率。当励磁电流减小时，相位角φ增大超过180°，因而同步发电机变为欠励运行，电机吸收感性无功功率，即输出容性无功功率。在发电机运行时，$\vec{u}_1$滞后于$\vec{u}_p\theta_p$电角（$\theta_p<0$）。

在用电动机惯例时，同步电机输入的有功功率P和无功功率Q，可用式（4-5）表示：

$$P=S\cos\varphi;\ Q=S\sin\varphi \tag{4-5}$$

式中　S——同步电机的视在功率。

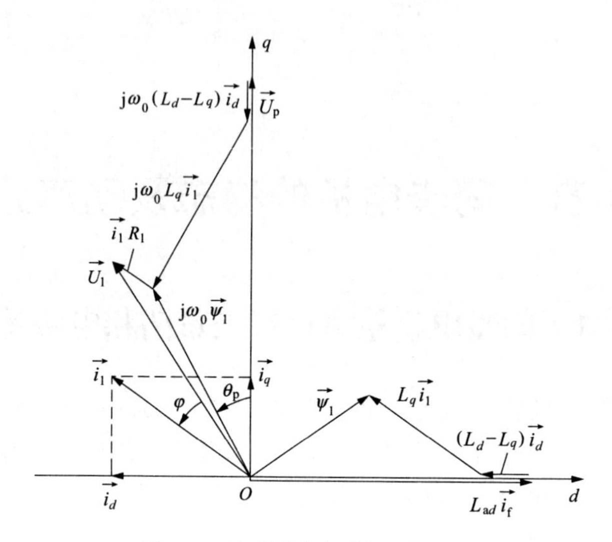

图 4-1　过励同步电动机的矢量图

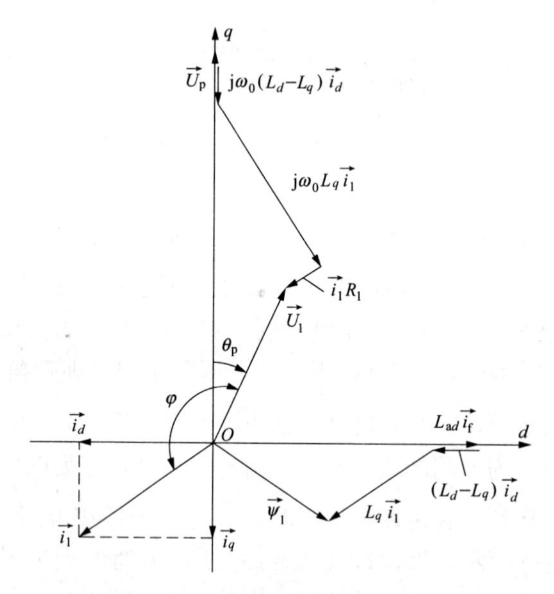

图 4-2　过励同步发电机的矢量图

因而可将 $\vec{U}_1$、$\vec{i}_1$ 和 φ 之间的关系归纳于图 4-3 之中。

图 4-4 表示功角 θ_{p} 的含义，它定义为定子电压 $\vec{U}_1$ 和励磁电压 $\vec{U}_{\mathrm{p}}$ 之间所夹电角。它表示转子磁极在负载时相对于空载时（$i_1=0$），所转过的电角度。显然，在空载时 $\vec{U}_{10}=\vec{U}_{\mathrm{p}}$。由图 4-4 可见，$\vec{U}_1$ 和 θ_{p} 之间有下列关系：

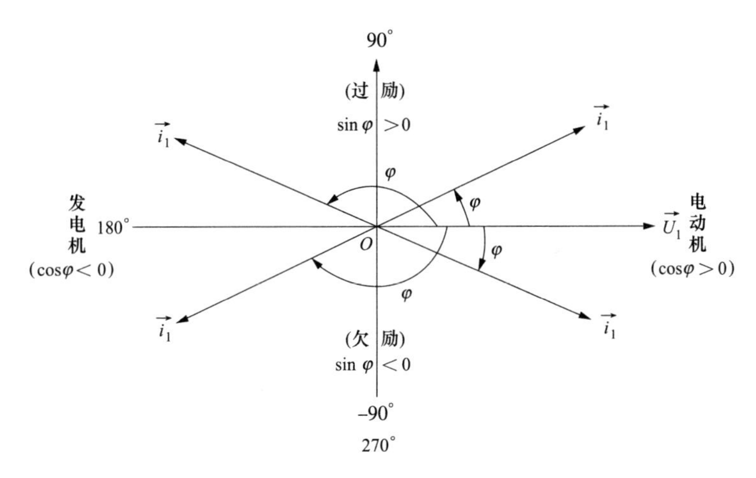

图 4-3　同步电机的各种运行情况

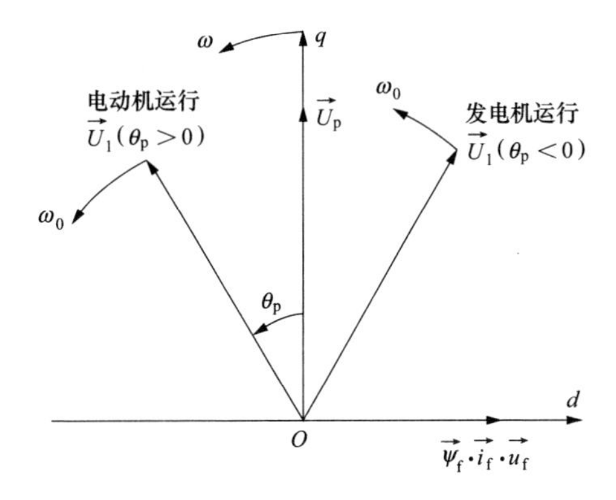

图 4-4　功角 θ_p 的含义

$$\vec{U}_1=Ue^{j(\theta_p+\pi/2)}=U(-\sin\theta_p+j\cos\theta_p)\quad (p.u.) \tag{4-6}$$

转子转速 ω 和同步转速 ω_0 之间有下列关系：

$$\omega=\omega_0-\frac{d\theta_p}{d\tau}\quad (p.u.) \tag{4-7}$$

在用标幺值表示时，稳态运行（$\omega=\omega_0=1$）时，电磁转矩可用式（4-8）和式（4-9）表达：

$$\begin{aligned} T_e &= I_m\{i_1\cdot\vec{\psi}_1^*\}=\psi_d i_q-\psi_q i_d \\ &= L_d i_d i_q+L_{ad} i_f i_q-L_q i_q i_d \quad (p.u.) \end{aligned} \tag{4-8}$$

$$T_e=L_{ad} i_f i_q+(L_{ad}-L_{aq}) i_d i_q\quad (p.u.) \tag{4-9}$$

在忽略定子电阻时，由式（4-1）和式（4-6）可得：

$$\begin{cases}\psi_q = U\sin\theta_p \\ \psi_d = U\cos\theta_p\end{cases} \quad (\text{p. u.}) \tag{4-10}$$

由式（4-2）和式（4-3）可得：

$$\begin{cases}i_d = \dfrac{\psi_d - L_{ad}i_f}{L_d} = \dfrac{\psi_d - U_p}{L_d} \\ i_q = \dfrac{\psi_q}{L_q}\end{cases} \quad (\text{p. u.}) \tag{4-11}$$

将式（4-10）和式（4-11）代入式（4-9）可得：

$$T_e = \frac{\psi_d\psi_q}{L_q} - \frac{\psi_d\psi_q}{L_d} + \frac{U_p\psi_q}{L_d} = \psi_d\psi_q\frac{L_d - L_q}{L_dL_q} + \frac{U_p\psi_q}{L_d}$$

所以：

$$T_e = \frac{UU_p}{L_d}\sin\theta_p + \frac{U^2}{2}\frac{L_d - L_q}{L_dL_q}\sin2\theta_p \quad (\text{p. u.}) \tag{4-12}$$

式（4-12）中，第二项为二次谐波，它是由 d、q 轴磁阻不等造成的，故称为磁阻转矩或反应转矩。

上述同步电机方程中均采用电动机惯例来规定各量的正方向。当功率和转矩为正时，表示功率为输入电动机的电磁功率，转矩为驱动电动机的电磁转矩。

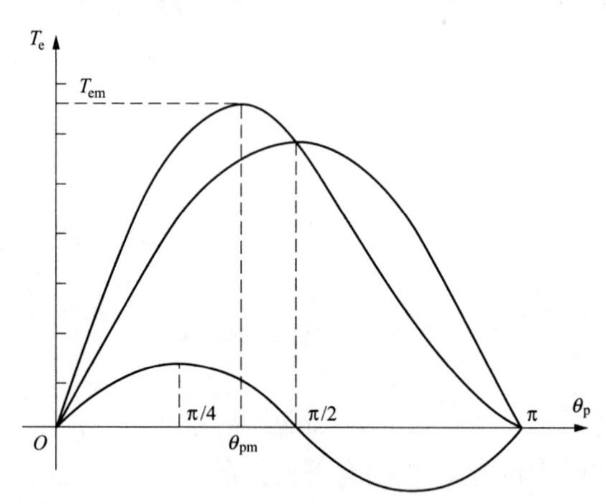

图 4-5 功角特性曲线

式（4-12）所示的电磁转矩可用图 4-5 来表示。因为电磁功率 $P = \omega T_e$（p. u.），故式（4-12）又称为功率特性，也称为功角特性。

为求得电磁转矩的最大值 T_{em} 及其对应功角 θ_{pm}，可对式（4-12）求导，并令导数为零：

$$\frac{dT_e}{d\theta_p} = A\cos\theta_{pm} + B\cos2\theta_{pm} = 0 \tag{4-13}$$

$$A = \frac{UU_{\mathrm{p}}}{L_d}$$

$$B = U^2 \frac{L_d - L_q}{L_d L_q}$$

由式（4-13）可得：

$$\cos\theta_{\mathrm{pm}} = \frac{-U_{\mathrm{p}} \pm \sqrt{U_{\mathrm{p}}^2 + 8U^2\left(\frac{L_d}{L_q} - 1\right)^2}}{4U\left(\frac{L_d}{L_q} - 1\right)} \tag{4-14}$$

从式（4-13）求得 A 代入式（4-12），即得 T_{em} 与 θ_{pm} 的关系为：

$$T_{\mathrm{em}} = U^2 \frac{L_d - L_q}{L_d L_q} \cdot \frac{\sin^3\theta_{\mathrm{pm}}}{\cos\theta_{\mathrm{pm}}} \quad (\mathrm{p.\,u.}) \tag{4-15}$$

由式（4-13）可求得空载电压 U_{p} 为：

$$U_{\mathrm{p}} = -U\left(\frac{L_d}{L_q} - 1\right)\frac{\cos 2\theta_{\mathrm{pm}}}{\cos\theta_{\mathrm{pm}}} \quad (\mathrm{p.\,u.}) \tag{4-16}$$

若已知 U_{p}，可先从式（4-14）求 θ_{pm}，再由式（4-15）求出 T_{em}。若先设定某一 θ_{pm}，则可从式（4-15）和式（4-16）分别求得对应的 T_{em} 和 U_{p} 值。

由图 4-5 可见，对于凸极同步电机，当励磁电流增大时，使 U_{p} 和 θ_{pm} 也增大。当 $\theta_{\mathrm{pm}} \to \pi/2$ 时，$U_{\mathrm{p}} \to \infty$，见式（4-16）；而当 i_{f} 减小时，使 U_{p} 和 θ_{pm} 也减小。当 $\theta_{\mathrm{pm}} \to \pi/4$ 时，$U_{\mathrm{p}} \to 0$。所以功角 θ_{pm} 的变化范围为 $\pi/4 \leqslant \theta_{\mathrm{pm}} < \pi/2$。

设 T_{N}（或 P_{N}）为同步电机的额定转矩（或额定功率），则可定义电机的过载能力为 K_{m}：

$$K_{\mathrm{m}} = \frac{T_{\mathrm{em}}^*}{T_{\mathrm{N}}^*} = \frac{P_{\mathrm{m}}^*}{P_{\mathrm{N}}^*} \quad (\mathrm{p.\,u.}) \tag{4-17}$$

因为：

$$P_{\mathrm{N}}^* = \frac{S_{\mathrm{N}}\cos\varphi_{\mathrm{N}}}{S_{\mathrm{N}}} = \cos\varphi_{\mathrm{N}}$$

所以：

$$K_{\mathrm{m}} = \frac{P_{\mathrm{m}}^*}{\cos\varphi_{\mathrm{N}}} \tag{4-18}$$

而对隐极同步电机，因为：

$$T_{\mathrm{e}} = \frac{U_{\mathrm{p}}U}{L_d}\sin\theta = T_{\mathrm{em}}\sin\theta \tag{4-19}$$

所以：

$$T_N = T_{em}\sin\theta_N$$

$$K_m = \frac{T_{em}}{T_N} = \frac{1}{\sin\theta_N} \tag{4-20}$$

一般情况下，同步电机的稳定运行范围为$0<\theta_p<\theta_{pm}$。过载能力越大，电机运行越稳定。从运行的角度来看，励磁电流越大，励磁电压U_p也增大。在额定转矩T_N（或额定功率P_N）一定时，最大转矩T_{em}（或最大功率P_m）也越大，可使过载能力增大。从设计制造的角度来看，电机的气隙（δ）越大，则气隙磁阻也越大，从而使$L_{ad}\left(=\frac{\psi_{d0}}{i_{f0}}\right)$减小，$L_d$也减小，这样$T_{em}$（$P_m$）会增大，从而使过载能力增大。

§4.2 同步电机的小值振荡

设同步电动机接在无穷大电网上，电机定子频率不变，为同步频率（ω_0）。同步电动机在负载变化时，会引起转速摆动，转速的摆动是由于转矩的变化而产生的。当负载转矩（T_L）跃增时，一开始会使转速（ω）减小。由图 4-4 可知，电机的功角θ_p将会增大。此时所需输出能量的增大，一部分来自电能，另一部分是转子所贮存动能的减小供给的。由于转子阻尼绕组在转速$\omega\neq\omega_0$时，会产生阻尼转矩（即异步转矩）T_2（见图 4-6），在转差率（s）较小时，它可用式（4-21）表示：

$$T_2 = K_D\frac{d\theta_p}{dt} = K_D(\omega_0-\omega) = K_D\omega_0 s \tag{4-21}$$

式中　K_D——阻尼系数；

　　s——转差率。

由式（4-21）可见，当功角θ_p增大时，$T_2>0$使电机转速增大，从而趋于稳定，对于功角变化产生的阻尼作用主要是通过阻尼绕组中的电流所形成的，而阻尼绕组的电流会产生损耗。当同步电动机带空气压缩机负载时，会产生持久的转速振荡，它是由负载转矩的持续变化产生的。在用柴油机驱动同步发电机运行时，也会出现这种情况。

描述同步电动机这种特性的微分方程，即电磁转矩和功角的微分方程，可以推导如下：

$$\frac{J}{P}\cdot\frac{d\omega}{dt} = T_e - T_L \tag{4-22}$$

此处，P表示极对数，以免和复数p混淆。

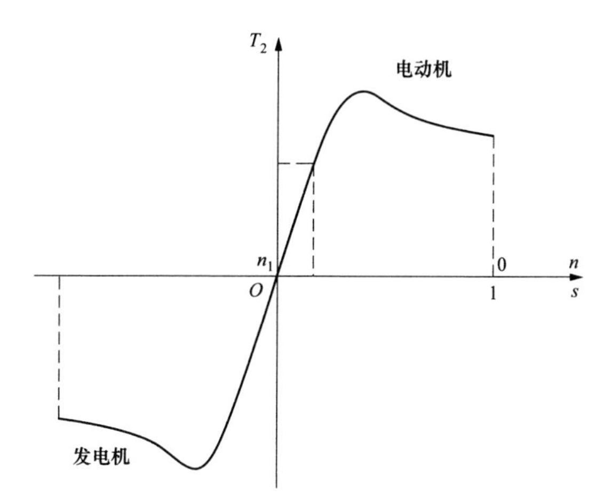

图 4-6　阻尼转矩 T_2（s）曲线

用 $\omega = \omega_0 - \dfrac{d\theta_p}{dt}$ 代入式（4-22）可得：

$$-\frac{J}{P} \cdot \frac{d^2\theta_p}{dt^2} = T_e - T_L \tag{4-23}$$

设电动机为隐极同步电机（$L_d \approx L_q$）。此时电磁转矩 T_e 由两部分组成：

$$T_e = T_{em}\sin\theta_p + K_D \frac{d\theta_p}{dt} = T_1 + T_2 \tag{4-24}$$

式中：

$$T_1 = T_{em}\sin\theta_p$$

$$T_2 = K_D \frac{d\theta_p}{dt}$$

将式（4-24）代入式（4-23），可得：

$$\frac{J}{P} \cdot \frac{d^2\theta_p}{dt^2} + K_D \frac{d\theta_p}{dt} + T_{em}\sin\theta_p = T_L \tag{4-25}$$

式（4-25）是非线性二阶微分方程，一般不能求出它的解析解。它的求解方法是：

（1）利用模拟计算机或数字计算机。

（2）通过方程的微增量线性化，即用泰勒级数展开，忽略高次项。

设

$$\theta_p = \theta_{p0} + \Delta\theta_p$$

$$T_1 = T_{em}\sin\theta_{p0} + \Delta\theta_p \cdot \left.\frac{d(T_{em}\sin\theta_p)}{d\theta_p}\right|_{\theta_{p0}} = T_{em}\sin\theta_{p0} + \Delta\theta_p \cdot T' \tag{4-26}$$

其中，$T' = \left.\dfrac{d(T_{em}\sin\theta_p)}{d\theta_p}\right|_{\theta_{p0}} = T_{em}\cos\theta_{p0}$ ，与工作点 θ_{p0} 有关。

$$T_L = T_{L0} + \Delta T_L = T_{em}\sin\theta_{p0} + \Delta T_L \tag{4-27}$$

将 T_1 和 T_L 代入式（4-25），可得：

$$\frac{J}{P}\cdot\frac{d^2\Delta\theta_p}{dt^2}+K_D\frac{d\Delta\theta_p}{dt}+T'\Delta\theta_p=\Delta T_L \tag{4-28}$$

根据式（4-28）可画出结构图如图 4-7 所示。

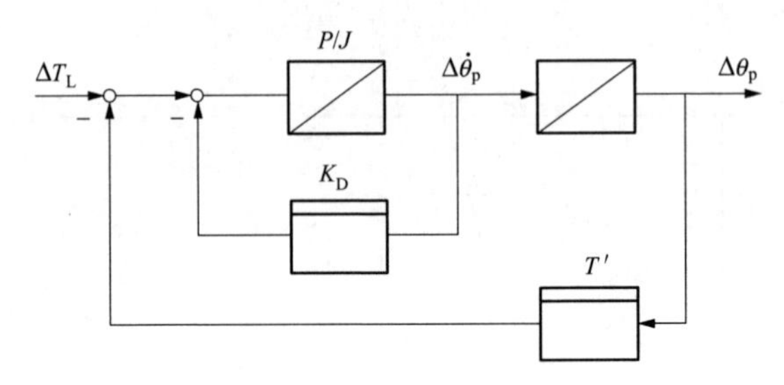

图 4-7　ΔT_L 和 $\Delta\theta_p$ 的结构框图

从结构图可求出传递函数为：

$$\frac{\Delta\theta_p(p)}{\Delta T_L(p)}=\frac{\dfrac{1}{\left(\dfrac{J}{P}\right)\cdot p+K_D}\cdot\dfrac{1}{p}}{1+T'\dfrac{1}{\left(\dfrac{J}{P}\right)\cdot p+K_D}\cdot\dfrac{1}{p}}=\frac{\dfrac{T'J}{P}}{p^2+\dfrac{K_DP}{J}p+\dfrac{T'P}{J}}\cdot\frac{1}{T'}$$

$$=\frac{1}{T'}\cdot\frac{\omega_n^2}{p^2+2\zeta\omega_np+\omega_n^2} \tag{4-29}$$

其中：

$$\omega_n=\sqrt{\frac{T'P}{J}}$$

$$\zeta=\frac{K_DP}{\sqrt{4JPT'}}$$

式中　ω_n——无阻尼自然频率；

　　ζ——系统的阻尼比。

由于 $T'=f\ (\theta_{p0})$，所以阻尼比 ζ 与工作点（θ_{p0}）有关，而当工作点确定时，T'是个常数。由式（4-26）可知：

$$T'=T_{em}\cos\theta_{p0} \tag{4-30}$$

式（4-29）是一个典型的二阶系统。而阻尼比 ζ 的数值决定了系统暂态响应的性质：

1）当 $\zeta>1$ 时，系统为过阻尼；

2）当 $\zeta=1$ 时，为临界阻尼；

3）当 $0<\zeta<1$ 时，为欠阻尼。

对于同步电机而言，正常运行时，系统的阻尼比在 $0<\zeta<1$ 范围内。下面我

们分析在此情况下，如果输入为单位阶跃函数，即 $\Delta T_{\mathrm{L}}(p)=1/p$ ，则系统的单位阶跃响应的象函数可写为：

$$\Delta\theta_{\mathrm{p}}(p)=\frac{1}{T'}\cdot\frac{\omega_{\mathrm{n}}^{2}}{p(p^{2}+2\zeta\omega_{\mathrm{n}}p+\omega_{\mathrm{n}}^{2})}=\frac{1}{T'}\cdot\left[\frac{1}{p}-\frac{p+\zeta\omega_{\mathrm{n}}}{(p+\zeta\omega_{\mathrm{n}})^{2}+(1-\zeta^{2})\omega_{\mathrm{n}}^{2}}-\frac{\zeta\omega_{\mathrm{n}}^{2}}{(p+\zeta\omega_{\mathrm{n}})^{2}+(1-\zeta^{2})\omega_{\mathrm{n}}^{2}}\right] \tag{4-31}$$

用拉普拉斯反变换，可求得系统的单位阶跃响应为：

$$\Delta\theta_{\mathrm{p}}(t)=\frac{1}{T'}\left[1-\frac{1}{\sqrt{1-\zeta^{2}}}\mathrm{e}^{-\zeta\omega_{\mathrm{n}}t}\cdot\sin\left(\omega_{\mathrm{n}}\sqrt{1-\zeta^{2}}\,t+\arctan\frac{\sqrt{1-\zeta^{2}}}{\zeta}\right)\right]\ (t\geqslant 0) \tag{4-32}$$

由式（4-32）可见，$\Delta\theta_{\mathrm{p}}(t)$ 为振幅随时间按指数规律衰减的周期函数。其振荡频率称为阻尼自然频率（ω）：

$$\omega=\omega_{\mathrm{n}}\sqrt{1-\zeta^{2}} \tag{4-33}$$

当 $\zeta=0$ 时，$\omega=\omega_{\mathrm{n}}$，此时：

$$\Delta\theta_{\mathrm{p}}(t)=\frac{1}{T'}(1-\cos\omega_{\mathrm{n}}t) \tag{4-34}$$

则系统的单位阶跃响应为无阻尼等幅振荡，其振荡频率为无阻尼自然频率 ω_{n}。图 4-8 给出阻尼比 ζ 为几种不同值时，二阶系统单位阶跃响应的变化曲线 $c(t)$。一般 $\zeta=0.5\sim0.8$ 时，振荡衰减较快。

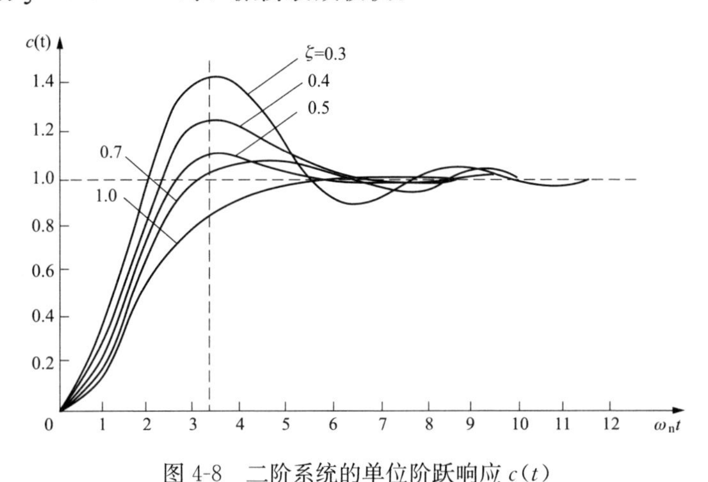

图 4-8　二阶系统的单位阶跃响应 $c(t)$

图 4-9（a）所示为 ΔT_{L} 在加载阶跃时，电磁转矩 T_{e} 和功角 θ_{p} 按螺旋线变化的衰减曲线；而图 4-9（b）所示则为 ΔT_{L} 在减载阶跃时的变化情况。最后，均达到另一稳态值。

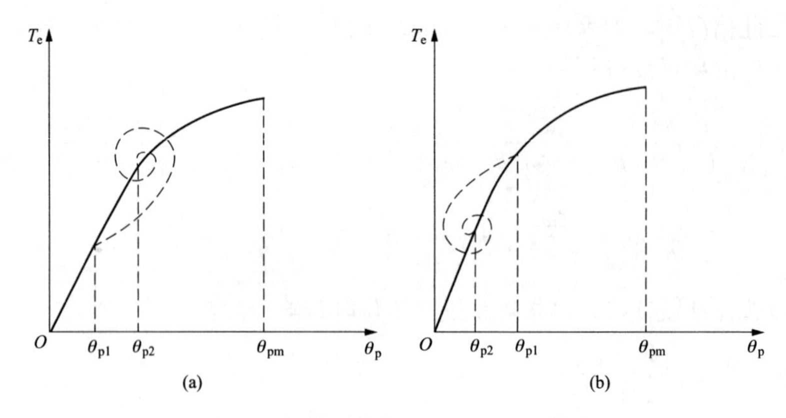

图 4-9　加载和减载时的 T_e（θ_p）曲线

§4.3　三相同步发电机短路电流的解析计算

作为同步电机结构框图的应用实例，取一台无阻尼绕组同步发电机作为算例。设在三相突然短路前为空载运行，即 $\vec{i}_1=i_{d0}+ji_{q0}=0$。短路期间的条件为：$\omega=\omega_0=$常数，$\vec{u}_1=0$，$\vec{u}_f=$常数，并设 $R_1=0$。其初始条件为：ψ_d（$t=0$）$=\psi_{d0}$，ψ_q（$t=0$）$=L_q i_{q0}=0$。

因为：

$$\psi_{d0}=L_{ad}(i_{d0}+i_{f0})+L_\sigma i_{d0}=L_{ad}i_{f0} \tag{4-35}$$

所以：

$$\psi_{f0}=L_f i_{f0}=\frac{L_f}{L_{ad}}\psi_{d0}=L_f\frac{U_f}{R_f} \tag{4-36}$$

由无阻尼绕组同步电机的结构框图 2-15 和 $u_d=u_q=0$，$R_1=0$，所以：

$$\delta'_d=\delta'_q=0,\ C_{fd}=0$$

根据上述条件可将图 2-15 简化为图 4-10。

4.3.1　磁链的计算

由图 4-10 的左边部分，对于 $\vec{\psi}_d$ 有：

$$p\psi_d(p)-\vec{\psi}_{d0}=-\psi_d(p)\cdot\frac{1}{p}\omega_0^2\quad(\text{p. u.}) \tag{4-37}$$

故有：

$$\psi_d(p)=\vec{\psi}_{d0}\frac{p}{p^2+\omega_0^2}\quad(\text{p. u.}) \tag{4-38}$$

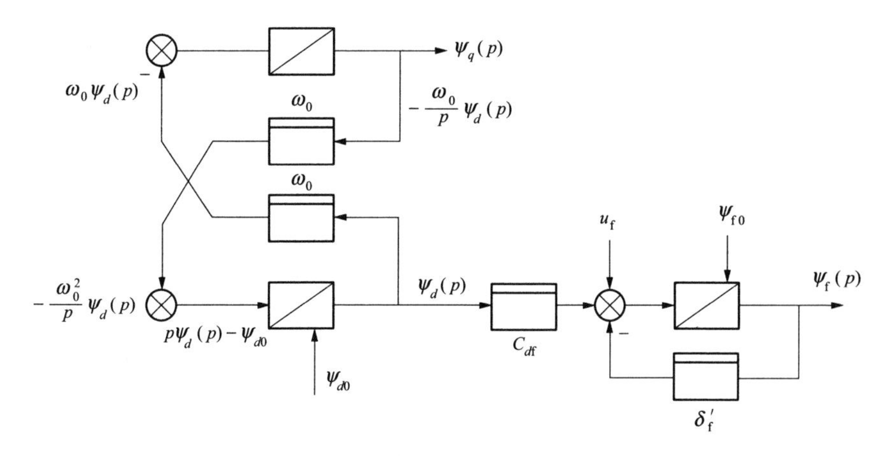

图4-10　无阻尼绕组同步发电机三相短路时的结构框图

所以：

$$\vec{\psi}_d(t)=\vec{\psi}_{d0}\cos\omega_0 t \quad (\text{p. u.}) \tag{4-39}$$

可见，$\vec{\psi}_d(t)$ 为等幅振荡，这是由于假设 R_1 为零，而且无阻尼绕组的缘故。对于 $\vec{\psi}_q$ 有：

$$p\psi_q(p)=-\omega_0\psi_d(p)$$

将式（4-38）代入上式，可得：

$$\psi_q(p)=-\vec{\psi}_{d0}\frac{\omega_0}{p^2+\omega_0^2} \quad (\text{p. u.}) \tag{4-40}$$

所以：

$$\vec{\psi}_q(t)=-\psi_{d0}\sin\omega_0 t \quad (\text{p. u.}) \tag{4-41}$$

由结构图的右边部分，对于 $\vec{\psi}_f$ 有：

$$p\psi_f(p)-\vec{\psi}_{f0}=\vec{\psi}_{d0}\frac{p}{p^2+\omega_0^2}C_{df}-\psi_f(p)\delta_f'+\frac{\vec{U}_f}{p} \tag{4-42}$$

所以：

$$\psi_f(p)=\frac{\psi_{f0}}{p+\delta_f'}+\frac{U_f}{p(p+\delta_f')}+C_{df}\psi_{d0}\frac{p}{(p+\delta_f')(p^2+\omega_0^2)}$$

$$\psi_f(p)=\frac{\psi_{f0}}{p+\delta_f'}+\frac{U_f}{\delta_f'}\left(\frac{1}{p}-\frac{1}{p+\delta_f'}\right)+\frac{C_{df}\psi_{d0}}{\delta_f'^2+\omega_0^2}\left(\frac{-\delta_f'}{p+\delta_f'}+\frac{\delta_f' p+\omega_0^2}{p^2+\omega_0^2}\right) \tag{4-43}$$

所以：

$$\psi_f(t)=\psi_{f0}e^{-\delta_f' t}+\sigma\psi_{f0}(1-e^{-\delta_f' t})+ \frac{C_{df}\psi_{d0}}{\delta_f'^2+\omega_0^2}(-\delta_f' e^{-\delta_f' t}+\delta_f'\cos\omega_0 t+\omega_0\sin\omega_0 t) \quad (\text{p. u.}) \tag{4-44}$$

4.3.2 电流的计算

由式（2-19）可得：

$$\begin{cases}\psi_d = L_d i_d + L_{ad} i_f；\ \psi_q = L_q i_q \\ \psi_f = L_{ad} i_d + L_f i_f\end{cases} \quad (\text{p. u.})$$

从上式可解得：

$$\begin{cases}i_d = \dfrac{1}{\sigma L_d}\psi_d - \dfrac{L_{ad}}{\sigma L_f L_d}\psi_f \\ i_q = \dfrac{\psi_q}{L_q}\end{cases} \quad (\text{p. u.}) \tag{4-45}$$

其中：

$$\sigma = 1 - \frac{L_{ad}^2}{L_d L_f}$$

将 ψ_d、ψ_f 和 ψ_q 代入式（4-45）可推出：

$$\begin{cases}i_d(t) = -\psi_{d0}\Big[\dfrac{1}{L_d} - \dfrac{1}{L_d}\cos\omega_0 t + \Big(\dfrac{1}{\sigma L_d} - \dfrac{1}{L_d}\Big)\dfrac{1}{1+\beta^2} \\ \qquad (e^{-\delta_f' t} - \cos\omega_0 t + \beta\sin\omega_0 t)\Big] \\ i_q(t) = -\dfrac{\psi_{d0}}{L_q}\sin\omega_0 t\end{cases} \quad (\text{p. u.}) \tag{4-46}$$

其中：

$$\beta = \frac{\delta_f'}{\omega_0}$$

$$\frac{L_{ad}^2}{\sigma L_d^2 L_f} = \frac{1}{\sigma L_d} - \frac{1}{L_d}$$

上述电流表达式是以转子为公共坐标系统的，为求得定子电流，必须将它们变换到以定子为公共坐标的系统中，如图 4-11 所示：

$$\vec{i}_{1s} = (i_d + j i_q) e^{j(\omega_0 t + \theta_0)} \tag{4-47}$$

式中 θ_0——转子 d 轴相对于定子 a 轴在短路瞬间（$t=0$）的初始角，即 θ（$t=0$）角。

$$i_{1a} = R_e(\vec{i}_{1s}) = i_d\cos(\omega_0 t + \theta_0) - i_q\sin(\omega_0 t + \theta_0) \tag{4-48}$$

在 $\beta \ll 1$ 时，经推导可得：

$$i_{1a} = -\psi_{d0}\Big\{\Big[\frac{1}{L_d} + \Big(\frac{1}{\sigma L_d} - \frac{1}{L_d}\Big)e^{-\delta_f' t}\Big]\cos(\omega_0 t + \theta_0) - \frac{1}{2}\Big(\frac{1}{\sigma L_d} + \frac{1}{L_q}\Big)\cos\theta_0 - \frac{1}{2}\Big(\frac{1}{\sigma L_d} - \frac{1}{L_q}\Big)\cos(2\omega_0 t + \theta_0)\Big\} \quad (\text{p. u.}) \tag{4-49}$$

θ_0 的两个主要位置是 $\theta_0=0$ 和 $\theta_0=\dfrac{\pi}{2}$。在 $\theta_0=0$ 和 $\omega_0 t=\pi$ 时出现最大的定子短路电流幅值。

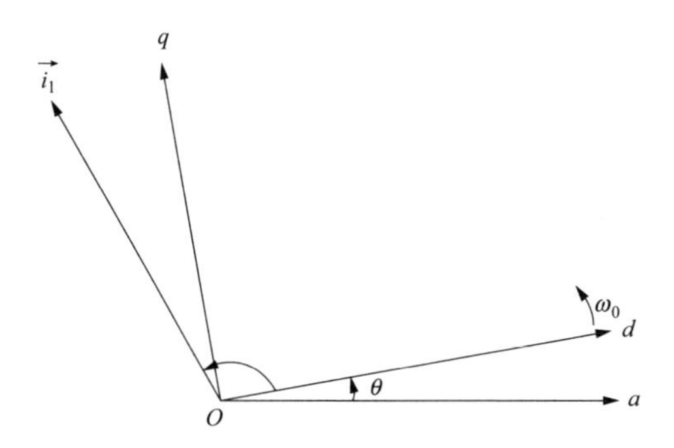

图 4-11　以定子为公共坐标的定子电流综合矢量

4.3.3　转矩的计算

电磁转矩的表达式为：

$$T_e = I_m\{\vec{i}_1 \cdot \vec{\psi}^*{}_1\} = \psi_d i_q - \psi_q i_d \quad (\text{p. u.})$$

在 $\beta \ll 1$ 时，可得：

$$T_e(t) = -\psi_{d0}^2 \cdot \left[\frac{1}{L_d}\sin\omega_0 t - \frac{1}{2}\left(\frac{1}{\sigma L_d} - \frac{1}{L_q}\right)\sin 2\omega_0 t + \left(\frac{1}{\sigma L_d} - \frac{1}{L_d}\right)e^{-\delta_f' t} \cdot \sin\omega_0 t\right] \tag{4-50}$$

在短路瞬间，$e^{-\delta_f' t} \approx 1$，故有：

$$T_e(t) = -\psi_{d0}^2 \left[\frac{1}{\sigma L_d}\sin\omega_0 t - \frac{1}{2}\left(\frac{1}{\sigma L_d} - \frac{1}{L_q}\right)\sin 2\omega_0 t\right] \quad (\text{p. u.}) \tag{4-51}$$

§4.4　三相同步发电机短路电流的数值计算

4.4.1　三相突然短路的数学模型

当空载或负载运行的同步发电机 a、b、c 三相电枢绕组突然短路时，其故障条件为：

$$U_a = U_b = U_c;\ i_a + i_b + i_c = 0 \tag{4-52}$$

将上式变换为 d、q、0 坐标，则有：

$$U_d = U_q = 0;\ i_0 = 0 \tag{4-53}$$

将式（4-53）代入式（2-26）和式（2-27）可得出三相突然短路的电压方程和磁链方程如下：

$$\begin{bmatrix}0\\0\\0\\0\\U_{\mathrm{f}}\end{bmatrix}=\begin{bmatrix}R_1&&&&0\\&R_1&&&\\&&R_{\mathrm{D}}&&\\&&&R_{\mathrm{Q}}&\\0&&&&R_{\mathrm{f}}\end{bmatrix}\begin{bmatrix}i_d\\i_q\\i_{\mathrm{D}}\\i_{\mathrm{Q}}\\i_{\mathrm{f}}\end{bmatrix}+\frac{\mathrm{d}}{\mathrm{d}\tau}\begin{bmatrix}\psi_d\\\psi_q\\\psi_{\mathrm{D}}\\\psi_{\mathrm{Q}}\\\psi_{\mathrm{f}}\end{bmatrix}+\frac{\mathrm{d}\theta}{\mathrm{d}\tau}\begin{bmatrix}-\psi_q\\\psi_d\\0\\0\\0\end{bmatrix}\quad(\mathrm{p.u.})\tag{4-54}$$

$$\begin{bmatrix}\psi_d\\\psi_q\\\psi_{\mathrm{D}}\\\psi_{\mathrm{Q}}\\\psi_{\mathrm{f}}\end{bmatrix}=\begin{bmatrix}x_d&0&x_{ad}&0&x_{ad}\\0&x_q&0&x_{aq}&0\\x_{ad}&0&x_{\mathrm{D}}&0&x_{\mathrm{Df}}\\0&x_{aq}&0&x_{\mathrm{Q}}&0\\x_{ad}&0&x_{\mathrm{Df}}&0&x_{\mathrm{f}}\end{bmatrix}\begin{bmatrix}i_d\\i_q\\i_{\mathrm{D}}\\i_{\mathrm{Q}}\\i_{\mathrm{f}}\end{bmatrix}\quad(\mathrm{p.u.})\tag{4-55}$$

由于短路时产生冲击电流的瞬变过程时间很短，可近似认为电机转速恒定，即 $\omega=\frac{\mathrm{d}\theta}{\mathrm{d}\tau}=1$。此时，可不必考虑电机的运动方程。由于零轴电流为零，所以也不必计及零轴电压和磁链方程。

4.4.2 单相突然短路的数学模型[19]

三相同步发电机在不对称短路时，无法利用 d、q 坐标的状态方程求解短路电流。例如在 A 相对中点短路时，仅知 U_{a} 为零，而 U_{b} 和 U_{c} 却是未知的。因无法计算 U_d 和 U_q，从而不能利用 d、q 坐标的状态方程求解短路电流。在两相短路时，也存在类似困难。

本书将介绍一种 α、β、0 和 d、q、0 坐标系统的混合型状态方程。这实际上在第 2 章的 §2.2 节就已推出［见式（2-24）和式（2-25）］。这里只是针对单相短路的故障条件，进一步予以简化，从而写出其仿真数学模型。

当空载运行的同步发电机 A 相电枢绕组对中点突然短路时，其故障条件为：

$$U_{\mathrm{a}}=0;\ i_{\mathrm{b}}=i_{\mathrm{c}}=0\tag{4-56}$$

将式（4-56）变换为 α、β、0 坐标可得：

$$U_\alpha+U_0=0;\ i_\beta=0;\ i_\alpha=2i_0=\frac{2}{3}i_{\mathrm{a}}\tag{4-57}$$

由式（4-57）可见，此时含有零轴分量。所以，在式（2-24）和式（2-25）的基础上尚需写出零轴分量的电压和磁链方程如下：

$$\begin{cases}U_0=R_1i_0+\dfrac{\mathrm{d}\psi_0}{\mathrm{d}\tau}\quad(\mathrm{p.u.})\\\psi_0=x_0i_0\end{cases}\tag{4-58}$$

将式（4-58）和式（4-57）代入式（2-24）和式（2-25）可推出 A 相对中点

突然短路的混合型坐标的电压和磁链方程如下：

$$\begin{bmatrix}0\\0\\0\\U_f\end{bmatrix}=\begin{bmatrix}\frac{3}{2}R_1 & & & 0\\ & R_D & & \\ & & R_Q & \\ 0 & & & R_f\end{bmatrix}\begin{bmatrix}i_\alpha\\i_D\\i_Q\\i_f\end{bmatrix}+\frac{d}{d\tau}\begin{bmatrix}\psi_{\alpha0}\\\psi_D\\\psi_Q\\\psi_f\end{bmatrix}\quad (p.u.) \tag{4-59}$$

其中：

$$\psi_{\alpha0}=\psi_\alpha+\psi_0$$

$$\begin{bmatrix}\psi_{\alpha0}\\\psi_D\\\psi_Q\\\psi_f\end{bmatrix}=\begin{bmatrix}x_d\cos^2\theta+x_q\sin^2\theta+\frac{x_0}{2} & x_{ad}\cos\theta & -x_{aq}\sin\theta & x_{ad}\cos\theta\\ x_{ad}\cos\theta & x_D & 0 & x_{Df}\\ -x_{aq}\sin\theta & 0 & x_Q & 0\\ x_{ad}\cos\theta & x_{Df} & 0 & x_f\end{bmatrix}\begin{bmatrix}i_\alpha\\i_D\\i_Q\\i_f\end{bmatrix}\quad (p.u.) \tag{4-60}$$

由于在单相短路时 $i_\beta=0$，所以在上两式中消去了 U_β、ψ_β、i_β。实际上 ψ_β 仍可由式（2-24）求得，而 U_β 则可用下式近似求出：

$$U_\beta=\frac{d\psi_\beta}{d\tau}=\frac{\psi_\beta(\tau)-\psi_\beta(\tau-\Delta\tau)}{\Delta\tau} \tag{4-61}$$

4.4.3　两相突然短路的数学模型

当空载运行的同步发电机 b、c 两相电枢绕组突然短路时，故障条件为：

$$U_b=U_c;\ i_a=0;\ i_b=-i_c \tag{4-62}$$

将式（4-62）变换为 α、β、0 坐标，可得：

$$U_\beta=0;\ i_\alpha=i_0=0 \tag{4-63}$$

把式（4-63）代入式（2-24）和式（2-25）可推出 b、c 两相突然短路的混合型坐标电压方程和磁链方程为：

$$\begin{bmatrix}0\\0\\0\\U_f\end{bmatrix}=\begin{bmatrix}R_1 & & & 0\\ & R_D & & \\ & & R_Q & \\ 0 & & & R_f\end{bmatrix}\begin{bmatrix}i_\beta\\i_D\\i_Q\\i_f\end{bmatrix}+\frac{d}{d\tau}\begin{bmatrix}\psi_\beta\\\psi_D\\\psi_Q\\\psi_f\end{bmatrix}\quad (p.u.) \tag{4-64}$$

$$\begin{bmatrix}\psi_\beta\\\psi_D\\\psi_Q\\\psi_f\end{bmatrix}=\begin{bmatrix}x_d\sin^2\theta+x_q\cos^2\theta & x_{ad}\sin\theta & x_{aq}\cos\theta & x_{ad}\sin\theta\\ x_{ad}\sin\theta & x_D & 0 & x_{Df}\\ x_{aq}\cos\theta & 0 & x_Q & 0\\ x_{ad}\sin\theta & x_{Df} & 0 & x_f\end{bmatrix}\begin{bmatrix}i_\beta\\i_D\\i_Q\\i_f\end{bmatrix}\quad (p.u.) \tag{4-65}$$

由于在两相短路时 $i_\alpha=i_0=0$，所以在上两式中不含 U_0、ψ_0、i_0 和 U_α、ψ_α、

i_α。但实际上 ψ_α 仍可由式（2-24）求得。U_α 则可用式（4-66）近似求出：

$$U_\alpha = \frac{d\psi_\alpha}{d\tau} = \frac{\psi_\alpha(\tau) - \psi_\alpha(\tau - \Delta\tau)}{\Delta\tau} \tag{4-66}$$

4.4.4 初始值的计算

4.4.4.1 短路前空载运行

设电机空载电压等于额定电压，则用标幺值表示的初始值为：

$$U_1 = 1.0; \quad U_p = U_1; \quad \theta_p = 0.0;$$
$$U_d = U_1 \sin\theta_p; \quad U_q = U_1 \cos\theta_p; \quad \omega = 1.0;$$
$$i_f = \frac{U_p}{\omega x_{ad}}; \quad U_f = R_f i_f; \quad i_d = 0.0;$$
$$i_q = 0.0; \quad i_D = 0.0 \quad i_Q = 0.0;$$
$$\psi_d = x_{ad} i_f; \quad \psi_q = 0.0; \quad \psi_f = x_f i_f;$$
$$\psi_D = x_{Df} i_f; \quad \psi_Q = 0.0。$$

4.4.4.2 短路前负载运行

设发电机在短路前为过励额定负载运行。$U_1 = 1.0$，$i_1 = 1.0$；$\cos\varphi = -0.8$。因为采用电动机惯例，所以 $90° < \varphi < 180°$，故 $\sin\varphi = 0.6$，$\tan\varphi = -0.75$。此时，发电机的矢量图如图 4-2 所示。求初始值时可忽略 R_1，从而可画出图 4-12。由图可知：

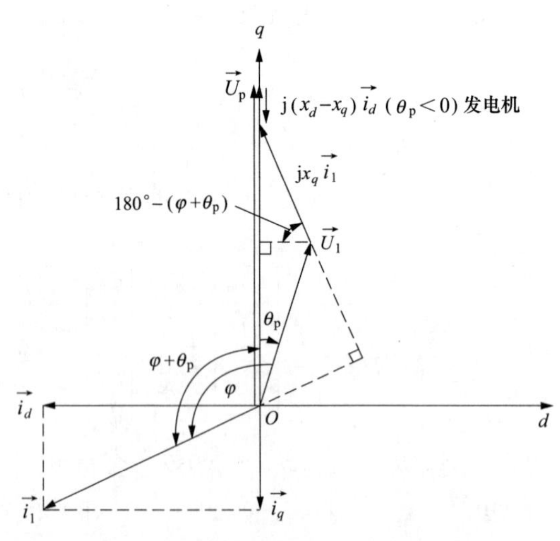

图 4-12 发电机过励额定负载的矢量图

$$U_1 \sin\theta_p = i_1 x_q \cos(\varphi + \theta_p)$$

由上式可求出 θ_p 为：

$$\theta_{\mathrm{p}}=\arctan\left(\frac{i_1\cos\varphi}{\frac{U_1}{x_q}+i_1\sin\varphi}\right) \tag{4-67}$$

由此可求得其他初始值：

$i_d=-i_1\sin(\theta_{\mathrm{p}}+\varphi)$；　　$i_{\mathrm{D}}=0.0$；

$i_q=i_1\cos(\theta_{\mathrm{p}}+\varphi)$；　　$i_{\mathrm{Q}}=0.0$；

$U_d=-U_1\sin\theta_{\mathrm{p}}$；　　$U_q=U_1\cos\theta_{\mathrm{p}}$；

$U_{\mathrm{p}}=U_1\cos\theta_{\mathrm{p}}+x_d\cdot|i_d|$；

$\psi_d=\frac{U_q}{\omega}$；　　$\psi_q=\frac{-U_d}{\omega}$；

$i_{\mathrm{f}}=\frac{\psi_d-i_dx_d}{x_{\mathrm{ad}}}$；　　$U_{\mathrm{f}}=R_{\mathrm{f}}i_{\mathrm{f}}$；

$\psi_{\mathrm{D}}=x_{\mathrm{ad}}(i_d+i_{\mathrm{f}})$；　　$\psi_{\mathrm{Q}}=x_{\mathrm{aq}}i_q$；

$\psi_{\mathrm{f}}=x_{\mathrm{ad}}i_d+x_{\mathrm{f}}i_{\mathrm{f}}$。

4.4.5 数字仿真的计算程序

设已知一台同步发电机的试验参数标幺值如表4-1所示。

表4-1 同步发电机试验参数标幺值

参数	标幺值	参数	标幺值	参数	数值	参数	标幺值
R_1	0.002312	x''_d	0.2522	$T'_d(s)$	1.010	x_0	0.0753
x_σ	0.1887	x_q	1.7558	$T''_d(s)$	0.03107	$R\left(\frac{i_{\mathrm{f}\sim}}{i_{\mathrm{f0}}}\right)$	2.110
x_d	1.7558	x'_q	0.512	$T'_q(s)$	0.15		
x'_d	0.3293	x''_q	0.2522	$T''_q(s)$	0.035		

从表4-1的已知数据可求出x_{Dc}、x_{fc}、x_{Qc}、x_{D}、x_{f}、x_{Q}、R_{D}、R_{Q}等参数。

现以空载运行的同步发电机发生三相突然短路为例，介绍其数字仿真的计算程序（步骤）如下：

(1) 输入步长$\Delta\tau$、转子初始位置角θ_0和总的计算时间电角$TEND$。

(2) 输入电机已知数据，计算有关参数。

(3) 计算初始值。

(4) 设$\tau=0$，$\theta=\theta_0$，$\omega=1.0$。

(5) 计算矩阵A中各电感元素，见式(4-55)。

$A(I,J)=L(I,J)$，$I=1\sim5$，$J=1\sim5$。

(6) $A(1,6)=\psi_d$；$A(2,6)=\psi_q$；$A(3,6)=\psi_{\mathrm{D}}$；$A(4,6)=\psi_{\mathrm{Q}}$；

$A(5,6)=\psi_{\mathrm{f}}$。

（7）对增广矩阵 A 用高斯-约当消去法求解电流 i_d、i_q、i_{D}、i_{Q}、i_{f}。

（8）按式（4-54）求 $\frac{\mathrm{d}\psi}{\mathrm{d}\tau}$：

$$\begin{cases}\frac{\mathrm{d}\psi_d}{\mathrm{d}\tau}=-R_1 i_d+\omega\psi_q\\ \frac{\mathrm{d}\psi_q}{\mathrm{d}\tau}=-R_1 i_q-\omega\psi_d\\ \frac{\mathrm{d}\psi_{\mathrm{D}}}{\mathrm{d}\tau}=-R_{\mathrm{D}}i_{\mathrm{D}}\\ \frac{\mathrm{d}\psi_{\mathrm{Q}}}{\mathrm{d}\tau}=-R_{\mathrm{Q}}i_{\mathrm{Q}}\\ \frac{\mathrm{d}\psi_{\mathrm{f}}}{\mathrm{d}\tau}=-R_{\mathrm{f}}i_{\mathrm{f}}+U_{\mathrm{f}}\end{cases}$$

（9）调用龙格-库塔法积分子程序求：ψ_d、ψ_q、ψ_{D}、ψ_{Q}、ψ_{f}。

（10）判断是否 $\tau \geqslant TEND$？

1）若不是（NO），则 $\tau=\tau+\Delta\tau$，$\theta=\theta+\omega\cdot\Delta\tau$。再回到（5），重复（5）～（10）的计算和判断。

2）若是（YES），则至 STOP 和 END，计算结束。打印所需各变量（一般在每一步算出后，即存入对应变量的数组中）。

4.4.6 计算结果

图 4-13 表示同步发电机三相突然短路数字仿真所求得三相电流 i_{a}、i_{b}、i_{c} 和励磁电流 i_{f} 及 i_{D}、i_{Q} 和电磁转矩 T_{e} 的时变波形图。

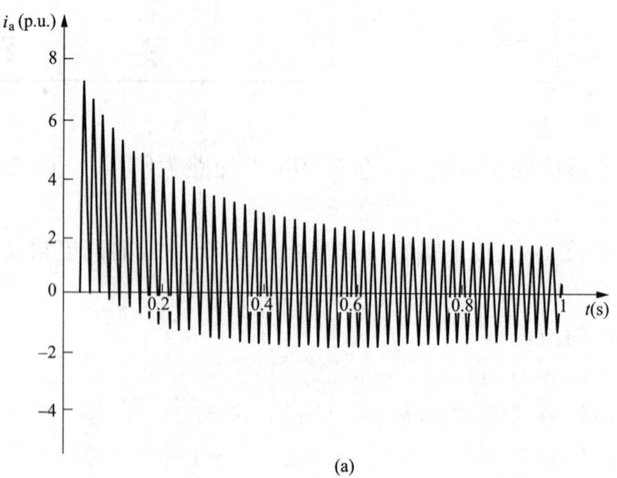

图 4-13　时变波形图（一）

（a）i_{a} 时变波形图

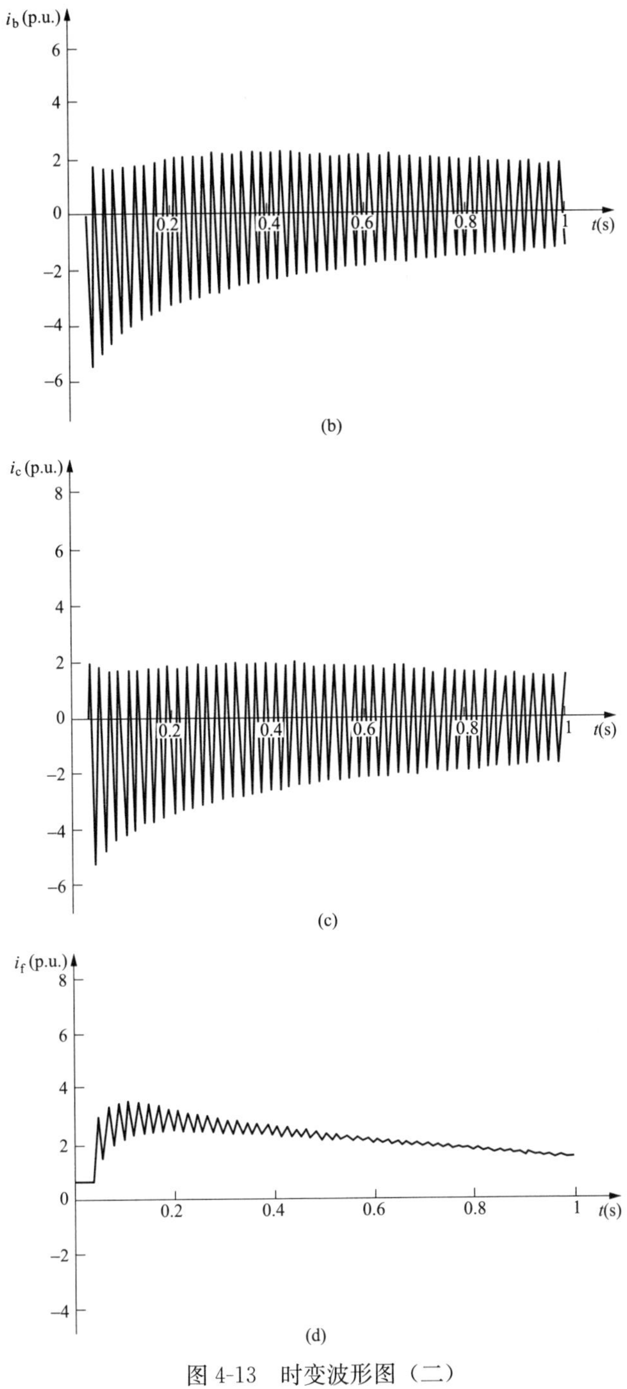

图 4-13　时变波形图（二）

（b）i_b 时变波形图；（c）i_c 时变波形图；（d）i_f 时变波形图

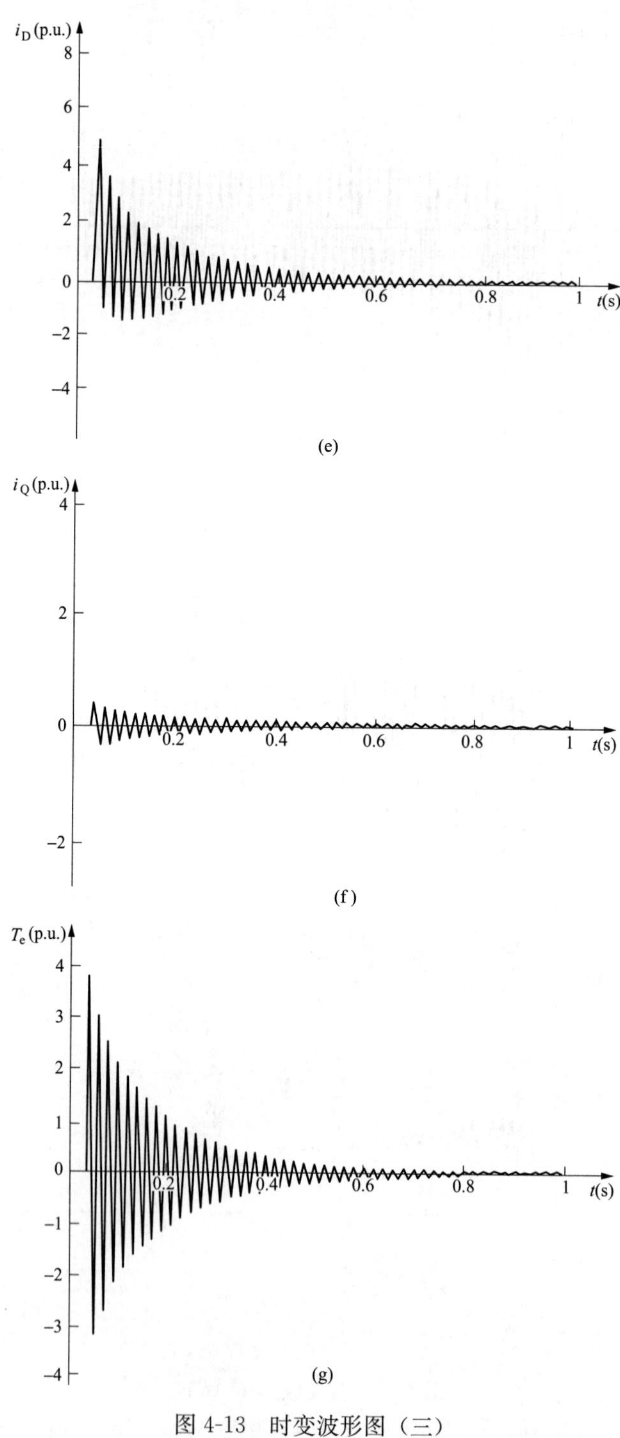

图 4-13 时变波形图（三）

（e）i_D 时变波形图；（f）i_Q 时变形图；（g）T_e 时变波形图

对于单相短路前为额定运行的三相同步发电机单相短路的数值计算，可参阅文献［19］，此处从略。

§4.5　大型凸极同步发电机单相接地的研究

同步发电机定子绕组单相接地是发电机的常见故障之一。随着发电机单机容量的增大，三相定子绕组对地电容增加，相应的单相接地电流也增大。由于定子单相接地故障将烧损定子铁芯，并烧毁绕组绝缘，严重时还会相继发生匝间或相间短路。因而，深入研究并精确计算发电机定子绕组单相接地电流，对于发电机的安全运行和保护设置具有重要的经济意义和实用价值。然而，由于发电机的三相定子绕组是含有电阻、电感和对地电容的谐振电路，在单相接地的暂态过程中会产生高频振荡的电流和电压；且振荡频率很高，各量变化极快，给数值计算带来一定的困难。Browm P. G. 等利用三相集中参数电路模型，借助暂态网络分析仪（TNA）对大型同步发电机的单相接地故障进行实验分析，然后有人用对称分量法对这一电路进行理论分析。本章先根据这一集中参数模型，用电路原理推导出发电机定子A相绕组端线接地时的各相电流和电压的解析式，然后用数字仿真进行计算，结果与解析解十分相似。然而，实际上发电机定子绕组的对地电容是分布电容，因而三相集中参数模型过于简单，不能准确反映实际电机中各物理量的关系和动态过程，会带来误差。因此，本文对同一发电机定子三相电路的分布参数模型在相同的故障条件下进行了数字仿真。

4.5.1　利用集中参数模型计算单相接地[22]

设发电机在A相接地前为空载对称稳态运行，其电路如图4-14所示。图中：$R_s=3.6\text{m}\Omega$，为每相电阻；$L_s=\dfrac{(L''_d+L''_q)}{2}=245.24\mu\text{H}$，为发电机的超瞬变电感；$C_s=1.686\mu\text{F}$，为发电机每相定子绕组的对地电容。设发电机三相励磁电势为：

$$\begin{cases} e_a=E_m\sin(\omega t+\psi) \\ e_b=E_m\sin\left(\omega t+\psi-\dfrac{2\pi}{3}\right) \\ e_c=E_m\sin\left(\omega t+\psi+\dfrac{2\pi}{3}\right) \end{cases}$$

其中：

$$E_m=\frac{\sqrt{2}U_N}{\sqrt{3}}=14.7\text{kV}$$

$$\omega=2\pi f=100\pi(1/\text{s})$$

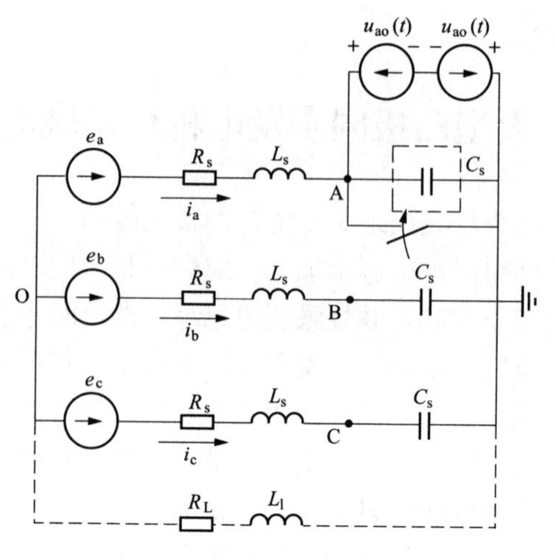

图 4-14　发电机 A 相接地电路

先不考虑发电机中性点 O 和地之间的消弧线圈（或电阻）支路。由电路原理可求得稳态对称空载运行的电流和电容电压分别为：

$$\begin{cases} i_{ao}=I_{ms}\sin\left(\omega t+\psi+\dfrac{\pi}{2}\right) \\ i_{bo}=I_{ms}\sin\left(\omega t+\psi-\dfrac{\pi}{6}\right) \\ i_{co}=I_{ms}\sin\left(\omega t+\psi+\dfrac{7\pi}{6}\right) \end{cases}$$

$$\begin{cases} u_{ao}=E_m\sin(\omega t+\psi) \\ u_{bo}=E_m\sin\left(\omega t+\psi-\dfrac{2\pi}{3}\right) \\ u_{co}=E_m\sin\left(\omega t+\psi+\dfrac{2\pi}{3}\right) \end{cases}$$

其中：
$$I_{ms}=\frac{E_m}{Z}\approx\omega C_s E_m=7.786(\mathrm{A})$$

将 A 相电容 C_s 用对称空载时的电压 u_{ao}（t）代替，A 相接地可看成图 4-14 中在 A 与地之间接入 $-u_{ao}$（t）。根据迭加原理，接地后各电流和电压等于稳态空载时各量的延续，再迭加上突加 $-u_{ao}$（t）在原无源电路中产生的各增量电流和电压，其中各电感电流和电容电压的初始值为零。该增量电路如图 4-15（a）所示。图 4-15（a）可简化为图 4-15（b）。其中：$R=1.5R_s$；$L=1.5L_s$；$C=2C_s$；$u(t)=u_{ao}(t)$，且有：

$$\begin{cases} i = i_{a\Delta} \\ i_{b\Delta} = i_{c\Delta} = -\dfrac{1}{2} i_{a\Delta} \end{cases} \tag{4-68}$$

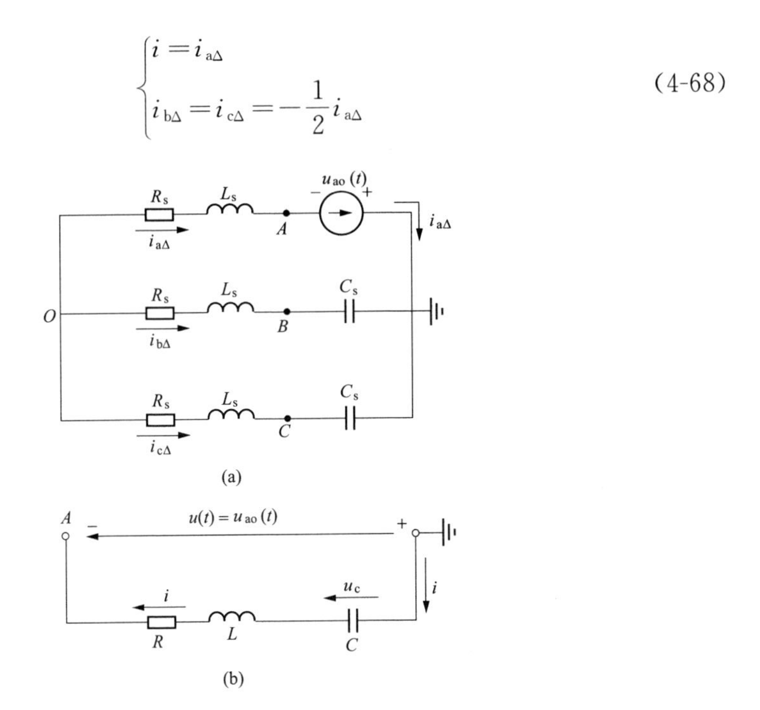

图 4-15　发电机 A 相接地增量电路

由图 4-15（b）可得：

$$LC\frac{d^2 u_c}{dt^2} + RC\frac{du_c}{dt} + u_c = u(t)$$

其特征方程为：

$$LCp^2 + RCp + 1 = 0$$

其根为：

$$p_{1,2} = -\delta \pm j\sqrt{\omega_0^2 - \delta^2} = -\delta \pm j\omega'$$

$$\delta = \frac{R}{2L} = 7.34\left(\frac{1}{s}\right)$$

其中：

$$\omega' \approx \omega_0$$

$$\omega_0 = \frac{1}{\sqrt{LC}} = 28393.2\left(\frac{1}{s}\right)$$

式中　δ——衰减系数；

ω_0——谐振角频率。

经推导可得：

$$u_c = -\frac{A}{\omega'} E_m e^{-\delta t} \sin(\omega' t + \alpha) + E_m \sin(\omega t + \psi) \tag{4-69}$$

$$i=\frac{2A}{\omega}I_{\mathrm{ms}}\mathrm{e}^{-\delta t}\sin(\omega' t-\beta)+2I_{\mathrm{ms}}\sin\left(\omega t+\psi+\frac{\pi}{2}\right) \tag{4-70}$$

其中：
$$A=\sqrt{\omega'^2\sin^2\psi+\omega^2\cos^2\psi}$$
$$\alpha=\arctan\left(\frac{\omega'}{\omega}\tan\psi\right)$$
$$\beta=\frac{\pi}{2}-\alpha$$

将式（4-70）代入式（4-68），可得：

$$i_{\mathrm{a}\Delta}=i=\frac{2A}{\omega}I_{\mathrm{ms}}\mathrm{e}^{-\delta t}\sin(\omega' t-\beta)+2I_{\mathrm{ms}}\sin\left(\omega t+\psi+\frac{\pi}{2}\right) \tag{4-71}$$

$$i_{\mathrm{b}\Delta}=i_{\mathrm{c}\Delta}=-\frac{A}{\omega}I_{\mathrm{ms}}\mathrm{e}^{-\delta t}\sin(\omega' t-\beta)-I_{\mathrm{ms}}\sin\left(\omega t+\psi+\frac{\pi}{2}\right) \tag{4-72}$$

所以

$$\begin{cases}i_{\mathrm{a}}=i_{\mathrm{ao}}+i_{\mathrm{a}\Delta}=\frac{2A}{\omega}I_{\mathrm{ms}}\mathrm{e}^{-\delta t}\sin(\omega' t-\beta)+3I_{\mathrm{ms}}\sin\left(\omega t+\psi+\frac{\pi}{2}\right)\\ i_{\mathrm{b}}=i_{\mathrm{bo}}+i_{\mathrm{b}\Delta}=-\frac{A}{\omega}I_{\mathrm{ms}}\mathrm{e}^{-\delta t}\sin(\omega' t-\beta)+\sqrt{3}I_{\mathrm{ms}}\sin\left(\omega t+\psi-\frac{\pi}{3}\right)\\ i_{\mathrm{c}}=i_{\mathrm{co}}+i_{\mathrm{c}\Delta}=-\frac{A}{\omega}I_{\mathrm{ms}}\mathrm{e}^{-\delta t}\sin(\omega' t-\beta)+\sqrt{3}I_{\mathrm{ms}}\sin\left(\omega t+\psi-\frac{2\pi}{3}\right)\end{cases} \tag{4-73}$$

b、c 相增量电容电压为：

$$u_{\mathrm{b}\Delta}=u_{\mathrm{c}\Delta}=\frac{A}{\omega_0}E_{\mathrm{m}}\mathrm{e}^{-\delta t}\sin\left(\omega' t-\beta+\frac{\pi}{2}\right)-E_{\mathrm{m}}\sin(\omega t+\psi)$$

所以：

$$u_{\mathrm{b}}=u_{\mathrm{bo}}+u_{\mathrm{b}\Delta}=\frac{A}{\omega_0}E_{\mathrm{m}}\mathrm{e}^{-\delta t}\sin\left(\omega' t-\beta+\frac{\pi}{2}\right)+\sqrt{3}E_{\mathrm{m}}\sin\left(\omega t+\psi-\frac{5\pi}{6}\right) \tag{4-74}$$

$$u_{\mathrm{c}}=u_{\mathrm{co}}+u_{\mathrm{c}\Delta}=\frac{A}{\omega_0}E_{\mathrm{m}}\mathrm{e}^{-\delta t}\sin\left(\omega' t-\beta+\frac{\pi}{2}\right)+\sqrt{3}E_{\mathrm{m}}\sin\left(\omega t+\psi+\frac{5\pi}{6}\right) \tag{4-75}$$

式（4-73）～式（4-75）为 $t=0$ 时，A 相接地的三相电流和 b、c 相电容电压解析式，i_{a} 即为流入铁芯的接地电流。它们都是由基频 ω 和高频 ω' 分量组成。

发电机中性点 O 对地电压为：

$$u_o=\frac{1}{3}(u_{\mathrm{a}}+u_{\mathrm{b}}+u_{\mathrm{c}})=-E_{\mathrm{m}}\sin(\omega t+\psi)+\frac{2}{3}\frac{A}{\omega_o}E_{\mathrm{m}}\mathrm{e}^{-\delta t}\sin\left(\omega' t-\beta+\frac{\pi}{2}\right) \tag{4-76}$$

为减小接地故障电流，限于篇幅，本章只对中性点经消弧线圈接地的情况进行分析。消弧线圈的电感按推荐值 $L_1=(3\omega^2C_{\mathrm{s}})^{-1}=2.0032\mathrm{H}$。由于此电感值很大，对高频电流阻抗很大，可看作开路。故在计算其中电流时，可不计 u_o 中的高频分量，则：

$$u_o \approx -E_m \sin(\omega t+\psi) \tag{4-77}$$

对图 4-14 运用等效发电机原理可得图 4-16（a）。由于 $(2\omega C_s)^{-1} \gg \sqrt{R_s^2+\omega^2 L_s^2}$，图 4-16（a）可简化为图 4-16（b）。又因 $\omega L_1 \gg \sqrt{R_s^2+\omega^2 L_s^2}$，故 R_s、L_s 也可略去。所以有：

$$i_1 \approx \frac{1}{L_1}\int_0^t u_o \mathrm{d}t = \frac{E_m}{\omega L_1}[\cos(\omega t+\psi)-\cos\psi]$$

$$\frac{E_m}{\omega L_1}=23.35A$$

在计入 i_1 时，接地电流 i_a 应为式（4-73）中的 i_a 与 i_1 相减：

$$i_a=\frac{2A}{\omega}I_{ms}e^{-\delta t}\sin(\omega' t-\beta)+\left(3I_{ms}-\frac{E_m}{\omega L_1}\right)\cos(\omega t+\psi)+\frac{E_m}{\omega L_1}\cos\psi \tag{4-78}$$

在全补偿时，$\omega L_1=\dfrac{1}{3\omega C_s}$，$3I_{ms}=\dfrac{E_m}{\omega L_1}$，式（4-78）中的基频电容电流被抵消。接地电流为：

$$i_a=\frac{2A}{\omega}I_{ms}e^{-\delta t}\sin(\omega' t-\beta)+\frac{E_m}{\omega L_1}\cos\psi \tag{4-79}$$

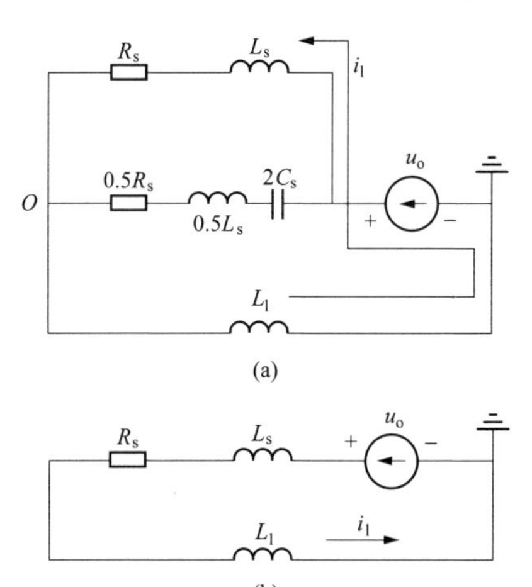

图 4-16　图 4-14 的等效电路（计入消弧线圈接地支路）

在 $\psi=0°$时，$i_a=15.57e^{-\delta t}\sin\left(\omega' t-\dfrac{\pi}{2}\right)+23.35(\mathrm{A})$；

在 $\psi=90°$时，$i_a=1407.35e^{-\delta t}\sin\omega' t(\mathrm{A})$ 。

在用集中参数模型进行数字仿真时，假设转子保持同步转速不变，励磁电势

E_m 为常量。由于接地时电弧电阻的大小与燃弧功率直接相关，也会影响铁芯的烧蚀。经研究知，电弧电阻越小，结果越严重。故在前述解析计算及仿真时只考虑出线端发生金属性接地的最严重情况，即设电弧电阻为零。设在 $t=0$ 时发生 A 相接地。计算结果用绘图软件画出。图 4-17 和图 4-18 分别为 $\psi=0°$ 和 90°时，发电机的电流 i_a、i_b 和电压 u_b。以接地电流 i_a 为例，对照式（4-78）可见，它们的波形和幅值均十分吻合。

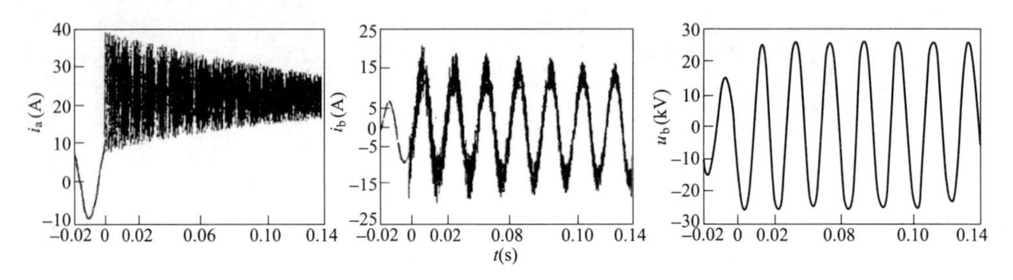

图 4-17　$\psi=0°$时的 i_a、i_b 和 u_b 波形

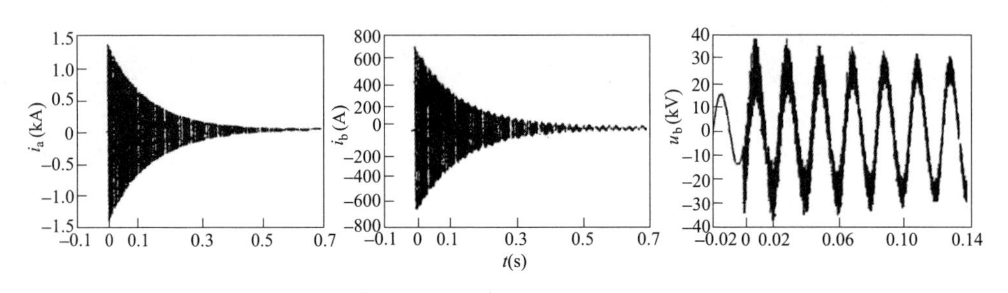

图 4-18　$\psi=90°$时的 i_a、i_b 和 u_b 波形

4.5.2　用分布参数模型进行单相接地的数字仿真[23]

图 4-19 所示为同步发电机定子绕组的分布参数模型。其中参数为：$R_1=\dfrac{R_s}{6}=0.6\text{m}\Omega$；$L_1=\dfrac{L_s}{6}=40.873\mu\text{H}$；$C_1=\dfrac{C_s}{6}=0.281\mu\text{F}$。各相分布电势的幅值 $E_{m1}=\dfrac{E_m}{6}=2.45\text{kV}$。实际的发电机定子绕组每相有 6 个并联支路。为了与集中参数模型相比较，在考虑出线端发生金属性接地的最严重情况时，这 6 个并联支路处于相同的电压之下，故可并联成一条电路进行计算。由图 4-19 可选择 37 个状态变量（每相有 6 个电感电流和 6 个电容电压，三相共 36 个，加上 L_1 中的电流 i_1，共 37 个状态变量），写出状态方程，它们是各电感电流和电容电压的电路方程。在用分布参数模型进行数字仿真时，所设条件与用集中参数模型相同。

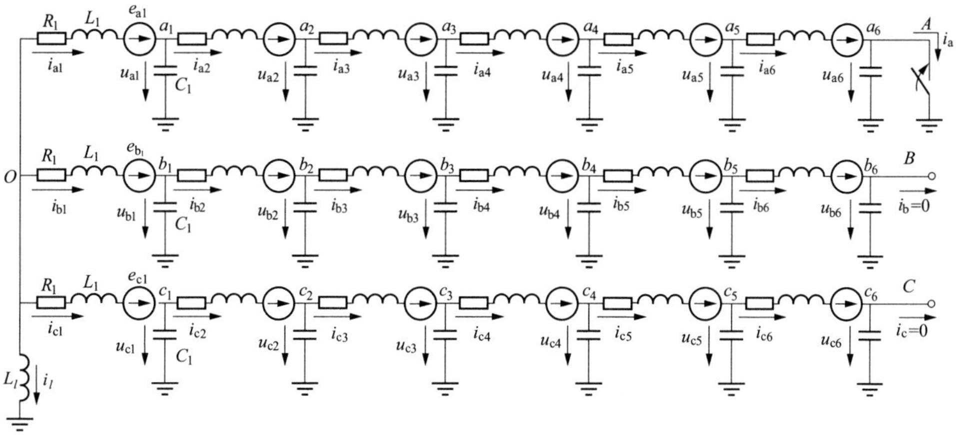

图 4-19　发电机的分布参数电路

在图 4-19 中，可知：

$$\begin{cases} e_{a1} = E_{m1}\sin(\omega t + \psi) \\ e_{b1} = E_{m1}\sin\left(\omega t + \psi - \dfrac{2\pi}{3}\right) \\ e_{c1} = E_{m1}\sin\left(\omega t + \psi + \dfrac{2\pi}{3}\right) \end{cases}$$

以 A 相为例，可列出状态方程如下：

各段电感电流的方程为：

$$\begin{cases} \dfrac{di_{a1}}{dt} = \dfrac{1}{L_1}(u_o - u_{a1} + e_{a1} - R_1 i_{a1}) \\ \dfrac{di_{a2}}{dt} = \dfrac{1}{L_1}(u_{a1} - u_{a2} + e_{a1} - R_1 i_{a2}) \\ \dfrac{di_{a3}}{dt} = \dfrac{1}{L_1}(u_{a2} - u_{a3} + e_{a1} - R_1 i_{a3}) \\ \dfrac{di_{a4}}{dt} = \dfrac{1}{L_1}(u_{a3} - u_{a4} + e_{a1} - R_1 i_{a4}) \\ \dfrac{di_{a5}}{dt} = \dfrac{1}{L_1}(u_{a4} - u_{a5} + e_{a1} - R_1 i_{a5}) \\ \dfrac{di_{a6}}{dt} = \dfrac{1}{L_1}(u_{a5} - u_{a6} + e_{a1} - R_1 i_{a6}) \end{cases} \tag{4-80}$$

各电容电压方程为：

$$\begin{cases}\dfrac{\mathrm{d}u_{a1}}{\mathrm{d}t}=\dfrac{1}{C_1}(i_{a1}-i_{a2})\\ \dfrac{\mathrm{d}u_{a2}}{\mathrm{d}t}=\dfrac{1}{C_1}(i_{a2}-i_{a3})\\ \dfrac{\mathrm{d}u_{a3}}{\mathrm{d}t}=\dfrac{1}{C_1}(i_{a3}-i_{a4})\\ \dfrac{\mathrm{d}u_{a4}}{\mathrm{d}t}=\dfrac{1}{C_1}(i_{a4}-i_{a5})\\ \dfrac{\mathrm{d}u_{a5}}{\mathrm{d}t}=\dfrac{1}{C_1}(i_{a5}-i_{a6})\\ \dfrac{\mathrm{d}u_{a6}}{\mathrm{d}t}=\dfrac{1}{C_1}(i_{a6}-i_{a})\end{cases} \tag{4-81}$$

B相各电感电流的方程为：

$$\begin{cases}\dfrac{\mathrm{d}i_{b1}}{\mathrm{d}t}=\dfrac{1}{L_1}(u_o-u_{b1}+\mathrm{e}_{b1}-R_1 i_{b1})\\ \dfrac{\mathrm{d}i_{b2}}{\mathrm{d}t}=\dfrac{1}{L_1}(u_{b1}-u_{b2}+\mathrm{e}_{b1}-R_1 i_{b2})\\ \dfrac{\mathrm{d}i_{b3}}{\mathrm{d}t}=\dfrac{1}{L_1}(u_{b2}-u_{b3}+\mathrm{e}_{b1}-R_1 i_{b3})\\ \dfrac{\mathrm{d}i_{b4}}{\mathrm{d}t}=\dfrac{1}{L_1}(u_{b3}-u_{b4}+\mathrm{e}_{b1}-R_1 i_{b4})\\ \dfrac{\mathrm{d}i_{b5}}{\mathrm{d}t}=\dfrac{1}{L_1}(u_{b4}-u_{b5}+\mathrm{e}_{b1}-R_1 i_{b5})\\ \dfrac{\mathrm{d}i_{b6}}{\mathrm{d}t}=\dfrac{1}{L_1}(u_{b5}-u_{b6}+\mathrm{e}_{b1}-R_1 i_{b6})\end{cases} \tag{4-82}$$

B相各电容电压方程为：

$$\begin{cases}\dfrac{\mathrm{d}u_{b1}}{\mathrm{d}t}=\dfrac{1}{C_1}(i_{b1}-i_{b2})\\ \dfrac{\mathrm{d}u_{b2}}{\mathrm{d}t}=\dfrac{1}{C_1}(i_{b2}-i_{b3})\\ \dfrac{\mathrm{d}u_{b3}}{\mathrm{d}t}=\dfrac{1}{C_1}(i_{b3}-i_{b4})\\ \dfrac{\mathrm{d}u_{b4}}{\mathrm{d}t}=\dfrac{1}{C_1}(i_{b4}-i_{b5})\\ \dfrac{\mathrm{d}u_{b5}}{\mathrm{d}t}=\dfrac{1}{C_1}(i_{b5}-i_{b6})\\ \dfrac{\mathrm{d}u_{b6}}{\mathrm{d}t}=\dfrac{1}{C_1}(i_{b6}-0)\end{cases} \tag{4-83}$$

C相各电感电流的方程为：

$$\begin{cases}\dfrac{\mathrm{d}i_{c1}}{\mathrm{d}t}=\dfrac{1}{L_1}(u_o-u_{c1}+\mathrm{e}_{c1}-R_1i_{c1})\\\dfrac{\mathrm{d}i_{c2}}{\mathrm{d}t}=\dfrac{1}{L_1}(u_{c1}-u_{c2}+\mathrm{e}_{c1}-R_1i_{c2})\\\dfrac{\mathrm{d}i_{c3}}{\mathrm{d}t}=\dfrac{1}{L_1}(u_{c2}-u_{c3}+\mathrm{e}_{c1}-R_1i_{c3})\\\dfrac{\mathrm{d}i_{c4}}{\mathrm{d}t}=\dfrac{1}{L_1}(u_{c3}-u_{c4}+\mathrm{e}_{c1}-R_1i_{c4})\\\dfrac{\mathrm{d}i_{c5}}{\mathrm{d}t}=\dfrac{1}{L_1}(u_{c4}-u_{c5}+\mathrm{e}_{c1}-R_1i_{c5})\\\dfrac{\mathrm{d}i_{c6}}{\mathrm{d}t}=\dfrac{1}{L_1}(u_{c5}-u_{c6}+\mathrm{e}_{c1}-R_1i_{c6})\end{cases}\tag{4-84}$$

C相各电容电压方程为：

$$\begin{cases}\dfrac{\mathrm{d}u_{c1}}{\mathrm{d}t}=\dfrac{1}{C_1}(i_{c1}-i_{c2})\\\dfrac{\mathrm{d}u_{c2}}{\mathrm{d}t}=\dfrac{1}{C_1}(i_{c2}-i_{c3})\\\dfrac{\mathrm{d}u_{c3}}{\mathrm{d}t}=\dfrac{1}{C_1}(i_{c3}-i_{c4})\\\dfrac{\mathrm{d}u_{c4}}{\mathrm{d}t}=\dfrac{1}{C_1}(i_{c4}-i_{c5})\\\dfrac{\mathrm{d}u_{c5}}{\mathrm{d}t}=\dfrac{1}{C_1}(i_{c5}-i_{c6})\\\dfrac{\mathrm{d}u_{c6}}{\mathrm{d}t}=\dfrac{1}{C_1}(i_{c6}-0)\end{cases}\tag{4-85}$$

中性点O经消弧线圈接地的电压和电流方程为：

$$u_o=L_1\frac{\mathrm{d}i_1}{\mathrm{d}t}\tag{4-86}$$

$$i_{a1}+i_{b1}+i_{c1}=-i_1\tag{4-87}$$

因为$\mathrm{e}_{a1}+\mathrm{e}_{b1}+\mathrm{e}_{c1}=0$，由式（4-80）、式（4-82）和式（4-84）的第一式相加可得：

$$\frac{\mathrm{d}}{\mathrm{d}t}(i_{a1}+i_{b1}+i_{c1})=\frac{1}{L_1}[3u_o-(u_{a1}+u_{b1}+u_{c1})-(i_{a1}+i_{b1}+i_{c1})R_1]$$

将式（4-86）和式（4-87）代入上式，可得：

$$u_o=\frac{L_1}{3L_1+L_1}[(u_{a1}+u_{b1}+u_{c1})-R_1i_1]\tag{4-88}$$

设发电机在单相接地前为空载对称运行，下面进行初始值的计算。

由于是对称运行，故 $u_o=0$。图 4-19 中各点电压为：

$$\begin{cases}u_{a1}=e_{a1};\ u_{a2}=2e_{a1};\ u_{a3}=3e_{a1};\ u_{a4}=4e_{a1};\ u_{a5}=5e_{a1};\ u_{a6}=6e_{a1};\\ u_{b1}=e_{b1};\ u_{b2}=2e_{b1};\ u_{b3}=3e_{b1};\ u_{b4}=4e_{b1};\ u_{b5}=5e_{b1};\ u_{b6}=6e_{b1};\\ u_{c1}=e_{c1};\ u_{c2}=2e_{c1};\ u_{c3}=3e_{c1};\ u_{c4}=4e_{c1};\ u_{c5}=5e_{c1};\ u_{c6}=6e_{c1}。\end{cases} \tag{4-89}$$

A 相各段电流为：

$$\begin{cases}i_{a6}=6\omega C_1E_{m1}\cos(\omega t+\psi)\\ i_{a5}=5\omega C_1E_{m1}\cos(\omega t+\psi)+i_{a6}\\ i_{a4}=4\omega C_1E_{m1}\cos(\omega t+\psi)+i_{a5}\\ i_{a3}=3\omega C_1E_{m1}\cos(\omega t+\psi)+i_{a4}\\ i_{a2}=2\omega C_1E_{m1}\cos(\omega t+\psi)+i_{a3}\\ i_{a1}=\omega C_1E_{m1}\cos(\omega t+\psi)+i_{a2}\end{cases} \tag{4-90}$$

B 相各段电流为：

$$\begin{cases}i_{b6}=6\omega C_1E_{m1}\cos\left(\omega t+\psi-\dfrac{2\pi}{3}\right)\\ i_{b5}=5\omega C_1E_{m1}\cos\left(\omega t+\psi-\dfrac{2\pi}{3}\right)+i_{b6}\\ i_{b4}=4\omega C_1E_{m1}\cos\left(\omega t+\psi-\dfrac{2\pi}{3}\right)+i_{b5}\\ i_{b3}=3\omega C_1E_{m1}\cos\left(\omega t+\psi-\dfrac{2\pi}{3}\right)+i_{b4}\\ i_{b2}=2\omega C_1E_{m1}\cos\left(\omega t+\psi-\dfrac{2\pi}{3}\right)+i_{b3}\\ i_{b1}=\omega C_1E_{m1}\cos\left(\omega t+\psi-\dfrac{2\pi}{3}\right)+i_{b2}\end{cases} \tag{4-91}$$

C 相各段电流为：

$$\begin{cases}i_{c6}=6\omega C_1E_{m1}\cos\left(\omega t+\psi+\dfrac{2\pi}{3}\right)\\ i_{c5}=5\omega C_1E_{m1}\cos\left(\omega t+\psi+\dfrac{2\pi}{3}\right)+i_{c6}\\ i_{c4}=4\omega C_1E_{m1}\cos\left(\omega t+\psi+\dfrac{2\pi}{3}\right)+i_{c5}\\ i_{c3}=3\omega C_1E_{m1}\cos\left(\omega t+\psi+\dfrac{2\pi}{3}\right)+i_{c4}\\ i_{c2}=2\omega C_1E_{m1}\cos\left(\omega t+\psi+\dfrac{2\pi}{3}\right)+i_{c3}\\ i_{c1}=\omega C_1E_{m1}\cos\left(\omega t+\psi+\dfrac{2\pi}{3}\right)+i_{c2}\end{cases} \tag{4-92}$$

在 a 相接地前，$i_a=0$，$u_{a6}\neq 0$；在 a 相接地后，$i_a\neq 0$，$u_{a6}=0$。

本章用隐式梯形法对上述分布参数模型进行数值仿真，结果如图 4-20 和图 4-21 所示。它们分别为故障相电压 u_a 在接地时的初相位 $\psi=0°$ 和 $\psi=90°$ 时，发电机的电流 i_a、i_{b1} 和电压 u_{b6}。

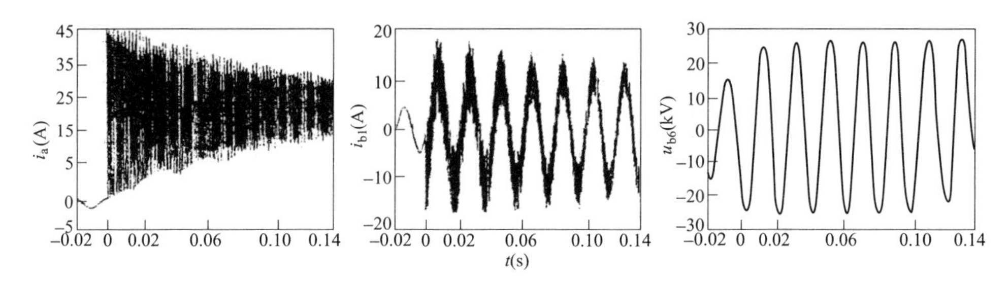

图 4-20　$\psi=0°$ 时用分布参数模型计算的 i_a、i_{b1} 和 u_{b6}

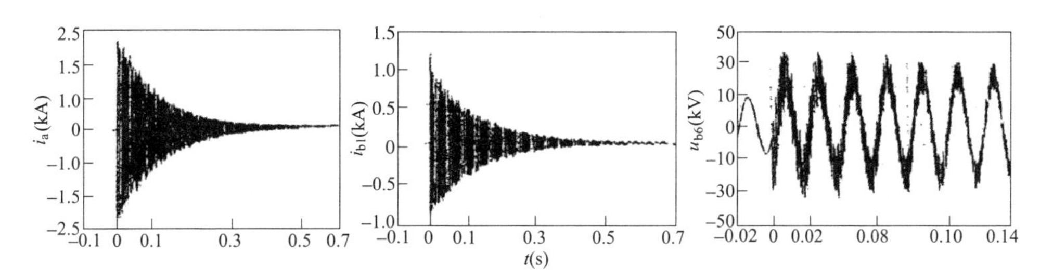

图 4-21　$\psi=90°$ 时用分布参数模型计算的 i_a、i_{b1} 和 u_{b6}

在 $\psi=0°$ 时，比较集中和分布参数模型的计算结果如图 4-17 和图 4-20 所示，可见两者接地电流 i_a 中的直流分量的数值和高频分量的幅值均十分接近；非故障相电流 i_b 与 i_{b1} 和电压 U_b 与 U_{b6} 的波形和数值也非常接近。在 $\psi=90°$ 时，比较两种电路的计算结果如图 4-18 和图 4-21 所示，可见两者接地电流 i_a 中均不含直流分量；高频分量的幅值集中参数电路为 1.407kA，分布参数电路约为 2.2kA。同样，分布参数电路非故障相电流的高频分量幅值也比集中参数电路的大。但两者非故障相电压 U_b 和 U_{b6} 的最大值均接近 40kV，波形也十分相似。

4.5.3　结论

本章通过用集中、分布参数模型对大型水轮发电机进行单相接地的数字仿真。结果表明，两者具有一定的联系和类似的规律。在单相接地时，故障相电压的初相角 ψ 对故障相电流和非故障相电压的波形和大小有很大影响。在 $\psi=0°$ 时，两者的电流及电压的波形和数值均十分接近；在 $\psi=90°$ 时，分布参数电路的接地电流及非故障相电流的高频分量幅值较大，但两者非故障相电压的波形及幅值仍十分接近。计算结果可作为大型水轮发电机中性点接地保护的参考。

§4.6 同步磁阻电动机滑模变结构控制器的设计和仿真

在驱动装置中，电机的参数将随负载而变。这些参数的变化会使电机的运行性能受到影响，从而使定位精度，调速的稳定性和动态响应的快速性等不满足原先设计的要求。而滑模变结构控制技术可以使系统的状态按照预先设定的开关面滑动，从而使驱动系统基本上不受参数变化和外界干扰的影响，获得优良的控制性能。而同步磁阻电动机（ALA-RSM）由于它结构上的特点，可采用特殊的控制策略使其具有快速响应的特点。

4.6.1 ALA-RSM 的结构特点和数学模型[24]

ALA-RSM 是一种具有轴向叠片各向异性转子的同步磁阻电动机（A Reluctance Synchronous Motor with Axially Laminated Anisotropic Rotor）。其结构如图 4-22 所示。其定子与三相异步电动机完全相同，外形为凸极的转子是沿轴向用硅钢片叠成的，每两层叠片之间夹有一层绝缘层，厚度约为硅钢片的$\frac{1}{2}$。直轴电枢反应电感 L_{ad} 接近于同类隐极机的主电感 L_{m}；交轴电枢反应电感 L_{aq} 因磁阻很大而较小。比值$\frac{L_{ad}}{L_{aq}}$高达 20～25，凸极比$\frac{L_d}{L_q}$一般超过 8～10。

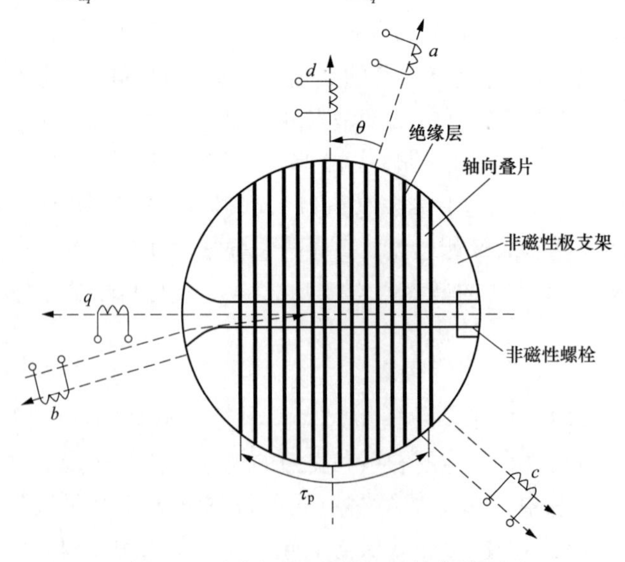

图 4-22　同步磁阻电动机的结构简图

磁阻同步电动机的综合矢量模型是建立在转子坐标系中的。定子电压方程为

$$\vec{U}_s = R_s\vec{i}_s + \frac{d\vec{\psi}_s}{dt} + j\omega_m\vec{\psi}_s \tag{4-93}$$

式中　R_s——定子每相电阻；

$\vec{i}_s$——定子电流综合矢量；

$\vec{\psi}_s$——定子磁链综合矢量；

ω_m——转子电角速度；

$\vec{U}_s$——定子电压综合矢量，可表示为：

$$\vec{U}_s = \sqrt{\frac{2}{3}}(U_a + aU_b + a^2U_c)e^{-j\theta}，\ a = e^{j\frac{2}{3}\pi}$$

式中　θ——定子 a 轴与转子 d 轴间电角度。

电磁转矩为：

$$T_e = p\mathrm{Re}\{j\vec{\psi}_s\vec{i}_s^*\} \tag{4-94}$$

式中　p——极对数；

$\vec{i}_s^*$——$\vec{i}_s$的共轭矢量。

将各综合矢量投影到 d、q 坐标轴上，可得：

$$\vec{U}_s = U_d + jU_q \tag{4-95}$$

$$\vec{i}_s = i_d + ji_q \tag{4-96}$$

$$\vec{\psi}_s = \psi_d + j\psi_q = L_di_d + jL_qi_q \tag{4-97}$$

将式（4-95）～式（4-97）代入式（4-93）、式（4-94）中，整理得：

$$U_d = R_si_d + L_d\frac{di_d}{dt} - \omega_mL_qi_q$$

$$U_q = R_si_q + L_q\frac{di_q}{dt} + \omega_mL_di_d$$

$$T_e = p(L_d - L_q)i_di_q \tag{4-98}$$

转子运动方程为：

$$\frac{J}{p}\frac{d\omega_m}{dt} = T_e - T_L$$

式中　J——转动惯量；

T_L——包含阻力矩的总负载转矩。

取 i_d、i_q、ω_m 和 θ 为状态变量，则电机的状态方程为：

$$
\begin{cases}
\dfrac{\mathrm{d}i_d}{\mathrm{d}t}=-\dfrac{R_s}{L_d}i_d+\omega_m\dfrac{L_q}{L_d}i_q+\dfrac{U_d}{L_d}\\
\dfrac{\mathrm{d}i_q}{\mathrm{d}t}=-\dfrac{R_s}{L_q}i_q-\omega_m\dfrac{L_d}{L_q}i_d+\dfrac{U_q}{L_q}\\
\dfrac{\mathrm{d}\omega_m}{\mathrm{d}t}=\dfrac{p}{J}[p(L_d-L_q)i_di_q-T_L]\\
\dfrac{\mathrm{d}\theta}{\mathrm{d}t}=\omega_m
\end{cases}
\tag{4-99}
$$

4.6.2 控制方案

若通过调节使定子磁通 ψ_s 保持常数值，在忽略 R_s 时，由式（4-97）和式（4-93）可得：

$$
|\psi_s|=\sqrt{(L_di_d)^2+(L_qi_q)^2}=\frac{|U_s|}{\omega_1}
\tag{4-100}
$$

$$
\omega_1=2\pi f_1
$$

式中 ω_1——同步电角速度。

令 $\dfrac{\partial T_e}{\partial i_d}=0$，联立式（4-98）和式（4-100），可求得最大转矩的条件为：

$$
\begin{cases}
i_{dK}=\dfrac{|\psi_s|}{\sqrt{2}L_d}=\dfrac{|U_s|}{\sqrt{2}\omega_1L_d}\\
i_{qK}=i_{dK}\dfrac{L_d}{L_q}
\end{cases}
\tag{4-101}
$$

式（4-101）可用于 ALA-RSM 的最大转矩控制，从而获得最快的速度响应。将式（4-101）代入式（4-98），可求得最大电磁转矩：

$$
T_{eK}=\frac{p(L_d-L_q)|U_s|^2}{2L_dL_q\omega_1^2}
\tag{4-102}
$$

式（4-102）用于设计具有最大转矩的速度控制器。在暂态时维持最大转矩条件，可保证最快的暂态响应。

4.6.3 电流矢量控制图

一种基于上述数学模型的简单而又实用的电流矢量控制框图如图 4-23 所示。由于 $L_d \gg L_q$，所以直轴时间常数 $T_d\left(=\dfrac{L_d}{R_s}\right)$ 远大于交轴时间常数 $T_q\left(=\dfrac{L_q}{R_s}\right)$。一般前者约为数百毫秒，而后者只有几毫秒，从而使得 i_d 响应缓慢而 i_q 的响应快速。为获得快速转矩响应，在转速低于基本转速$\left(\omega_b=\dfrac{\omega_1}{3}\right)$时应维持 $i_d=$const，

而 i_q 跟随指令转矩变化；在转速高于基本转速的弱磁区，应使 i_d 与转速 ω_r $\left(\omega_r=\dfrac{\omega_m}{p}\right)$成反比，此时 i_q 应限幅（$|i_q| \leqslant i_{q\max}^*$）。上述方案可实现如下：

$$i_d^* = \begin{cases} i_{dK}=\dfrac{|U_s|}{\sqrt{2}\omega_b L_d} & |\omega_r| \leqslant \omega_b \\ \dfrac{|U_s|}{\sqrt{2}\omega_r L_d} & |\omega_r| > \omega_b \end{cases} \tag{4-103}$$

$$i_q^* = \frac{T_e^*}{p(L_d-L_q)i_d^*} \tag{4-104}$$

其中：上标 * 为指令值；$|U_s|=\sqrt{\dfrac{3}{2}}U_{1m}$，$U_{1m}=\sqrt{2}U_1$ 为每相电压幅值。

i_q 的最大值为：

$$i_{q\max}^* = \begin{cases} i_{qK}=i_{dK}\dfrac{L_d}{L_q} & |\omega_r| \leqslant \omega_b \\ i_{dK}\dfrac{L_d}{L_q}\dfrac{\omega_b}{\omega_r} & |\omega_r| > \omega_b \end{cases} \tag{4-105}$$

图 4-23 中的转速控制器采用滑模变结构控制，其滑模开关面可选择为：

$$S=(\omega_r-\omega_r^*)+T_s\frac{d(\omega_r-\omega_r^*)}{dt} \tag{4-106}$$

其中，T_s 应足够小，以避免引起转速误差的偏大，从而使转速超调量过大。通常 T_s 为 0.1ms 或几毫秒。

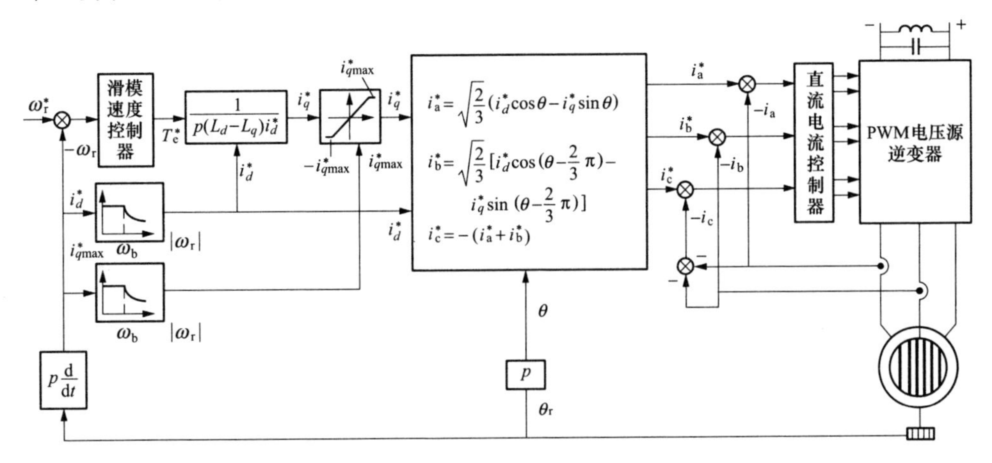

图 4-23　同步磁阻电动机的电流矢量控制框图

滑模在开关面上存在的条件是在 $S=0$ 的附近，必须满足：

$$S \cdot \dot{S} < 0 \tag{4-107}$$

其中，$\dot{S}$ 是 S 对时间的导数，即 $\dot{S}=\dfrac{\mathrm{d}S}{\mathrm{d}t}$。因为在满足上式时，若 $S>0$，则 $\dfrac{\mathrm{d}S}{\mathrm{d}t}<0$，从而 S 随时间 t 的增大而减小至零；若 $S<0$，则 $\dfrac{\mathrm{d}S}{\mathrm{d}t}>0$，从而 S 随时间 t 的增大而增大至零，所以能保证使 $S\rightarrow 0$。

由式（4-107）可得满足滑模控制条件的转矩指令值为：

$$T_{\mathrm{e}}^{*}=\begin{cases} T_{\mathrm{emax}}=T_{\mathrm{eK}} & S<0 \\ -T_{\mathrm{emax}}=-T_{\mathrm{eK}} & S>0 \end{cases} \tag{4-108}$$

上述控制器在接近指令转速时，性能不很理想，可改进如下：

$$T_{\mathrm{e}}^{*}=\begin{cases} T_{\mathrm{emax}}=T_{\mathrm{eK}} & S<-h \\ -T_{\mathrm{emax}}=-T_{\mathrm{eK}} & S>h \\ -K_{\mathrm{i}}\left(S+\dfrac{1}{T_{\mathrm{K}}}\displaystyle\int S\mathrm{d}t\right) & |S|\leqslant h \end{cases} \tag{4-109}$$

其中，$h=(0.001\sim0.005)\omega_{\mathrm{b}}$。

改进后的转速控制，实质上是比例一积分控制（PI 控制）与滑模变结构控制的组合，即在接近指令转速时采用 PI 控制，而当转速与指令转速相差较大时则采用滑模变结构控制。

图 4-23 中，i_q^*、i_d^* 经 Park 反变换可得 i_{a}^*、i_{b}^*、i_{c}^*，然后与所测实际相电流 i_{a}、i_{b}、i_{c} 相比较，各相电流误差信号送给直流电流控制器，以产生 PWM 电压源逆变器的开关控制信号。转速信号由位置传感器检测。

4.6.4 数字仿真结果

数字仿真的采样频率为 40kHz，各相电压有效值为 U_1（$U_1=220\mathrm{V}$）。电机参数为：

$R_{\mathrm{s}}=2.05\Omega$；$p=1$；$L_d=0.292\mathrm{H}$；$T_{\mathrm{L}}=20.0\mathrm{N\cdot m}$；$L_q=11.34\mathrm{mH}$；$f_1=50\mathrm{Hz}$；$J=4.68\mathrm{g\cdot m^2}$；$T_{\mathrm{s}}=0.1\mathrm{ms}$。

图 4-24 所示为电机空载起动至指令转速 $\omega_{\mathrm{r}}^*=1000\mathrm{r/min}$ 后，在 75ms 时突然加载（$T_{\mathrm{L}}=20\mathrm{N\cdot m}$）的情况。

因为电磁转矩 T_{e} 和 i_q 近似成正比，所以图 4-24（a）和（c）中两条曲线的形状基本一致。图 4-24（d）中转速达到指令值 ω_{r}^* 的上升时间约为 14ms 且无超调；在 75ms 时突然加载后，转速 ω_{r} 略有下降，恢复到指令转速 1000r/min 只需 4ms，说明电机运行稳定性很高。

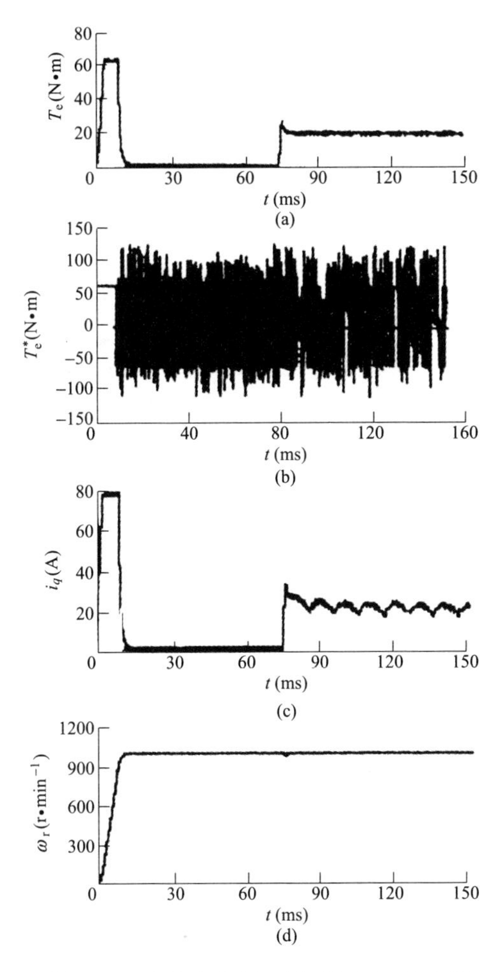

图 4-24　电机空载起动后突然加载的波形

图 4-25 所示为电机空载运行时的反转情况。在 50ms 时，ω_r^* 由 +1000r/min 变为 −1000r/min，在 100ms 时，又由 −1000r/min 变为 +1000r/min。图 4-25 (a) 的转矩响应曲线共分 3 个阶段：0～50ms 为空载起动阶段；50～100ms 为减速到反转的阶段；100～150ms 为从反转减速到正转的阶段。实现反转约需 21ms。

仿真结果表明，该滑模变结构控制系统在电机起动、反转和负载变化时都具有良好的动态性能，调速系统运行稳定可靠，对负载变化时的抗干扰能力强，可获得快的转矩响应，转速能快速跟随指令转速变化。

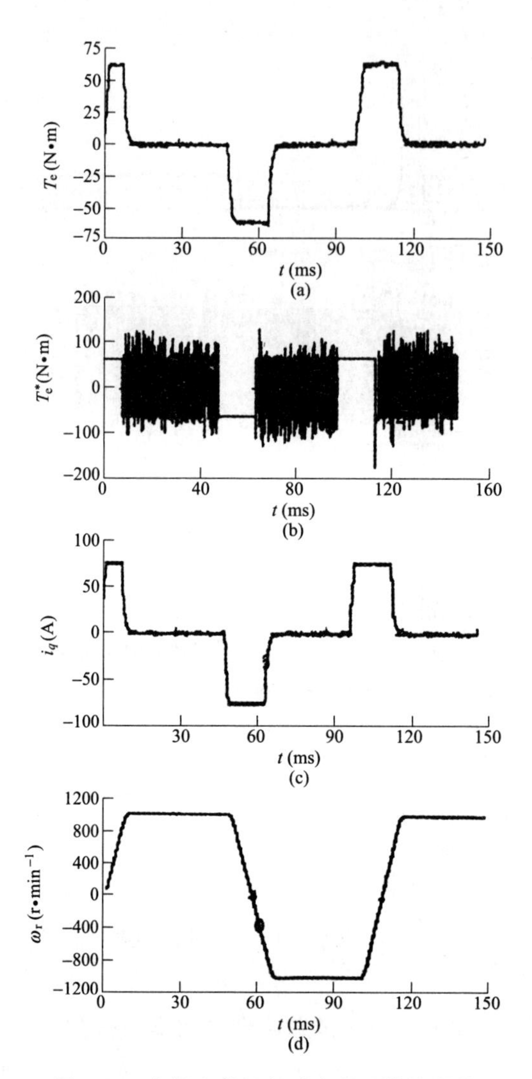

图 4-25　电机空载运行时实现反转的波形

第 5 章　大型汽轮发电机的失磁异步运行

同步发电机的失磁异步运行是指发电机失去励磁后，仍带有一定的有功功率，以低滑差与电网继续并列运行的一种特殊运行方式。在该运行方式下，发电机不仅甩掉了原来所带的感性无功负荷，还要从系统中吸收大量的感性无功功率。从而破坏了负荷与电源间的平衡，使系统电压下降，失磁发电机定子电流增大，输出有功功率减少，转速增大，引起系统振荡，严重时甚至造成系统崩溃，导致大面积的停电，并且还严重威胁发电机本身的安全，如转子滑差引起转子铁心和绝缘的局部过热等。为了系统安全可靠的运行，需要分析失磁的原因、其暂态过程的机理和对系统的影响。

本章采用计及实心转子涡流的 Canay 模型对大型汽轮发电机单机无穷大系统进行失磁仿真的分析，并与现场录波图相比较，表明了 Canay 模型是较为理想的。

§5.1　汽轮发电机的基本方程

5.1.1　四种模型的等值电路[21]

为了便于对计算结果和实际测量的录波图进行比较，以便确定哪种数学模型更为准确。本文选择四种模型的等值电路来进行计算。

5.1.1.1　传统的 Park 模型（模型 1）

图 5-1 所示为传统的 Park 模型所对应的汽轮发电机等值电路。转子 d 轴有励磁绕组 f 和阻尼绕组 D，转子 q 轴有阻尼绕组 Q。忽略了互漏抗 x_{rc}(即 $x_{fD\sigma}$)，并且不计实心转子涡流的集肤效应。各参数均为定参数，即不随滑差而变。

5.1.1.2　计及实心转子涡流的定参数模型（模型 2）

为了考虑实心转子涡流的集肤效应，汽轮发电机的转子在 d 、q 轴各用两个绕组（D、F）和(Q、H）表示，并且考虑了 D、F 绕组间的互漏抗 x_{rc}，如图 5-2 所示，故模型 2 又称为扩展的 Park 模型。其中各参数均为常数，在本书中的第二章第五节已介绍其参数的试验确定法，其中 H 绕组用来等效 q 轴转子表面的涡流效应。

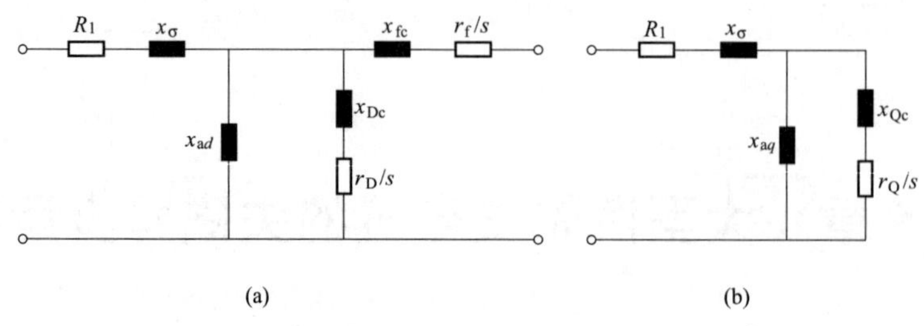

图 5-1 传统的 Park 模型（模型 1）

（a）d 轴；（b）q 轴

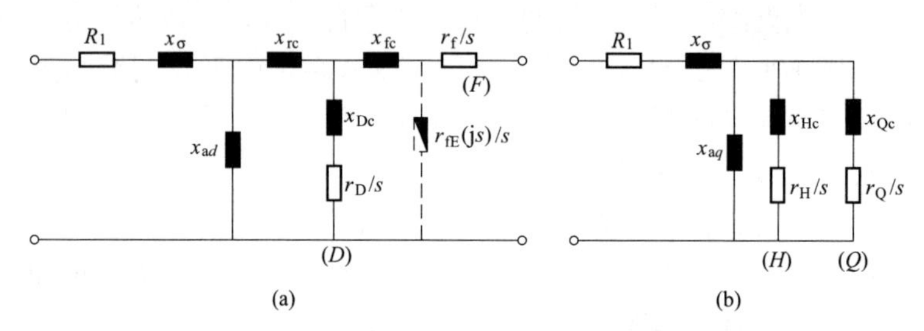

图 5-2 扩展的 Park 模型（模型 2）

（a）d 轴；（b）q 轴

5.1.1.3 计及实心转子涡流的 d 轴三绕组变参数模型（模型 3）

该模型即所谓的 Canay 模型。与常规的 Park 模型不同，它考虑了实心转子的涡流效应。转子 q 轴用两个绕组（H、Q 支路）表示，转子 d 轴用三个绕组（P、D、F 支路）表示，并且考虑了阻尼绕组 D 和励磁绕组 F 之间的互漏抗 x_{rc}。其等值电路如图 5-3 所示。其中，$r_{DE}(js)$ 代表 P 支路，$r_{QE}(js)$ 代表 H 支路，它们分别用来表示 d 轴和 q 轴实心转子表面的涡流电阻，且有

$$r_{DE}(js)=r_{QE}(js)=r_{DE}\sqrt{s}\,(1+j\lambda) \tag{5-1}$$

其中，r_{DE}的值可由式（3-73）来计算。

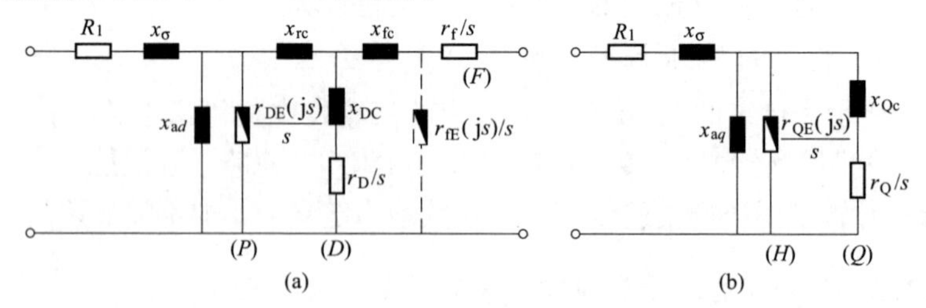

图 5-3 Canay 模型（模型 3）

（a）d 轴；（b）q 轴

P 支路和 H 支路的漏阻抗值分别为：

$$r_P=r_{DE}\sqrt{s}\,,x_{PC}=\frac{r_{DE}\lambda}{\sqrt{s}}\quad \text{(p. u.)} \tag{5-2}$$

$$r_{\mathrm{H}}=r_{\mathrm{DE}}\sqrt{s},x_{\mathrm{HC}}=\frac{r_{\mathrm{DE}}\lambda}{\sqrt{s}}\quad(\mathrm{p.u.})\tag{5-3}$$

而$\frac{r_{\mathrm{D}}}{s}+\mathrm{j}x_{\mathrm{DC}}$即为$D$支路的漏阻抗，$\frac{r_{\mathrm{Q}}}{s}+\mathrm{j}x_{\mathrm{QC}}$即为$Q$支路的漏阻抗（其计算可参阅3.3.3等值电路的化简）。

图中$r_{\mathrm{fE}}(\mathrm{j}s)$为励磁绕组槽壁涡流电阻，由于$r_{\mathrm{FE}}\gg r_{\mathrm{f}}$，故仅当励磁绕组开路或与很大外接电阻连接时它才起作用。

5.1.1.4 计及实心转子涡流的d轴两绕组变参数模型（模型4）

模型4等值电路图表示法与图5-2一样［图中含$r_{\mathrm{fE}}(\mathrm{j}s)$］，故省略未画出。由图5-2可见，转子$d$轴可用两个支路$F$、$D$表示。这是因为$\left|\frac{r_{\mathrm{DE}}(\mathrm{j}s)}{s}\right|\gg x_{\mathrm{rc}}$，故可近似将$\frac{r_{\mathrm{DE}}(\mathrm{j}s)}{s}$与$\frac{r_{\mathrm{D}}}{s}+\mathrm{j}x_{\mathrm{DC}}$并联的阻抗值作为$D$支路的漏阻抗$r_{\mathrm{D}}/s+\mathrm{j}x_{\mathrm{DC}}$。此时，图中的参数$r_{\mathrm{D}}$、$x_{\mathrm{DC}}$、$r_{\mathrm{H}}$、$x_{\mathrm{HC}}$都是转差率$s$的函数，故模型4又称为近似的Canay模型。

5.1.2 四种模型的基本方程

5.1.2.1 模型1的电压和磁链方程

即不计互漏抗x_{rc}且转子q轴只有一个绕组Q的Park方程。

设采用发电机惯例，i_d、i_q为从d、q绕组的电压u_d、u_q的正端流出电机的电流。

$$\begin{bmatrix}u_d\\u_q\\u_{\mathrm{f}}\\0\\0\end{bmatrix}=\begin{bmatrix}R_1&0&0&0&0\\0&R_1&0&0&0\\0&0&R_{\mathrm{f}}&0&0\\0&0&0&R_{\mathrm{D}}&0\\0&0&0&0&R_{\mathrm{Q}}\end{bmatrix}\begin{bmatrix}-i_d\\-i_q\\i_{\mathrm{f}}\\i_{\mathrm{D}}\\i_{\mathrm{Q}}\end{bmatrix}+\frac{\mathrm{d}}{\mathrm{d}\tau}\begin{bmatrix}\psi_d\\\psi_q\\\psi_{\mathrm{f}}\\\psi_{\mathrm{D}}\\\psi_{\mathrm{Q}}\end{bmatrix}+\omega\begin{bmatrix}-\psi_q\\\psi_d\\0\\0\\0\end{bmatrix}\quad(\mathrm{p.u.})\tag{5-4}$$

$$\begin{bmatrix}\psi_d\\\psi_q\\\psi_{\mathrm{f}}\\\psi_{\mathrm{D}}\\\psi_{\mathrm{Q}}\end{bmatrix}=\begin{bmatrix}x_d&0&x_{ad}&x_{ad}&0\\0&x_q&0&0&x_{aq}\\x_{ad}&0&x_{\mathrm{f}}&x_{ad}&0\\x_{ad}&0&x_{ad}&x_{\mathrm{D}}&0\\0&x_{aq}&0&0&x_{\mathrm{Q}}\end{bmatrix}\begin{bmatrix}-i_d\\-i_q\\i_{\mathrm{f}}\\i_{\mathrm{D}}\\i_{\mathrm{Q}}\end{bmatrix}\quad(\mathrm{p.u.})\tag{5-5}$$

$$x_d=x_{ad}+x_{\sigma},\ x_q=x_{aq}+x_{\sigma},\ x_{\mathrm{f}}=x_{aq}+x_{\mathrm{fc}}$$
$$x_{\mathrm{D}}=x_{ad}+x_{\mathrm{DC}},\ x_{\mathrm{Q}}=x_{aq}+x_{\mathrm{QC}}\quad(\mathrm{p.u.})$$

5.1.2.2 模型2的电压和磁链方程

即计及x_{rc}的扩展的派克方程，其q轴转子有两个绕组（Q和H）。其中，各参数为定参数。

$$\begin{bmatrix} u_d \\ u_q \\ u_f \\ 0 \\ 0 \\ 0 \end{bmatrix} = \begin{bmatrix} R_1 & 0 & 0 & 0 & 0 & 0 \\ 0 & R_1 & 0 & 0 & 0 & 0 \\ 0 & 0 & R_f & 0 & 0 & 0 \\ 0 & 0 & 0 & R_D & 0 & 0 \\ 0 & 0 & 0 & 0 & R_Q & 0 \\ 0 & 0 & 0 & 0 & 0 & R_H \end{bmatrix} \begin{bmatrix} -i_d \\ -i_q \\ i_f \\ i_D \\ i_Q \\ i_H \end{bmatrix} + \frac{d}{d\tau} \begin{bmatrix} \psi_d \\ \psi_q \\ \psi_f \\ \psi_D \\ \psi_Q \\ \psi_H \end{bmatrix} + \omega \begin{bmatrix} -\psi_q \\ \psi_d \\ 0 \\ 0 \\ 0 \\ 0 \end{bmatrix} \quad \text{(p. u.)} \tag{5-6}$$

$$\begin{bmatrix} \psi_d \\ \psi_q \\ \psi_f \\ \psi_D \\ \psi_Q \\ \psi_H \end{bmatrix} = \begin{bmatrix} x_d & 0 & x_{ad} & x_{ad} & 0 & 0 \\ 0 & x_q & 0 & 0 & x_{aq} & x_{aq} \\ x_{ad} & 0 & x_f & x_{fD} & 0 & 0 \\ x_{ad} & 0 & x_{fD} & x_D & 0 & 0 \\ 0 & x_{aq} & 0 & 0 & x_Q & x_{aq} \\ 0 & x_{aq} & 0 & 0 & x_{aq} & x_H \end{bmatrix} \begin{bmatrix} -i_d \\ -i_q \\ i_f \\ i_D \\ i_Q \\ i_H \end{bmatrix} \quad \text{(p. u.)} \tag{5-7}$$

$$x_d = x_{ad} + x_\sigma,\ x_q = x_{aq} + x_\sigma,\ x_{fD} = x_{ad} + x_{rc},\ x_f = x_{fD} + x_{fc}$$

$$x_D = x_{fD} + x_{DC},\ x_Q = x_{aq} + x_{QC},\ x_H = x_{aq} + x_{HC} \quad \text{(p. u.)}$$

5.1.2.3 模型 3 的电压和磁链方程

即较完整的 Canay 模型，其中各参数为变参数。

$$\begin{bmatrix} u_d \\ u_q \\ u_f \\ 0 \\ 0 \\ 0 \\ 0 \end{bmatrix} = \begin{bmatrix} R_1 & 0 & 0 & 0 & 0 & 0 & 0 \\ 0 & R_1 & 0 & 0 & 0 & 0 & 0 \\ 0 & 0 & R_f & 0 & 0 & 0 & 0 \\ 0 & 0 & 0 & R_D & 0 & 0 & 0 \\ 0 & 0 & 0 & 0 & R_P & 0 & 0 \\ 0 & 0 & 0 & 0 & 0 & R_Q & 0 \\ 0 & 0 & 0 & 0 & 0 & 0 & R_H \end{bmatrix} \begin{bmatrix} -i_d \\ -i_q \\ i_f \\ i_D \\ i_P \\ i_Q \\ i_H \end{bmatrix} + \frac{d}{d\tau} \begin{bmatrix} \psi_d \\ \psi_q \\ \psi_f \\ \psi_D \\ \psi_P \\ \psi_Q \\ \psi_H \end{bmatrix} + \omega \begin{bmatrix} -\psi_q \\ \psi_d \\ 0 \\ 0 \\ 0 \\ 0 \\ 0 \end{bmatrix} \quad \text{(p. u.)} \tag{5-8}$$

$$\begin{bmatrix} \psi_d \\ \psi_q \\ \psi_f \\ \psi_D \\ \psi_P \\ \psi_Q \\ \psi_H \end{bmatrix} = \begin{bmatrix} x_d & 0 & x_{ad} & x_{ad} & x_{ad} & 0 & 0 \\ 0 & x_q & 0 & 0 & 0 & x_{aq} & x_{aq} \\ x_{ad} & 0 & x_f & x_{fD} & x_{ad} & 0 & 0 \\ x_{ad} & 0 & x_{fD} & x_D & x_{ad} & 0 & 0 \\ x_{ad} & 0 & x_{ad} & x_{ad} & x_P & 0 & 0 \\ 0 & x_{aq} & 0 & 0 & 0 & x_Q & x_{aq} \\ 0 & x_{aq} & 0 & 0 & 0 & x_{aq} & x_H \end{bmatrix} \begin{bmatrix} -i_d \\ -i_q \\ i_f \\ i_D \\ i_P \\ i_Q \\ i_H \end{bmatrix} \quad \text{(p. u.)} \tag{5-9}$$

$$x_d = x_{ad} + x_\sigma,\ x_q = x_{aq} + x_\sigma,\ x_{fD} = x_{ad} + x_{rc},\ x_f = x_{fD} + x_{fc}$$

$$x_D = x_{fD} + x_{DC},\ x_Q = x_{aq} + x_{QC},\ x_H = x_{aq} + x_{HC},\ x_P = x_{ad} + x_{pc}$$

5.1.2.4　模型 4 的电压和磁链方程

即近似的 Canay 模型，其中各参数为变参数。

模型 4 的电压和磁链方程与模型 2 相同。

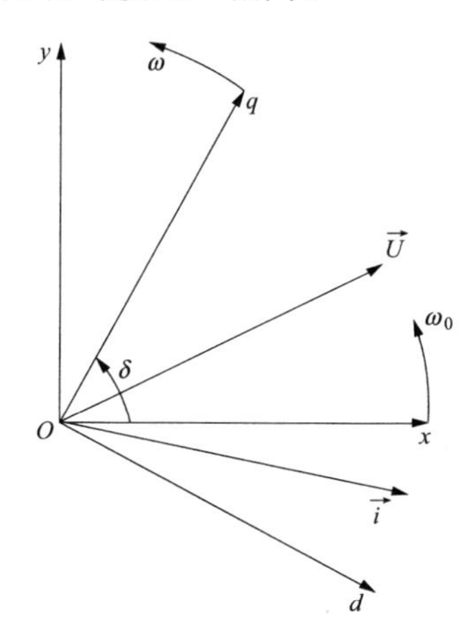

图 5-4　公共坐标系 x、y 与 d、q 坐标系的关系

5.1.3　转子运动方程和转矩平衡方程

设公共坐标系 $x-y$ 以同步速（$\omega_0=1$）旋转，δ 为 q 轴与 x 轴间所夹电角，则

$$\omega=p\delta+\omega_0=p\delta+1 \quad (\text{p. u.}) \tag{5-10}$$

$$s=\omega_0-\omega=-p\delta \quad (\text{p. u.}) \tag{5-11}$$

这里 s 为电机异步运行时的转差率。

$$p\omega=\frac{T_{\mathrm{m}}-T_{\mathrm{e}}-K_{\mathrm{D}}s}{T_{\mathrm{j}}} \quad (\text{p. u.}) \tag{5-12}$$

式中　T_{j}——发电机转动部分的惯性常数（以电弧度为单位）；

T_{m}——汽轮机输出转矩（p. u.）；

$K_{\mathrm{D}}s$——发电机的阻尼转矩；

K_{D}——阻尼系数。

电磁转矩为：

$$T_{\mathrm{e}}=\psi_d i_q-\psi_q i_d \quad (\text{p. u.}) \tag{5-13}$$

§ 5.2　调速、调压系统方程

5.2.1　调速系统

调速系统的结构框图如图 5-5 所示。

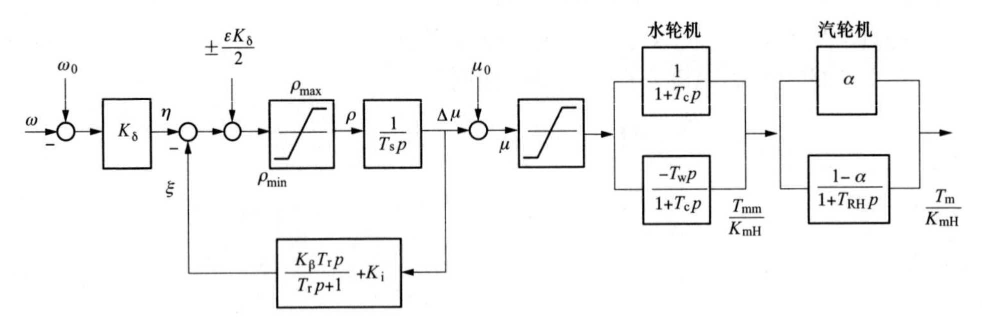

图 5-5 调速系统结构框图

由结构框图可写出其系统方程如下：

5.2.1.1 飞摆

$$\eta=(\omega_0-\omega)K_\delta \tag{5-14}$$

式中 ω_0——同步转速（$\omega_0=1$）；

ω——电机转速（p. u.）；

K_δ——飞摆常数。

5.2.1.2 错油门

$$\rho=(\eta-\xi)\pm\frac{\varepsilon K_\delta}{2} \tag{5-15}$$

当$-\frac{\varepsilon K_\delta}{2}\leqslant\eta-\xi\leqslant\frac{\varepsilon K_\delta}{2}$时，$\rho=0$；

当$\eta-\xi<-\frac{\varepsilon K_\delta}{2}$时，$\rho=\eta-\xi+\frac{\varepsilon K_\delta}{2}$；

当$\eta-\xi>\frac{\varepsilon K_\delta}{2}$时，$\rho=\eta-\xi-\frac{\varepsilon K_\delta}{2}$。

$\pm\frac{\varepsilon K_\delta}{2}$用来模拟调速器的不灵敏区。

5.2.1.3 伺服机

$$\mu-\mu_0=\frac{1}{T_s p}\rho \tag{5-16}$$

5.2.1.4 反馈

$$\begin{cases}\xi=\left(\dfrac{K_\beta T_r p}{T_r p+1}+K_i\right)(\mu-\mu_0) & \text{水轮机}\\ \xi=\mu-\mu_0(K_\beta=0,K_i=1) & \text{汽轮机}\end{cases} \tag{5-17}$$

5.2.1.5　水锤

$$\begin{cases}\dfrac{T_{m}}{K_{mH}}=\left(\dfrac{1-T_{w}p}{1+0.5T_{w}p}\right)\mu & \text{水轮机}\\ \dfrac{T_{m}}{K_{mH}}=\left(\dfrac{1+\alpha T_{RH}p}{1+T_{RH}p}\right)\mu & \text{汽轮机}\end{cases} \tag{5-18}$$

$$K_{mH}=\frac{\text{机组额定视在容量}}{\text{系统基准容量}}=1.0$$

式中　K_{mH}——发电机额定功率标幺值；

α——汽轮机高压缸功率占汽轮机总功率的比例。

对汽轮机，$T_{w}=0$，$K_{\beta}=0$，$K_{i}=1$。

对水轮机，$T_{RH}=0$。

5.2.2　励磁电压调节系统

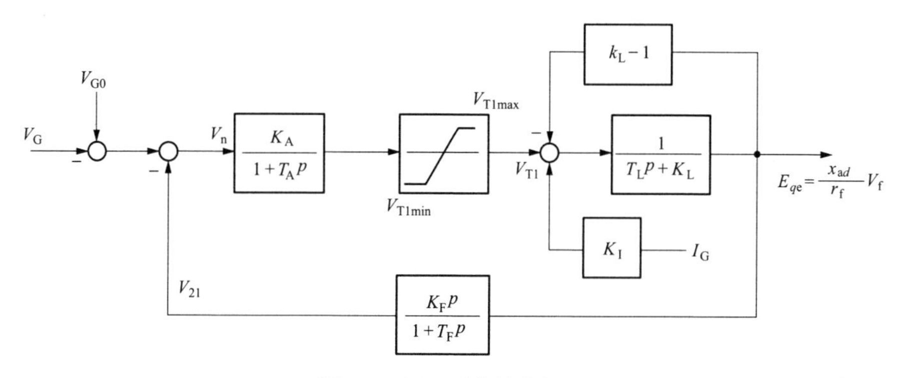

图 5-6　调压系统结构框图

调压系统的结构框图如图 5-6 所示。由图可写出调压系统方程如下：图中 E_{qe}为正比于励磁电压 V_{f} 的输出。

5.2.2.1　比较

$$V_{G0}-V_{G}-V_{21}=V_{n} \tag{5-19}$$

5.2.2.2　综合放大、移相触发和可控硅的一阶环节

$$\frac{V_{T1}}{V_{n}}=\frac{K_{A}}{1+T_{A}p} \tag{5-20}$$

5.2.2.3　反馈

$$V_{21}=\frac{K_{F}p}{1+T_{F}p}\cdot\frac{x_{ad}}{r_{f}}V_{f} \tag{5-21}$$

5.2.2.4 直流励磁机

$$V_{T1}+K_I I_G-(k_L-1)\frac{x_{ad}}{r_f}V_f=\frac{x_{ad}T_L}{r_f}\left(pV_f+\frac{k_L}{T_L}V_f\right) \tag{5-22}$$

式中 k_L——饱和修正系数，不计饱和时，$k_L=1$。

§5.3 变压器、负载、输电线及接口方程

一般电力网络内的电磁瞬变过程和发电机的机电瞬变过程相比，前者衰减得非常快，所以通常在发电机动态稳定的计算中可忽略变压器、线路和负载的暂态过程及频率变化的影响。图 5-7 所示为同步发电机与无穷大系统的接线图。

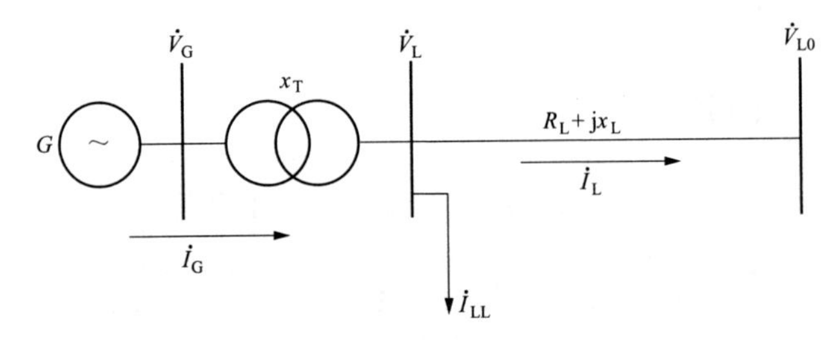

图 5-7 发电机与无穷大系统的结线图

5.3.1 发电机端电压 V_G 的坐标变换式

图 5-8 表示发电机端电压的坐标变换，由图可得：

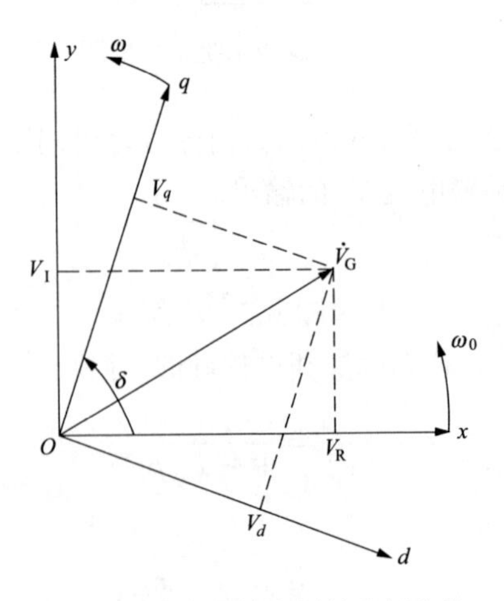

图 5-8 发电机端电压的坐标变换

$$V_d = \sin\delta V_{\mathrm{R}} - \cos\delta V_{\mathrm{I}} \tag{5-23}$$

$$V_q = \cos\delta V_{\mathrm{R}} + \sin\delta V_{\mathrm{I}} \tag{5-24}$$

$$V_{\mathrm{G}}^2 = V_d^2 + V_q^2 \tag{5-25}$$

5.3.2 发电机电枢电流坐标变换式

因为：

$$\dot{I}_{\mathrm{G}} = (I_{\mathrm{R}} + \mathrm{j}I_{\mathrm{I}})\mathrm{e}^{\mathrm{j}(\pi/2-\delta)} = I_d + \mathrm{j}I_q$$

所以：

$$I_{\mathrm{R}} = \sin\delta I_d + \cos\delta I_q \tag{5-26}$$

$$I_{\mathrm{I}} = -\cos\delta I_d + \sin\delta I_q \tag{5-27}$$

$$I_{\mathrm{G}}^2 = I_d^2 + I_q^2 \tag{5-28}$$

5.3.3 变压器的电压降方程

由图 5-7 可见：

$$\dot{V}_{\mathrm{G}} - \dot{V}_{\mathrm{L}} = \mathrm{j}x_{\mathrm{T}}\dot{I}_{\mathrm{G}}$$

式中：$\dot{V}_{\mathrm{G}} = V_{\mathrm{R}} + \mathrm{j}V_{\mathrm{I}}$，$\dot{V}_{\mathrm{L}} = V_{\mathrm{LR}} + \mathrm{j}V_{\mathrm{LI}}$，$\dot{I}_{\mathrm{G}} = I_{\mathrm{R}} + \mathrm{j}I_{\mathrm{I}}$ 代入上式可得：

$$V_{\mathrm{R}} - V_{\mathrm{LR}} = -x_{\mathrm{T}}I_{\mathrm{I}} \tag{5-29}$$

$$V_{\mathrm{I}} - V_{\mathrm{LI}} = x_{\mathrm{T}}I_{\mathrm{R}} \tag{5-30}$$

5.3.4 变压器出口负载方程

由图 5-7 可见，负载电流为：

$$\dot{I}_{\mathrm{LL}} = I_{\mathrm{LLR}} + \mathrm{j}I_{\mathrm{LLI}} = \frac{V_{\mathrm{LR}} + \mathrm{j}V_{\mathrm{LI}}}{Z_{\mathrm{LL1}}}$$

$$Z_{\mathrm{LL1}} = R_{\mathrm{LL1}} + \mathrm{j}X_{\mathrm{LL1}}$$

式中　Z_{LL1}——恒定负载阻抗。

由上式可求出：

$$I_{\mathrm{LLR}} - \beta V_{\mathrm{LR}} - \gamma V_{\mathrm{LI}} = 0 \tag{5-31}$$

$$I_{\mathrm{LLI}} + \gamma V_{\mathrm{LR}} - \beta V_{\mathrm{LI}} = 0 \tag{5-32}$$

$$\beta = \frac{R_{\mathrm{LL1}}}{Z_{\mathrm{LL1}}^2},\ \gamma = \frac{X_{\mathrm{LL1}}}{Z_{\mathrm{LL1}}^2},\ Z_{\mathrm{LL1}} = \sqrt{R_{\mathrm{LL1}}^2 + X_{\mathrm{LL1}}^2}$$

5.3.5 输电线电压降方程

由图 5-7 可得：$\dot{V}_{\mathrm{L}} - \dot{V}_{\mathrm{L0}} = \dot{I}_{\mathrm{L}}(R_{\mathrm{L}} + \mathrm{j}X_{\mathrm{L}})$

其中：

$$\dot{V}_{\mathrm{L0}} = V_{\mathrm{L0R}} + \mathrm{j}V_{\mathrm{L0I}}$$

$$\dot{I}_{\mathrm{L}} = I_{\mathrm{LR}} + \mathrm{j}I_{\mathrm{LI}}$$

式中　$\dot{V}_{L0}$——无穷大系统母线电压；

$\dot{I}_L$——输电线的电流。

由上式可得：

$$V_{LR}-V_{L0R}-R_L I_{LR}+X_L I_{LI}=0 \tag{5-33}$$

$$V_{LI}-V_{L0I}-R_L I_{LI}+X_L I_{LR}=0 \tag{5-34}$$

5.3.6　变压器出口结点电流方程

由图 5-7 可见：

$$\dot{I}_G=\dot{I}_{LL}+\dot{I}_L$$

将实部、虚部分开可得：

$$I_R-I_{LR}-I_{LLR}=0 \tag{5-35}$$

$$I_I-I_{LI}-I_{LLI}=0 \tag{5-36}$$

5.3.7　发电机输出功率方程

由图 5-7 可见：

$$P-jQ=\dot{I}_G\hat{\dot{V}}_G$$

其中：$\hat{\dot{V}}_G=V_R-jV_I$，$\dot{I}_G=I_R+jI_I$，将它们代入上式可得：

$$P=I_R V_R+I_I V_I \tag{5-37}$$

$$Q=-I_I V_R+I_R V_I \tag{5-38}$$

§5.4　失磁故障的类型

考虑以下五种失磁故障。

5.4.1　同步发电机励磁绕组经灭磁电阻闭合

这一失磁故障在程序中用 $IFORM=1$ 表示。此时，如图 5-9 所示。由图可见励磁回路电压方程为：

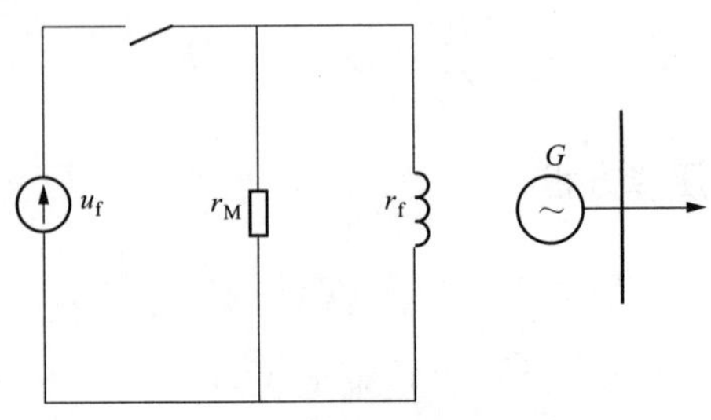

图 5-9　发电机励磁绕组经灭磁电阻闭合

$$u_{\mathrm{f}}=r_{\mathrm{f}\Sigma}\cdot i_{\mathrm{f}}+\mathrm{p}\psi_{\mathrm{f}} \tag{5-39}$$

$$u_{\mathrm{f}}=0,\ r_{\mathrm{f}\Sigma}=r_{\mathrm{f}}+r_{\mathrm{M}}$$

其中灭磁电阻：

$$r_{\mathrm{M}}=5r_{\mathrm{f}}$$

5.4.2　主励磁机磁场开路[4]

这一失磁故障用 $IFORM=2$ 表示。此时，主励磁机电路如图 5-10 所示。主励磁机的自并激常数为：

$$K_{\mathrm{L}}=1-\frac{u_{\mathrm{fb}}}{i_{\mathrm{Lf}\Sigma\mathrm{b}}(R_{\mathrm{g}}+R_{\mathrm{B}})} \tag{5-40}$$

式中　u_{fb}——励磁机输出电压基值；

$i_{\mathrm{Lf}\Sigma\mathrm{b}}$——励磁机总输入电流基值；

R_{B}——励磁机并励绕组电阻；

R_{g}——励磁机的励磁调节电阻。

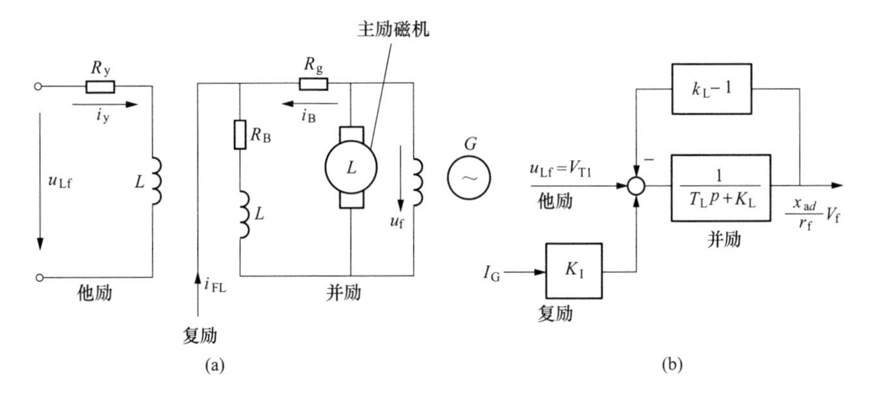

图 5-10　直流励磁电机结线图和结构框图

主励磁机磁场开路包括下列三种情况：

（1）他励磁场开路。由图 5-10 可见，此时有下列关系：

$$R_{\mathrm{y}}=\infty,\ i_{\mathrm{y}}=0,\ u_{\mathrm{Lf}}=V_{T_1}=0$$

因而，他励时间常数为：

$$T_{\mathrm{y}}=\frac{L}{R_{\mathrm{y}}}=0$$

所以，励磁机等效时间常数为：

$$T_{\mathrm{L}}=T_{\mathrm{B}}+T_{\mathrm{y}}=T_{\mathrm{B}}=\frac{L}{R_{\mathrm{B}}+R_{\mathrm{g}}}$$

即比正常情况减小，而传递函数形式不变。由仿真计算可知，这一故障对系统影响不大。

（2）并励磁场开路。此时，$R_B+R_g=\infty$，$T_B=0$。而复励同时消失，即 $i_{FL}=0$，可设 $K_I=0$。由（5-40）式可见 $K_L=1$，并有：

$$T_L=T_y=\frac{L}{R_y}$$

即此时，T_L 比正常运行情况减小。由于他励尚存在，所以并励磁场开路时，仅 T_L 减小些，对系统影响不大。

（3）假设原来只有他励（$T_L=T_y$），当他励开路时，$R_y=\infty$，$T_L=T_y=0$，u_{Lf}断开，$V_{T1}=0$，从而使 $V_f\approx0$（忽略剩磁）。此时对系统影响很大，故选择为第二种失磁仿真模型（即设 $IFORM=2$）。此时，同步发电机励磁回路电压方程为：

$$\begin{cases}r_fi_f+p\psi_f=0\\u_f=0\end{cases}\tag{5-41}$$

5.4.3 同步发电机励磁回路开路

设此时的 $IFORM=3$，由图 5-11 可见，此时外加励磁电压 $u_f=0$，励磁绕组中的电流为零，励磁绕组两端电压为：

$$V_f=p\psi_f\tag{5-42}$$

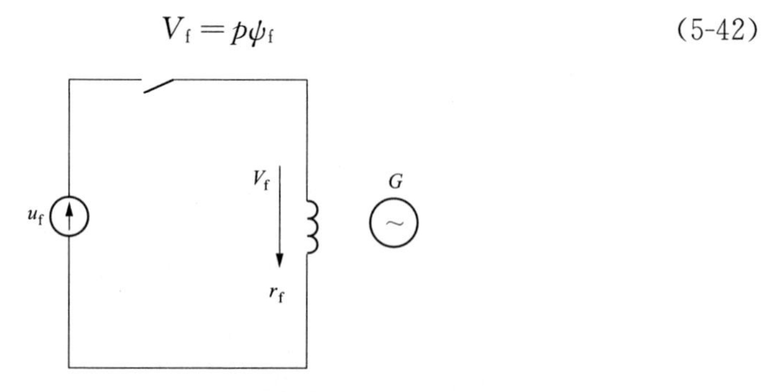

图 5-11 同步发电机励磁回路开路

由于涡流复阻抗 $r_{fE}(js)$ 的存在，其中的电流可作为 i_f。故可将图 5-3d 轴等值电路中的支路 $\frac{r_{fE}(js)}{s}$ 并入，与漏抗 x_{fc}相联。而在励磁回路电压方程中只需设：

$$r_fi_f+p\psi_f=0,r_f=1.15r_{fE}\sqrt{s}\tag{5-43}$$

其中，近似用 $1.15r_{fE}\sqrt{s}$ 代替 $r_{fE}\sqrt{s}$（$1+j\lambda$），一般 $\lambda\approx0.5\sim0.6$。

5.4.4 整流器励磁系统故障的失磁

图 5-12 所示为他励式静止半导体励磁系统。采用半导体励磁系统后，由于半导体器件、接插件等工艺不良、质量欠佳，可能出现副励磁机和调节器故障。图中 AVR 为自动电压调节器。

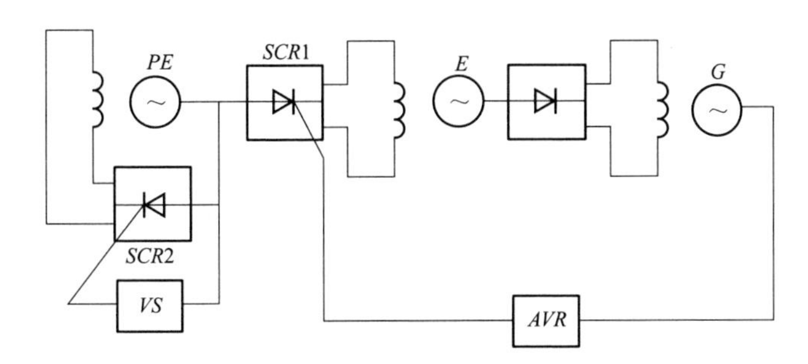

图 5-12　整流器励磁系统结线图

整流器励磁系统结构框图如图 5-13 所示。图中，u_{Pf} 为副励磁机的输入电压，T_P 为副励磁机的时间常数，K 为模拟调节器的故障系数：

$$K=\frac{触发器脉冲消失后的输出}{正常时的输出}<1 \tag{5-44}$$

其中：$K=0$ 为三相触发脉冲消失；$K=\frac{1}{3}$ 为两相触发脉冲消失；$K=\frac{2}{3}$ 为一相触发脉冲消失。由于副励磁机频率很高，可以认为 K 的变化是瞬时的。

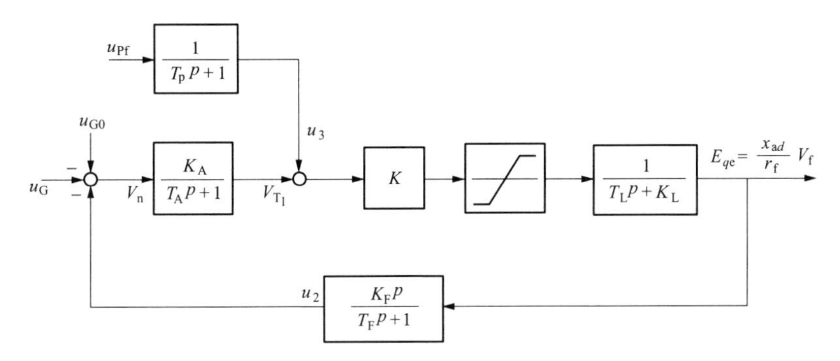

图 5-13　整流器励磁系统结构框图

（1）副励磁机故障模型为第四种失磁（$IFORM=4$）。副励磁机故障是由自励恒压单元发生故障引起的，它使自励恒压单元的输出，即图 5-12 中的可控硅整流器 $SCR2$ 的触发脉冲消失。此时副励磁机励磁电流按指数规律减小，其衰减时间常数为 T_P。设故障前副励磁机的输出为 $u_3=u_{Pf0}$，则故障后，在不计副励磁机定子回路暂态过程的前提下，副励磁机的输出为：

$$u_3=u_{Pf0}\mathrm{e}^{-\frac{t}{T_P}} \tag{5-45}$$

即故障后副励磁机输出电压按时间常数 T_P 衰减。设正常时 $u_3=u_{Pf0}=1.0$，则故障时 $u_3=0$。其暂态过程可分为两个阶段。第一阶段时 $E_{qe}>0$；第二阶段时 $E_{qe}=0$。在第二阶段，相当于发电机励磁回路交流侧短路。由于整流器有单向导通性，故其数学模型有两个：励磁回路正向闭合和反向开路。

（2）调节器故障模型：为第五种失磁（$IFORM=5$）。调节器故障时将使调节器的输出，即图 5-12 中 $SCR1$ 的触发脉冲消失，从而使直流输出电压平均值降低，用 K 表示降低的系数［见式（5-44）］。由于整流器的单向导通特型，其数学模型同样包括正向励磁的模型（$K\neq 1$，$u_{\mathrm{Pf}}=1.0$）和反向开路截断状态的模型。

这里必须注意，在励磁调压系统中各量的标幺值［如式（5-40）所示］的基值与“x_{ad}基值系统”相应量的基值不同，但可用各量标幺值的基值对“x_{ad}基值系统”相应量基值的比值，去乘各量的标幺值，这样，就可求得各量由“x_{ad}基值系统”表示的标幺值。

§5.5 系统方程的差分化及计算步骤

5.5.1 隐式梯形积分法

设有一阶微分方程式：

$$\frac{\mathrm{d}y}{\mathrm{d}t}=f(y,t) \tag{5-46}$$

当 t_{n} 时刻函数 y_{n} 已知时，可按下式求出 $t_{n+1}=t_n+h$ 时的函数值 y_{n+1}：

$$y_{n+1}=y_n+\int_{t_n}^{t_{n+1}}f(y,t)\mathrm{d}t \tag{5-47}$$

当步长 h 足够小时，函数 $f(y,t)$ 在 t_n 至 t_{n+1} 之间的曲线可近似用直线代替，如图 5-14 所示。这样，式（5-47）中的定积分值（即曲边梯形的面积）可近似用梯形 $ABCD$ 的面积来代替。因此：

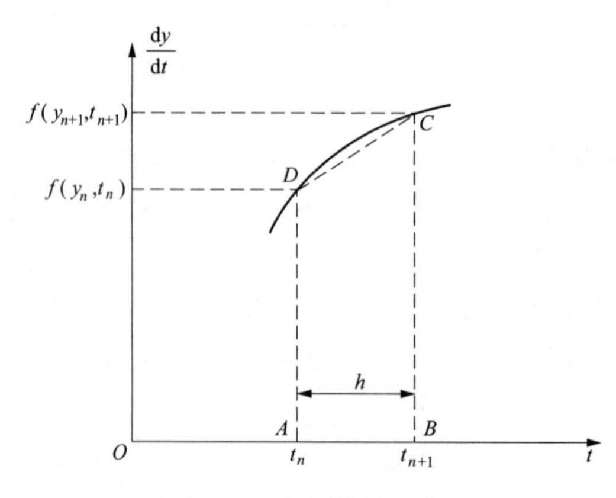

图 5-14 隐式梯形积分法

$$y_{n+1}=y_n+\frac{h}{2}[f(y_n,t_n)+f(y_{n+1},t_{n+1})] \tag{5-48}$$

这就是隐式梯形积分法的差分方程。它的优点是可以采用较大的步长，仍能保持系统的稳定性。下面介绍隐式梯形积分法差分化的规则：

（1）带有微分算子 p 的变量 px 用式（5-49）表示：

$$px=\frac{x(t+\Delta t)-x(t)}{\Delta t} \tag{5-49}$$

（2）不含微分算子的变量 x 用式（5-50）代入：

$$x=\frac{x(t+\Delta t)+x(t)}{2} \tag{5-50}$$

（3）常数项和常系数保持不变：

例如：

$$p\delta=\omega-\omega_0\ (\omega_0=1，为常数)$$

$$\frac{\delta(t+\Delta t)-\delta(t)}{\Delta t}=\frac{\omega(t+\Delta t)+\omega(t)}{2}-\omega_0$$

所以：

$$\delta(t+\Delta t)-\frac{\Delta t}{2}\omega(t+\Delta t)=\delta(t)+\frac{\Delta t}{2}\omega(t)-\omega_0\Delta t$$

（4）对非线性项 $\omega\psi_q$ 的近似公式：

$$\omega\psi_q=\frac{1}{2}[\omega(t)\psi_q(t+\Delta t)+\omega(t+\Delta t)\psi_q(t)] \tag{5-51}$$

由（2）可知：　$\omega\psi_q=\frac{1}{2}[\omega(t+\Delta t)\psi_q(t+\Delta t)+\omega(t)\psi_q(t)]$

其中：$\omega(t+\Delta t)=\omega(t)+\Delta\omega(t)$，$\psi_q(t+\Delta t)=\psi_q(t)+\Delta\psi_q(t)$，将它们代入上式，并略去微增量的高阶项 $\Delta\omega(t)\Delta\psi_q(t)$，即可推出此近似公式。

（5）对于 $\sin(\delta+\Delta\delta)$ 和 $\cos(\delta+\Delta\delta)$ 的近似式：可利用泰勒级数展开，并略去高阶项：

$$f(x+\Delta x)=f(x)+f'(x)\cdot\Delta x$$

则

$$\sin(\delta+\Delta\delta)=\sin\delta+\cos\delta\cdot\delta(t+\Delta t)-\cos\delta\cdot\delta(t) \tag{5-52}$$

$$\cos(\delta+\Delta\delta)=\cos\delta-\sin\delta\cdot\delta(t+\Delta t)+\sin\delta\cdot\delta(t) \tag{5-53}$$

将所有微分方程和代数方程展开成差分方程，设变量数为 n，则可得式（5-54）：

$$\begin{bmatrix} a_{11} & a_{12} & \cdots & a_{1n} \\ a_{21} & a_{22} & \cdots & a_{2n} \\ \cdots & \cdots & \cdots & \cdots \\ a_{n1} & a_{n2} & \cdots & a_{mn} \end{bmatrix}\begin{bmatrix} y_1(t+\Delta t) \\ y_2(t+\Delta t) \\ \cdots \\ y_n(t+\Delta t) \end{bmatrix}=\begin{bmatrix} b_1 \\ b_2 \\ \cdots \\ b_n \end{bmatrix} \tag{5-54}$$

即：

$$\underline{A} \cdot \underline{y(t+\Delta t)} = \underline{B}$$

式中：$a_{11} \sim a_{mn}$及$b_1 \sim b_n$——各参数或$y_i(t)(i=1 \sim n)$的函数，是已知量。

将式（5-54）中的矩阵$\underline{A}$变为增广矩阵$\underline{A[n \times (n+1)]}$，其中$a_{1(n+1)} = b_1$，$a_{2(n+1)} = b_2$，…，$a_{n(n+1)} = b_n$。

然后，用高斯-约当消去法子程序将增广矩阵$\underline{A}$进行线性变换，成为：

$$\begin{bmatrix} 1 & & & 0 & a_{1(n+1)} \\ & 1 & & & a_{2(n+1)} \\ & & \ddots & & \vdots \\ 0 & & & 1 & a_{n(n+1)} \end{bmatrix}$$

则其$(n+1)$列即为$\underline{y(t+\Delta t)}$。如此循环计算，就可求得各变量的时变动态波形。

5.5.2 系统方程的差分化

下面以前述模型 2 和 4 为例，其等值电路图如图 5-2 所示，其区别为模型 2 是定参数的 *Park* 模型，而模型 4 为变参数的近似 *Canay* 模型。它们在转子d轴有F、D两个绕组，在转子q轴有H、Q两个绕组。

设y为扩大的状态变量列向量（即包括微分方程和代数方程在内），共有 40 个变量：

$$y = [T_m, T_{mm}, \xi, \mu, \rho, \eta, \delta, \omega, T_e, \psi_d, \psi_f, \psi_D, \psi_q, \psi_H, \psi_Q, I_R, I_I, I_D, I_f, I_d, I_Q, I_H, I_q, V_d, V_q, V_f, V_{21}, V_{T1}, V_n, V_G, V_R, V_I, V_{LR}, V_{LI}, I_{LLR}, I_{LLI}, I_{LR}, I_{LI}, V_{L0R}, V_{L0I}]^T$$

对于模型 3，只需在后面增加两个变量I_p、ψ_p。

下面用隐式梯形积分的差分化规则写出系统方程的差分方程：

(1) $$\frac{T_m}{T_{mm}} = \frac{1+\alpha T_{RH} p}{1+T_{RH} p}$$

$$\left(T_{RH} + \frac{\Delta t}{2}\right) T_m(t \overset{1}{+} \Delta t) - \left(\alpha T_{RH} + \frac{\Delta t}{2}\right) T_{mm}(t \overset{2}{+} \Delta t)$$

$$= \left(T_{RH} - \frac{\Delta t}{2}\right) T_m(t) + \left(\frac{\Delta t}{2} - \alpha T_{RH}\right) T_{mm}(t)$$

小字$_{1,2,\cdots}$表示该项的系数在增广矩阵$\underline{A[n \times (n+1)]}$中的列数。例如：

$$A(1,\ 1) = T_{RH} + \frac{\Delta t}{2}，A(1,\ 2) = -\left(\alpha T_{RH} + \frac{\Delta t}{2}\right)$$

(2) $$\frac{T_{mm}}{K_{mH}\mu} = \frac{1 - T_w p}{1 + T_c p}$$（汽轮机时，$T_w = 0$）

$$(T_c+\frac{\Delta t}{2})T_{mm}(t\overset{2}{+}\Delta t)+(T_w-\frac{\Delta t}{2})K_{mH}\cdot\mu(t\overset{4}{+}\Delta t)$$

$$=(T_c-\frac{\Delta t}{2})T_{mm}(t)+(T_w+\frac{\Delta t}{2})K_{mH}\cdot\mu(t)$$

(3) $\dfrac{\xi}{\mu-\mu_0}=\dfrac{K_\beta T_r p}{1+T_r p}+K_i$（汽轮机时，$T_r=0$，$K_\beta=0$，$K_i=1$）

$$\xi(t\overset{3}{+}\Delta t)-\mu(t\overset{4}{+}\Delta t)=-\mu_0$$

(4) $\dfrac{\mu-\mu_0}{\rho}=\dfrac{1}{T_S p}$

$$T_S\cdot\mu(t\overset{4}{+}\Delta t)-\frac{\Delta t}{2}\cdot\rho(t\overset{5}{+}\Delta t)=T_S\cdot\mu(t)-\frac{\Delta t}{2}\cdot\rho(t)$$

$$\mu(t+\Delta t)=\begin{cases}\mu_{max} & \mu(t+\Delta t)\geqslant\mu_{max}\\ \mu(t) & \mu_{min}<\mu(t+\Delta t)<\mu_{max}\\ \mu_{min} & \mu(t+\Delta t)\leqslant\mu_{min}\end{cases}$$

(5) $\rho=\eta-\xi\pm\dfrac{\varepsilon K_\delta}{2}$

$$\begin{cases}\rho(t+\Delta t)=0 & |\eta(t+\Delta t)-\xi(t+\Delta t)|\leqslant\varepsilon K_\delta/2\\ \rho(t\overset{5}{+}\Delta t)-\eta(t\overset{6}{+}\Delta t)+\xi(t\overset{3}{+}\Delta t)=\dfrac{\varepsilon K_\delta}{2} & \eta(t+\Delta t)-\xi(t+\Delta t)<-\varepsilon K_\delta/2\\ \rho(t+\Delta t)-\eta(t+\Delta t)+\xi(t+\Delta t)=-\dfrac{\varepsilon K_\delta}{2} & \eta(t+\Delta t)-\xi(t+\Delta t)>\varepsilon K_\delta/2\end{cases}$$

(6) $\eta=(\omega_0-\omega)\cdot K_\delta \qquad (\omega_0=1)$

$$\eta(t\overset{6}{+}\Delta t)+K_\delta\omega(t\overset{8}{+}\Delta t)=\omega_0 K_\delta$$

(7) $\omega=p\delta+\omega_0=p\delta+1$

$$\delta(t\overset{7}{+}\Delta t)-\frac{\Delta t}{2}\cdot\omega(t\overset{8}{+}\Delta t)=\delta(t)+\frac{\Delta t}{2}\cdot\omega(t)-\Delta t$$

(8) $p\omega=\dfrac{1}{T_j}(T_m-T_e-K_D s) \quad (s=\omega_0-\omega=1-\omega)$

$$-\frac{\Delta t}{T_j}T_m(t\overset{1}{+}\Delta t)+(1+\frac{\Delta t K_D}{2T_j})\cdot\omega(t\overset{8}{+}\Delta t)+\frac{\Delta t}{2T_j}\cdot T_e(t\overset{9}{+}\Delta t)$$

$$=\frac{\Delta t}{2T_j}T_m(t)-\frac{\Delta t}{2T_j}T_e(t)+(1-\frac{\Delta t K_D}{2T_j})\cdot\omega(t)+\frac{\Delta t K_D}{T_j}$$

(9) $T_e=\psi_d I_q-\psi_q I_d$

$$T_e(t\overset{9}{+}\Delta t)-\psi_d(t\overset{10}{+}\Delta t)\cdot I_q(t)+\psi_q(t\overset{13}{+}\Delta t)\cdot I_d(t)-I_q(t\overset{23}{+}\Delta t)\cdot\psi_d(t)$$

$$+I_d(t\overset{20}{+}\Delta t)\psi_q(t)=-T_e(t)$$

(10) $p\psi_d = V_d + rI_d + \omega\psi_q$

$$\psi_d(t \overset{10}{+} \Delta t) - \frac{\Delta t}{2} \cdot \psi_q(t) \cdot \omega(t \overset{8}{+} \Delta t) - \frac{\Delta t}{2}\omega(t) \cdot \psi_q(t \overset{13}{+} \Delta t) -$$

$$\frac{r\Delta t}{2} \cdot I_d(t \overset{20}{+} \Delta t) - \frac{\Delta t}{2}V_d(t \overset{24}{+} \Delta t) = \psi_d(t) + \frac{\Delta t}{2}V_d(t) + \frac{r\Delta t}{2}I_d(t)$$

(11) $p\psi_{\rm f} = V_{\rm f} - r_{\rm f}I_{\rm f}$

$$\psi_{\rm f}(t \overset{11}{+} \Delta t) + r_{\rm f}\frac{\Delta t}{2} \cdot I_{\rm f}(t \overset{19}{+} \Delta t) - \frac{\Delta t}{2} \cdot V_{\rm f}(t \overset{26}{+} \Delta t)$$

$$= \frac{\Delta t}{2}V_{\rm f}(t) + \psi_{\rm f}(t) - r_{\rm f}\frac{\Delta t}{2} \cdot I_{\rm f}(t)$$

(12) $p\psi_{\rm D} + r_{\rm D}I_{\rm D} = 0$

$$\psi_{\rm D}(t \overset{12}{+} \Delta t) + r_{\rm D}\frac{\Delta t}{2} \cdot I_{\rm D}(t \overset{18}{+} \Delta t) = \psi_{\rm D}(t) - r_{\rm D}\frac{\Delta t}{2} \cdot I_{\rm D}(t)$$

(13) $p\psi_q = V_q + rI_q - \omega\psi_d$

$$\psi_q(t \overset{13}{+} \Delta t) + \frac{\Delta t}{2}\omega(t) \cdot \psi_d(t \overset{10}{+} \Delta t) + \frac{\Delta t}{2} \cdot \psi_d(t) \cdot w(t \overset{8}{+} \Delta t) -$$

$$\frac{r\Delta t}{2} \cdot I_q(t \overset{23}{+} \Delta t) - \frac{\Delta t}{2}V_q(t \overset{25}{+} \Delta t) = \frac{\Delta t}{2}V_q(t) + \frac{r\Delta t}{2}I_q(t) + \psi_q(t)$$

(14) $p\psi_{\rm H} + r_{\rm H}I_{\rm H} = 0$

$$\psi_{\rm H}(t \overset{14}{+} \Delta t) + \frac{\Delta t}{2}r_{\rm H} \cdot I_{\rm H}(t \overset{22}{+} \Delta t) = \psi_{\rm H}(t) - \frac{\Delta t}{2}r_{\rm H} \cdot I_{\rm H}(t)$$

(15) $p\psi_{\rm Q} + r_{\rm Q}I_{\rm Q} = 0$

$$\psi_{\rm Q}(t \overset{15}{+} \Delta t) + \frac{\Delta t r_{\rm Q}}{2}I_{\rm Q}(t \overset{21}{+} \Delta t) = \psi_{\rm Q}(t) - \frac{\Delta t r_{\rm Q}}{2} \cdot I_{\rm Q}(t)$$

(16) $I_{\rm R} = \sin\delta I_d + \cos\delta I_q$

$$I_{\rm R}(t \overset{16}{+} \Delta t) - \sin\delta I_d(t \overset{20}{+} \Delta t) - \cos\delta I_q(t \overset{23}{+} \Delta t) +$$

$$I_{\rm I}\delta(t \overset{7}{+} \Delta t) = \delta(t) \cdot I_{\rm I}(t)$$

(17) $I_{\rm I} = -\cos\delta I_d + \sin\delta I_q$

$$I_{\rm I}(t \overset{17}{+} \Delta t) + \cos\delta I_d(t \overset{20}{+} \Delta t) - \sin\delta I_q(t \overset{23}{+} \Delta t) -$$

$$I_{\rm R}\delta(t \overset{7}{+} \Delta t) = -\delta(t) \cdot I_{\rm R}(t)$$

(18) $\psi_{\rm D} = -x_{\rm ad}I_d + x_{\rm fD}I_{\rm f} + x_{\rm D}I_{\rm D}$

$$\psi_{\rm D}(t \overset{12}{+} \Delta t) + x_{\rm ad}I_d(t \overset{20}{+} \Delta t) - x_{\rm fD}I_{\rm f}(t \overset{19}{+} \Delta t) - x_{\rm D}I_{\rm D}(t \overset{18}{+} \Delta t) = 0$$

(19) $\psi_{\rm f} = -x_{\rm ad}I_d + x_{\rm f}I_{\rm f} + x_{\rm fD}I_{\rm D}$

$$\psi_{\rm f}(t \overset{11}{+} \Delta t) + x_{\rm ad}I_d(t \overset{20}{+} \Delta t) - x_{\rm f}I_{\rm f}(t \overset{19}{+} \Delta t) - x_{\rm fD}I_{\rm D}(t \overset{18}{+} \Delta t) = 0$$

(20) $\psi_d = -x_dI_d + x_{\rm ad}I_{\rm f} + x_{\rm ad}I_{\rm D}$

$$\psi_d(\overset{10}{t}+\Delta t)+x_d I_d(\overset{20}{t}+\Delta t)-x_{ad}I_f(\overset{19}{t}+\Delta t)-x_{ad}I_D(\overset{18}{t}+\Delta t)=0$$

(21) $\psi_Q=-x_{aq}I_q+x_{aq}I_H+x_Q I_Q$

$$\psi_Q(\overset{15}{t}+\Delta t)+x_{aq}I_q(\overset{23}{t}+\Delta t)-x_{aq}I_H(\overset{22}{t}+\Delta t)-x_Q I_Q(\overset{21}{t}+\Delta t)=0$$

(22) $\psi_H=-x_{aq}I_q+x_H I_H+x_{aq}I_Q$

$$\psi_H(\overset{14}{t}+\Delta t)+x_{aq}I_q(\overset{23}{t}+\Delta t)-x_H I_H(\overset{22}{t}+\Delta t)-x_{aq}I_Q(\overset{21}{t}+\Delta t)=0$$

(23) $\psi_q=-x_q I_q+x_{aq}I_H+x_{aq}I_Q$

$$\psi_q(\overset{13}{t}+\Delta t)+x_q I_q(\overset{23}{t}+\Delta t)-x_{aq}I_H(\overset{22}{t}+\Delta t)-x_{aq}I_Q(\overset{21}{t}+\Delta t)=0$$

(24) $V_d=\sin\delta V_R-\cos\delta V_I$

$$V_d(\overset{24}{t}+\Delta t)-\sin\delta V_R(\overset{31}{t}+\Delta t)+\cos\delta V_I(\overset{32}{t}+\Delta t)-$$

$$V_q\delta(\overset{7}{t}+\Delta t)=-\delta(t)\cdot V_q(t)$$

(25) $V_q=\cos\delta V_R+\sin\delta V_I$

$$V_q(\overset{25}{t}+\Delta t)-\cos\delta V_R(\overset{31}{t}+\Delta t)-\sin\delta V_I(\overset{32}{t}+\Delta t)+V_d\delta(\overset{7}{t}+\Delta t)$$

$$=\delta(t)\cdot V_d(t)$$

(26) $\dfrac{x_{ad}}{r_f}V_f=\dfrac{V_{T1}}{T_L p+K_L}$（$k_L=1$，不计饱和；$K_I=0$，无复励）

$$\frac{x_{ad}}{r_f}\left(1+\frac{K_L}{2T_L}\right)V_f(\overset{26}{t}+\Delta t)-\frac{\Delta t}{2T_L}V_{T1}(\overset{28}{t}+\Delta t)$$

$$=\frac{x_{ad}}{r_f}\left(1-\frac{K_L\Delta t}{2T_L}\right)V_f(t)+\frac{\Delta t}{2T_L}V_{T1}(t)$$

(27) $\dfrac{x_{ad}}{r_f}V_f\cdot\dfrac{K_F p}{1+T_F p}=V_{21}$

$$-\frac{K_F x_{ad}}{r_f}V_f(\overset{26}{t}+\Delta t)+\left(T_F+\frac{\Delta t}{2}\right)V_{21}(\overset{27}{t}+\Delta t)$$

$$=-\frac{x_{ad}}{r_f}K_F V_f(t)+\left(T_F-\frac{\Delta t}{2}\right)V_{21}(t)$$

(28) $\dfrac{V_n K_A}{1+T_A p}=V_{T1}$

$$-\frac{\Delta t K_A}{2T_A}V_n(\overset{29}{t}+\Delta t)+\left(1+\frac{\Delta t}{2T_A}\right)V_{T1}(\overset{28}{t}+\Delta t)$$

$$=\frac{\Delta t K_A}{2T_A}V_n(t)-\left(\frac{\Delta t}{2T_A}-1\right)V_{T1}(t)$$

(29) $V_{G0}-V_G-V_{21}=V_n$

$$V_{21}(\overset{27}{t}+\Delta t)+V_n(\overset{29}{t}+\Delta t)+V_G(\overset{30}{t}+\Delta t)=V_{G0}$$

(30) $V_G^2=V_d^2+V_q^2$

$$V_{\mathrm{G}} \cdot V_{\mathrm{G}}(\overset{30}{t}+\Delta t) - V_d \cdot V_d(\overset{24}{t}+\Delta t) - V_q \cdot V_q(\overset{25}{t}+\Delta t) = 0$$

(31) $V_{\mathrm{R}} - V_{\mathrm{LR}} + x_{\mathrm{T}} I_{\mathrm{I}} = 0$

$$X_{\mathrm{T}} I_{\mathrm{I}}(\overset{17}{t}+\Delta t) + V_{\mathrm{R}}(\overset{31}{t}+\Delta t) - V_{\mathrm{LR}}(\overset{33}{t}+\Delta t) = 0$$

(32) $V_{\mathrm{I}} - V_{\mathrm{LI}} - x_{\mathrm{T}} I_{\mathrm{R}} = 0$

$$-x_{\mathrm{T}} I_{\mathrm{R}}(\overset{16}{t}+\Delta t) + V_{\mathrm{I}}(\overset{32}{t}+\Delta t) - V_{\mathrm{LI}}(\overset{34}{t}+\Delta t) = 0$$

(33) $-\beta V_{\mathrm{LR}} - \gamma V_{\mathrm{LI}} + I_{\mathrm{LLR}} = 0$，$\beta = \dfrac{R_{\mathrm{LL1}}}{Z_{\mathrm{LL1}}^2}$，$\gamma = \dfrac{x_{\mathrm{LL1}}}{Z_{\mathrm{LL1}}^2}$

$$I_{\mathrm{LLR}}(\overset{35}{t}+\Delta t) - \beta V_{\mathrm{LR}}(\overset{33}{t}+\Delta t) - \gamma V_{\mathrm{LI}}(\overset{34}{t}+\Delta t) = 0$$

(34) $\gamma V_{\mathrm{LR}} - \beta V_{\mathrm{LI}} + I_{\mathrm{LLI}} = 0$

$$I_{\mathrm{LLI}}(\overset{36}{t}+\Delta t) + \gamma V_{\mathrm{LR}}(\overset{33}{t}+\Delta t) - \beta V_{\mathrm{LI}}(\overset{34}{t}+\Delta t) = 0$$

(35) $I_{\mathrm{R}} - I_{\mathrm{LR}} - I_{\mathrm{LLR}} = 0$

$$I_{\mathrm{R}}(\overset{16}{t}+\Delta t) - I_{\mathrm{LR}}(\overset{37}{t}+\Delta t) - I_{\mathrm{LLR}}(\overset{35}{t}+\Delta t) = 0$$

(36) $I_{\mathrm{I}} - I_{\mathrm{LI}} - I_{\mathrm{LLI}} = 0$

$$I_{\mathrm{I}}(\overset{17}{t}+\Delta t) - I_{\mathrm{LI}}(\overset{38}{t}+\Delta t) - I_{\mathrm{LLI}}(\overset{36}{t}+\Delta t) = 0$$

(37) $V_{\mathrm{LR}} - V_{\mathrm{L0R}} - R_{\mathrm{L}} I_{\mathrm{LR}} + x_{\mathrm{L}} I_{\mathrm{LI}} = 0$

$$V_{\mathrm{LR}}(\overset{33}{t}+\Delta t) - V_{\mathrm{L0R}}(\overset{39}{t}+\Delta t) - R_{\mathrm{L}} I_{\mathrm{LR}}(\overset{37}{t}+\Delta t) + x_{\mathrm{L}} I_{\mathrm{LI}}(\overset{38}{t}+\Delta t) = 0$$

(38) $V_{\mathrm{LI}} - V_{\mathrm{L0I}} - R_{\mathrm{L}} I_{\mathrm{LI}} - x_{\mathrm{L}} I_{\mathrm{LR}} = 0$

$$V_{\mathrm{LI}}(\overset{34}{t}+\Delta t) - V_{\mathrm{L0I}}(\overset{40}{t}+\Delta t) - R_{\mathrm{L}} I_{\mathrm{LI}}(\overset{38}{t}+\Delta t) - x_{\mathrm{L}} I_{\mathrm{LR}}(\overset{37}{t}+\Delta t) = 0$$

(39) $V_{\mathrm{L0R}} = 1.0$

$$V_{\mathrm{L0R}}(\overset{39}{t}+\Delta t) = 1.0$$

(40) $V_{\mathrm{L0I}} = 0.0$

$$V_{\mathrm{L0I}}(\overset{40}{t}+\Delta t) = 0.0$$

5.5.3 初始值的计算

已知汽轮发电机经过变压器、负载和输电线与无穷大电网相连，如图 5-15 所示。

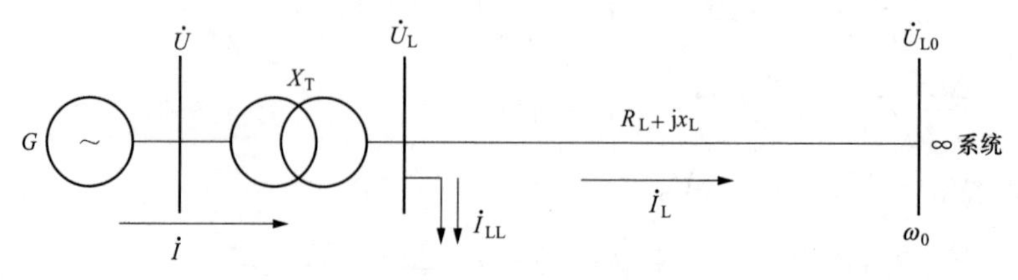

图 5-15　发电机与无穷大系统的结线图

5.5.3.1　计算 $\dot{I}$、$\dot{V}$ 和 P、Q

设已知 $V_{L0R}=1.0$，$V_{L0I}=0.0$，$I_{LR}=0.72$，$I_{LI}=-0.54$。有关参数见表5-1～表5-7。图中各量的初始值可计算如下：

$$V_{LR}=V_{L0R}+R_L I_{LR}-x_L I_{LI}$$
$$V_{LI}=V_{L0I}+R_L I_{LI}+x_L I_{LR}$$
$$I_{LLR}=\beta V_{LR}+\gamma V_{LI}$$
$$I_{LLI}=\beta V_{LI}-\gamma V_{LR}$$
$$I_R=I_{LLR}+I_{LR}$$
$$I_I=I_{LLI}+I_{LI}$$
$$\dot{I}=I_R+jI_I$$
$$V_R=V_{LR}-x_T I_I$$
$$V_I=V_{LI}+x_T I_R$$
$$\dot{V}=V_R+jV_I$$
$$P=I_R V_R+I_I V_I$$
$$Q=-I_I V_R+I_R V_I$$

5.5.3.2　同步发电机初值

图5-16所示为同步发电机的相量图。其中：

$$\dot{E}_Q=\dot{V}+(r+jx_q)\dot{I}=(V_R+rI_R-x_q I_I)+j(V_I+x_q I_R+rI_I)$$

$$\delta=\arctan\frac{V_I+x_q I_R+rI_I}{V_R+rI_R-x_q I_I};$$

$I_d=I\sin\psi$;　　　$I_q=I\cos\psi$

$\theta_V=\arctan\left(\frac{V_I}{V_R}\right)$;　　　$V_d=V\sin\delta'$

$\delta'=\delta-\theta_V$;　　　$V_q=V\cos\delta'$

$\theta_I=\arctan\left(\frac{I_I}{I_R}\right)(<0)$;　　　$E_{qe}=V_q+rI_q+x_d I_d=U_p$

$\psi=\delta-\theta_I$;　　　$I_f=\frac{E_{qe}}{x_{ad}}$

$I=\sqrt{I_R^2+I_I^2}$;　　　$V_f=r_f I_f$

$V=\sqrt{V_R^2+V_I^2}$;　　　$I_D=0$

$V_G=V$;　　　$I_Q=0$;　　　$I_H=0$

$$\psi_d=-x_d I_d+x_{ad} I_f+x_{ad} I_D$$
$$\psi_f=-x_{ad} I_d+x_f I_f+x_{Df} I_D$$
$$\psi_D=-x_{ad} I_d+x_{fD} I_f+x_D I_D$$

$$\psi_q = -x_q I_q + x_{aq} I_Q + x_{aq} I_H$$
$$\psi_Q = -x_{aq} I_q + x_Q I_Q + x_{aq} I_H$$
$$\psi_H = -x_{aq} I_q + x_{aq} I_Q + x_H I_H$$

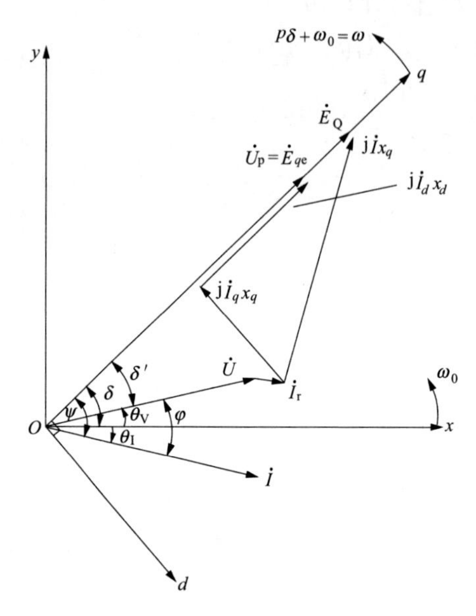

图 5-16　同步发电机的相量图

5.5.3.3　调速部分初值

$\omega_0 = 1.0$

$\omega = 1.0$

$T_e = \psi_d I_q - \psi_q I_d$

$T_m = T_e$

$T_{mm} = T_m$

$\mu = \dfrac{T_{mm}}{K_{mH}}$

$\mu_0 = \mu$

$\eta = K_\delta(\omega_0 - \omega)$

$\xi = (\mu_0 - \mu) \cdot K_i$

$\rho = 0 \qquad -\dfrac{\varepsilon K_\delta}{2} \leqslant \eta - \xi \leqslant \dfrac{\varepsilon K_\delta}{2}$

$\rho = \eta - \xi + \dfrac{\varepsilon K_\delta}{2} \qquad \eta - \xi < -\dfrac{\varepsilon K_\delta}{2}$

$\rho = \eta - \xi - \dfrac{\varepsilon K_\delta}{2} \qquad \eta - \xi > \dfrac{\varepsilon K_\delta}{2}$

5.5.3.4　励磁部分初值

$$V_{T1}=K_L E_{qe}-K_I I_G+(k_L-1)E_{qe}$$

$$V_n=K_A V_{T1}$$

$$V_{21}=0$$

$$V_{G0}=V_n+V_G+V_{21}$$

5.5.4　准备已知参数

5.5.4.1　调速系统参数（见表 5-1）

表 5-1　　调速系统参数

参数	标幺值	参数	标幺值	参数	标幺值	参数	标幺值
K_δ	$\frac{1}{0.045}$	ρ_{min}	−1.0	T_c（s）	0.25	K_β	0.0
ε	0.003	μ_0	0.0	T_w（s）	0.0	T_r（s）	0.0
T_s（s）	0.3	μ_{max}	1.0	α	0.3	K_i	1.0
ρ_{max}	1.0	μ_{min}	−1.0	T_{RH}（s）	8.0	K_{mH}	1.0

5.5.4.2　励磁系统、变压器、负载和线路参数（见表 5-2）

表 5-2　　励磁系统、变压器、负载和线路参数

参数	标幺值	参数	标幺值	参数	标幺值	参数	标幺值
K_A	400.0	T_F（s）	1.0	E_{qemin}	0.0	R_{LL1}	6.0
T_A（s）	0.02	k_L	1.86	K_I	0.0	X_{LL1}	8.0
V_{T1max}	7.3	K_L	1.0	x_T	0.03	Z_{LL1}	10.0
V_{T1min}	−7.3	T_L（s）	1.0	R_L	0.03	β	0.06
K_F	0.03	E_{qemax}	3.9	x_L	0.09	γ	0.08

5.5.4.3　汽轮发电机空载特性参数［见表 5-3（$x_{ad}=1.917$ 时）］

表 5-3　　汽轮发电机空载特性参数（标幺值）

参数	参　数						
U_0	0.5	1.0	1.5	2.0	2.5	3.0	3.5
i_f	0.58	1.0	1.21	1.33	1.40	1.46	1.51
$\frac{i_f}{x_{ad}}$	0.302 6	0.521 6	0.631 2	0.693 8	0.730 3	0.761 6	0.787 7

5.5.4.4　几种型号的汽轮发电机参数

（1）表 5-4、表 5-5 为上海电机厂制 300MW 水氢冷汽轮发电机的尺寸及计算

参数（标幺值）。

表 5-4　　发电机参数

参数	数值	参数	数值
P_N（kW）	300，000	$\frac{D_i}{L_i}$（cm）	$\frac{117.5}{507.14}$
$\frac{2p}{f}\left(\frac{1}{Hz}\right)$	$\frac{2}{50}$	$\frac{K_{ca}}{K_{cr}}$	$\frac{1.0395}{1.051}$
δ（cm）	7.5	$q_a/q_f/q_D$	9/8/8
$\frac{\gamma_D}{\gamma_f}$	$\frac{0.667}{0.667}$	a	2
Λ（Ω）	0.019 92	R_1（p.u.）	0.001 87
$\frac{ZN}{k_{w1}}$	$\frac{2}{0.915}$	$\frac{Z_f}{k_{wf}}$	$\frac{9}{0.827}$
$\frac{k_{wD}}{k_{wQ}}$	$\frac{0.707}{0.2935}$	$\sigma_e\left(\frac{1}{\Omega\cdot cm}\right)$	4×10^4
$\frac{\sum\lambda}{\alpha_d}$	$\frac{3.84}{0.0708}$	b_E（cm）	31.88
$\frac{\sum\lambda_D}{\alpha D}$	$\frac{1.609}{0.0839}$	$\sum\lambda_f$	2.788
$\frac{Q_{DN}}{Q_{fN}}$（cm^2）	$\frac{1.75}{30.654}$	α_f	0.106 2
Z_N（Ω）	1.133 3	α_Q	0.212 3
U_N（kV）	20	α_{fD}	0.071 7

表 5-5　　发电机参数（标幺值）

参数	标幺值	参数	标幺值	参数	标幺值	参数	标幺值
x_d	1.918 4	r_{fE}	0.015 6	x_{fc}	0.059 5	r_f	0.001 3
x_σ	0.193 0	r_{QE}	0.087 3	x_{Qc}	0.348 6	r_{QEN}	0.236
x_q	1.834 6	x_{rc}	0.123 7	r_D	0.022 4	x_{QCN}	0.399 3
r_{DE}	0.087 3	x_{Dc}	0.021 0	r_Q	0.051 3		

（2）表 5-6、表 5-7 为上海电机厂制 125MW 双水内冷汽轮发电机的尺寸及计算参数（标幺值）。

表 5-6　　发电机参数

参数	数值	参数	数值
P_N（kW）	125 000	$\frac{Q_{DN}}{Q_{fN}}$（cm^2）	$\frac{7.68}{24.432}$
U_N（kV）	13.8	$\frac{2p}{f}$ $\left(\frac{1}{Hz}\right)$	$\frac{2}{50}$
Z_N（Ω）	1.295 5	$\frac{D_i}{L_i}$（cm）	$\frac{107}{337.9}$
δ（cm）	7	$\frac{K_{ca}}{K_{cr}}$	$\frac{1.035}{1.052}$
$\frac{\gamma_D}{\gamma_f}$	$\frac{0.667}{0.667}$	$q_a/q_f/q_D$	6/14/14
$\Lambda(\Omega)$	0.012 6	$\frac{Zf}{k_{wf}}$	$\frac{12}{0.8268}$
$\frac{ZN}{k_{w1}}$	$\frac{2}{0.898}$	$\frac{\sigma_e}{b_E}\left(\frac{\frac{1}{\Omega\cdot cm}}{cm}\right)$	$\frac{4\times10^4}{24.6}$
$\frac{k_{wD}}{k_{wQ}}$	$\frac{0.7065}{0.2935}$	$\frac{\alpha Q}{\alpha_f D}$	$\frac{0.1451}{0.0203}$
$\frac{\sum\lambda}{\alpha_d}$	$\frac{3.2}{0.00842}$	$\frac{R_1}{a}\left(\frac{p.u.}{1}\right)$	$\frac{0.00302}{1}$
$\frac{\sum\lambda_D}{\alpha_D}$	$\frac{0.7806}{0.0238}$	$\frac{\sum\lambda_f}{\alpha_f}$	$\frac{2.43}{0.054}$

表 5-7　　发电机参数（标幺值）

参数	标幺值	参数	标幺值	参数	标幺值	参数	标幺值
x_d	1.86	r_{fE}	0.020 5	x_{fc}	0.057 2	r_f	0.001 05
x_σ	0.16	r_{QE}	0.064 4	x_{Qc}	0.235 1	r_{QEN}	0.155
x_q	1.78	x_{rc}	0.030 5	r_D	0.007 54	x_{QCN}	0.502 5
r_{DE}	0.064 4	x_{Dc}	0.005 9	r_Q	0.041 6		

（3）上海电机厂制 300MW 双水内冷汽轮发电机试验数据列于表 5-8 中。按照第二章第五节所述的试验参数计算方法，由表 5-8 的数据可求出汽轮发电机各参数标幺值列于表 5-9 中。

表 5-8　　发电机参数（标幺值）

参数	标幺值	参数	标幺值	参数	标幺值
x_d	1.755 8	T_d''	0.031（s）	x_q''	0.252 2
x_d'	0.329 2	R_1	0.003	T_q'	0.150（s）
x_d''	0.252 2	$R\ (\frac{i_{f\sim}}{i_{f0}})$	0.848 5	T_q''	0.035（s）
x_σ	0.188 7	x_q	1.755 8	T_j	6.0（s）
T_d'	1.010（s）	x_q'	0.512	r_{fE}	0.022 6

表 5-9　　发电机参数（标幺值）

参数	标幺值	参数	标幺值	参数	标幺值
R_1	0.003	x_{rc}	0.051 0	x_Q	1.640 6
x_d，x_q	1.755 8	x_{Hc}	0.662 0	r_Q	0.018 6
x_{ad}，x_{aq}	1.567 1	x_{Qc}	0.073 5	r_H	0.017 9
x_{fc}	0.120 6	x_{fD}	1.618 1	r_D	0.009 3
x_{Dc}	0.017 3	x_f	1.738 7	r_f	0.001 1
x_D	1.635 4	x_H	2.229 1	x_σ	0.188 7

（4）瑞士制 300MVA 汽轮发电机的尺寸数据列于表 5-10。其计算参数的标幺值列于表 5-11。

表 5-10　　发电机参数

参数	数值	参数	数值
S_N（kVA）	300，000	$\frac{2p}{f}\ \left(\frac{1}{Hz}\right)$	$\frac{2}{50}$
U_N（kV）	18	$\frac{D_i}{L_i}$（cm）	$\frac{126.5}{418}$
δ（cm）	11.5	$\frac{K_{ca}}{K_{cr}}$	$\frac{1.02}{1.04}$
$\frac{\gamma_D}{\gamma_f}$	$\frac{0.727}{0.727}$	$q_a/q_f/q_D$	12/16/16
Λ（Ω）	0.011 34	$\frac{Zf}{k_{wf}}$	$\frac{12}{0.796}$
$\frac{ZN}{k_{w1}}$	$\frac{2}{0.923}$	$\frac{\sigma_e}{b_E}\left(\frac{\frac{1}{\Omega\cdot cm}}{cm}\right)$	$\frac{4\times10^4}{36}$
$\frac{k_{wD}}{k_{wQ}}$	$\frac{0.667}{0.333}$	$\frac{\sum\lambda_f}{\alpha_f}$	$\frac{3.8}{0.109\ 5}$

续表

参数	数值	参数	数值
$\frac{\sum\lambda}{\alpha_d}$	$\frac{5.275}{0.1}$	$\frac{\alpha_Q}{\alpha_{fD}}$	$\frac{0.088}{0.0355}$
$\frac{\sum\lambda_D}{\alpha_D}$	$\frac{1.55}{0.0424}$	$\frac{R_1}{a}\left(\frac{p.u.}{1}\right)$	0.001 87/2
$\frac{Q_{DN}}{Q_{fN}}$ (cm^2)	$\frac{3.21}{37.21}$	Z_N (Ω)	1.08

表 5-11　　发电机参数（标幺值）

参数	标幺值	参数	标幺值	参数	标幺值	参数	标幺值
x_d	2.11	x_q''	0.343	x_{rc}	0.068	r_f	0.001 05
x_d'	0.382	$T_d'(s)$	1.28	x_{Dc}	0.013 3	r_{QEN}	0.124 1
x_d''	0.27	$T_d''(s)$	0.029	x_{fc}	0.142	x_{QCN}	0.463 9
x_σ	0.193	r_{DE}	0.143 4	x_{Qc}	0.163		
x_c	0.259	r_{fE}	0.022 6	r_D	0.010 2		
x_q	2.04	r_{QE}	0.143 4	r_Q	0.020 4		

5.5.5　计算程序（步骤）

（1）输入已知参数，设 $N=0$。

（2）确定失磁形式（$IFORM=1$、2、3 等）。

（3）给定步长 H 和总计算点数（NN）。

（4）计算系统变量初始值$\underline{y(t=0)}$。

（5）按失磁形式和差分方程确定增广矩阵 $A(40\times41)$［对模型 3 为 $A(42\times43)$］的各元素值。

（6）调用高斯-约当消去法子程序求出系统变量$\underline{y(t+\Delta t)}$的值。

（7）由此时的转差 s 和 i_f 等变量计算当时的涡流电阻和各饱和电抗值。

（8）打印$\underline{y(t+\Delta t)}$的所需变量值，并令 $N=N+1$。

（9）判断是否 $N\geqslant NN$?

若不是（NO），则回到第（5）步，重复（5）～（9）的计算和判断。

若是（YES），则结束整个计算过程（STOP-END）。

§5.6　计算结果及分析[20]

本文以国产 125MW 双水内冷汽轮发电机组为算例。其失磁故障的数学模型

仅考虑发电机励磁绕组经灭磁电阻闭合的故障情况。此时，励磁回路电压方程为

$$r_{f\Sigma} \cdot i_f + p\psi_f = 0 \tag{5-55}$$

$$r_{f\Sigma} = r_f + r_M$$

式中 r_M——灭磁电阻，一般 $r_M = 5r_f$。

5.6.1 计算结果及分析

利用上述同步电机的 4 个模型进行数字仿真，求出 P、Q、V_G、I、I_f、δ 各变量的时变波形。用计算机绘图软件画出 125MW 汽轮发电机的失磁仿真波形如图 5-17 所示。其中图 5-17（a）、图 5-17（b）、图 5-17（c）、图 5-17（d）分别对应电机模型 1、2、3、4。图 5-18（a）所示为山东莱芜电厂 125MW 机组的失磁试验录波图，图 5-18（b）所示为上海闸北电厂 125MW 机组的失磁试验录波图。表 5-12 列出了这两台机组的有功功率 P 和无功功率 Q 的实测值与仿真计算值的比较。

由图 5-17 和图 5-18 及表 5-12 可见，传统的 *Park* 模型的 P、Q 波形变化非常剧烈，数值与实测值相差甚大。采用模型 2［如图 5-17（b）所示］后，变化幅度显著减小，但波形及波动的幅值与录波图仍差距较大。采用模型 3（即 *Canay* 模型）和模型 4（即 *Canay* 模型的近似模型）后，其仿真计算波形及变化幅度［如图 5-17（c）和图 5-17（d）所示］与录波图相比十分接近。同时还发现，经过模型 3 到模型 4 的简化后，其计算结果相差甚微。

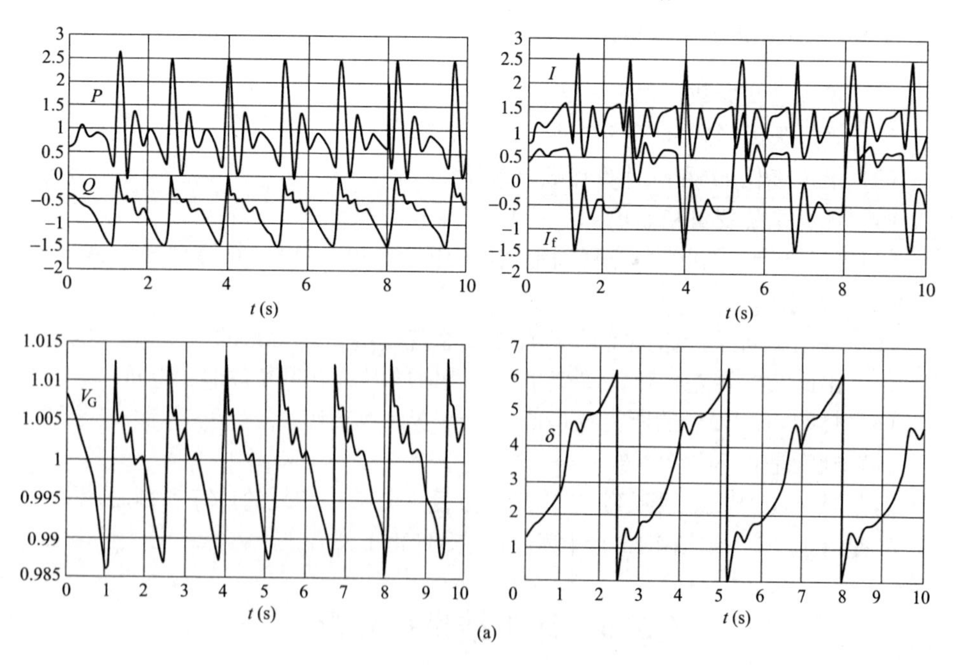

图 5-17 125MW 汽轮发电机的失磁仿真波形（一）

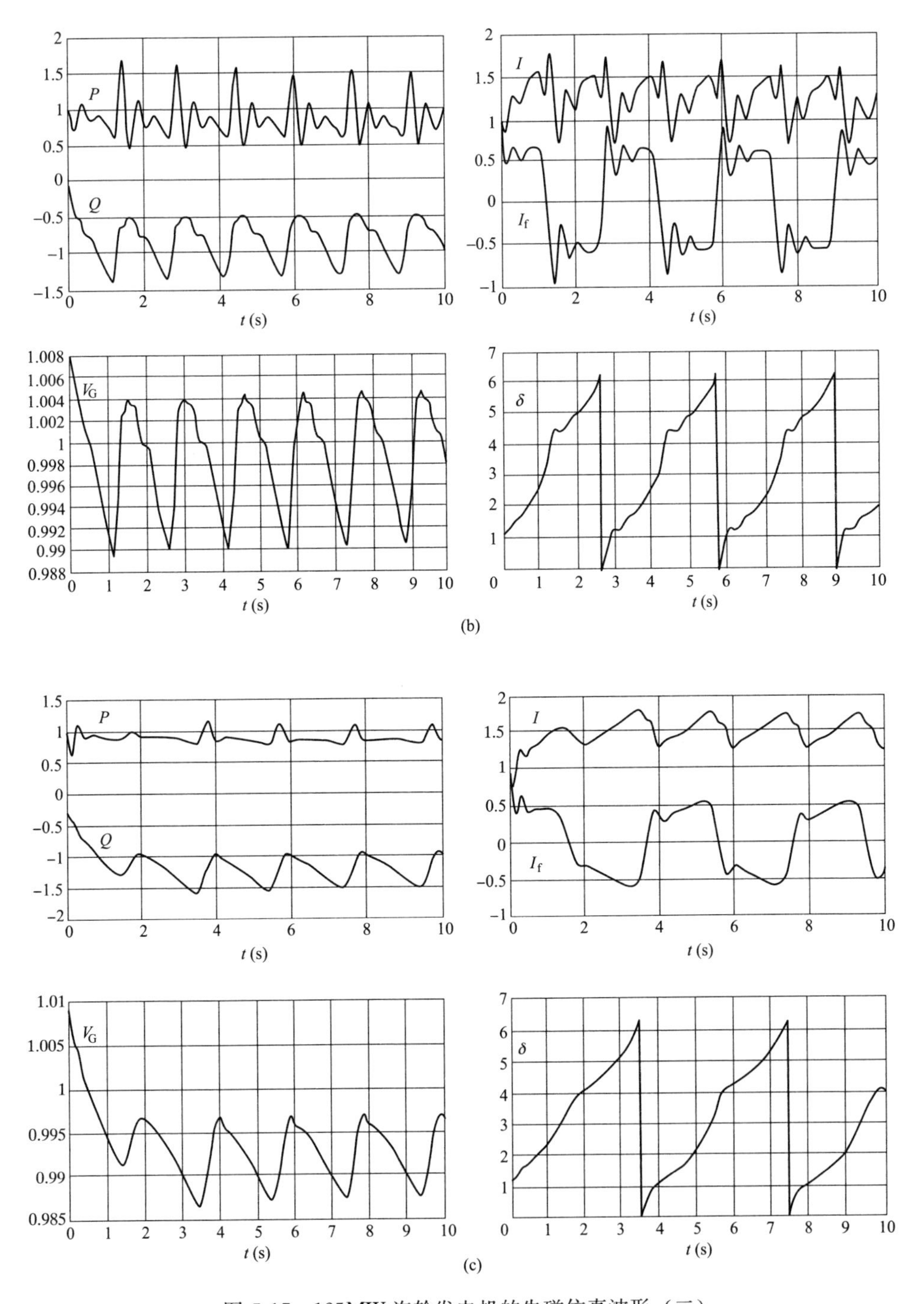

图 5-17　125MW 汽轮发电机的失磁仿真波形（二）

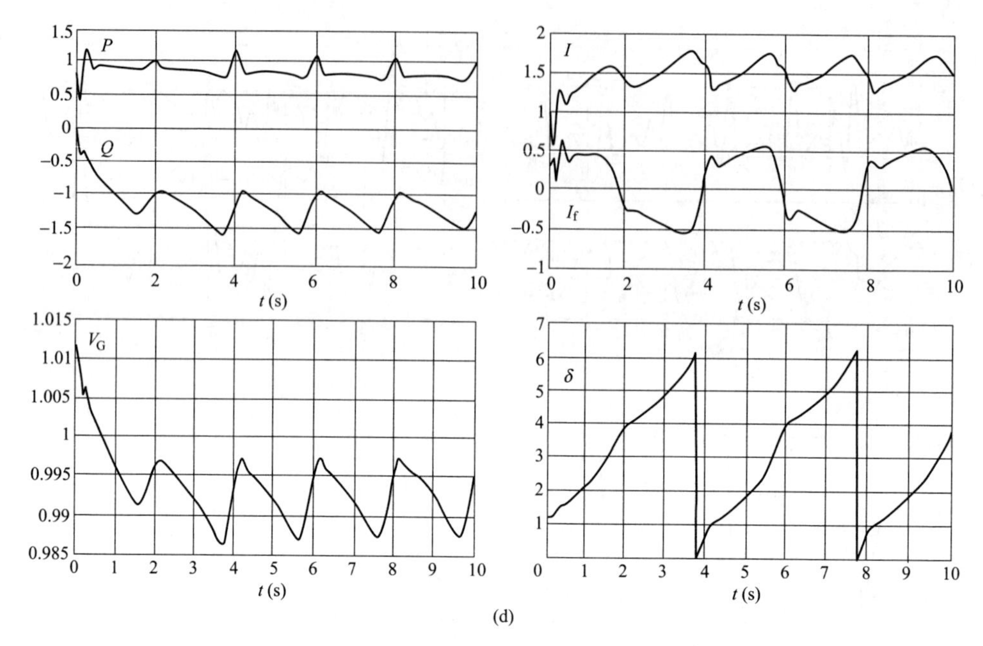

图 5-17　125MW 汽轮发电机的失磁仿真波形（三）

（a）模型 1；（b）模型 2；（c）模型 3；（d）模型 4

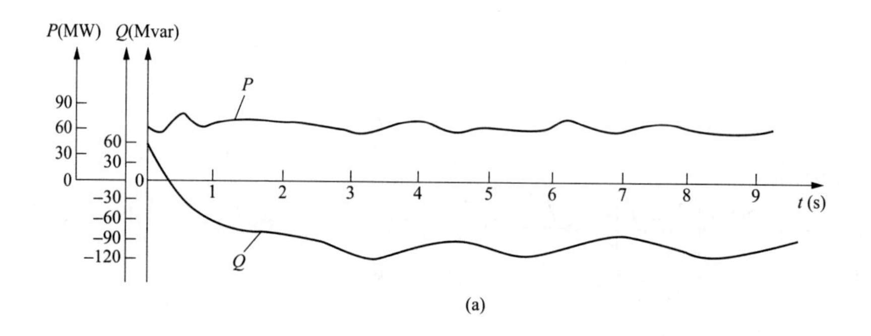

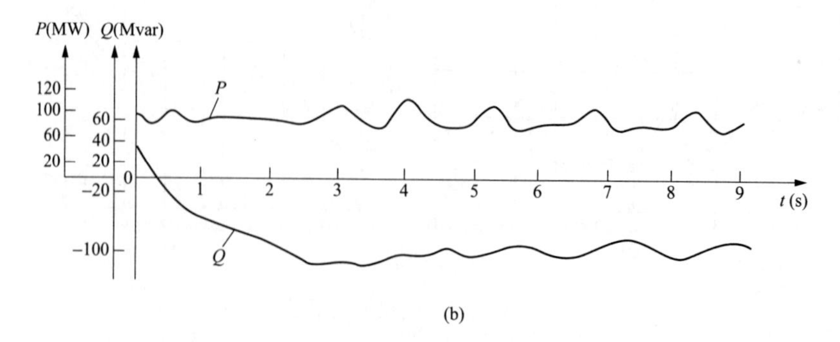

图 5-18　125MW 机组的失磁试验录波图

表 5-12　　发电机参数

参　数	P_{max}	P_{min}	Q_{max}	Q_{min}
模型 1 计算值	2.680	0.050	−0.030	−1.550
模型 2 计算值	1.680	0.450	−0.500	−1.410
模型 3 计算值	1.180	0.790	−0.950	−1.590
模型 4 计算值	1.140	0.790	−0.950	−1.590
莱芜实测值	1.177	0.741	−1.617	−2.169
闸北实测值	1.490	0.656	−1.880	−2.700

5.6.2　结论

传统的 Park 模型由于忽略了励磁与阻尼绕组间的互漏抗，又因在转子 q 轴只有一个阻尼绕组，不能完全考虑整体转子铁心的多回路涡流效应。因而在失磁异步运行仿真时，定子的有功、无功功率，特别是转子各量误差较大。采用在转子 d、q 轴都有二个绕组的定参数模型后，变化幅度显著减小，但波形及波动的幅值与录波图仍有较大的差距。采用在转子 d 轴有 3 个绕组（或 2 个绕组），q 轴有二个绕组的变参数 Canay 模型对系统进行失磁仿真，计算结果与实测值相比，其变化周期和波动幅度都比较接近，特别是有功功率 P 的值非常接近，无功功率 Q 的值也比较接近。所以，只要获得相应机组的设计尺寸和材料等相关数据及系统参数，该模型就能较好地用于汽轮发电机失磁异步运行的仿真计算。

对于其他故障的动态分析，例如同步发电机的次同步谐振；同步电机的小值振荡；同步电机的误同期合闸等，只要转子转速在暂态过程中不等于同步转速（即异步运行），均可运用 Canay 模型与 Park 模型进行比较。

第 6 章　用逆变器供电的同步电动机系统仿真

§6.1　三相电流型逆变器和电压型逆变器

三相逆变器电路简图如图 6-1 所示。它用三相桥式晶闸管整流器将三相交流电变为直流电，再将直流电变为三相交流电。

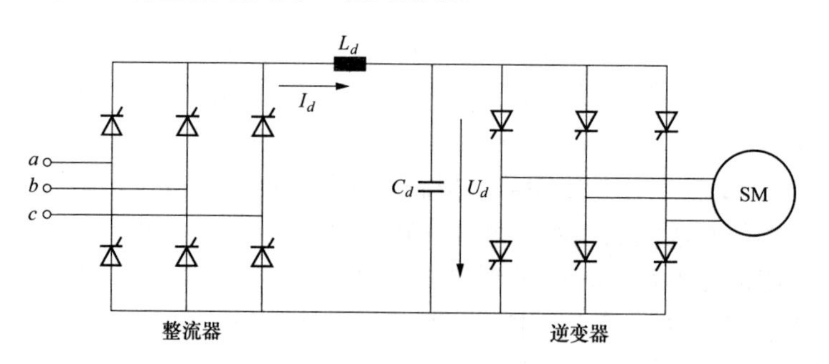

图 6-1　三相逆变器电路简图

若在中间直流电路中串联较大的电感（L_d），可使中间电路的电流 I_d 接近恒定，这样再加上三相逆变电路，就是电流型逆变器；也可在中间直流电路并联较大的电容（C_d），使中间电路的电压 U_d 接近恒定，这样再加上三相逆变电路，就形成电压型逆变器。在中间直流电路后面的逆变电路可将直流电流（或电压）转变为频率可变，电流（或电压）大小可变的三相交流电。故三相逆变器又称为变流器或变频器。

若取定子坐标系统为公共坐标系统，当输入同步电动机定子的电压或电流为三相对称的恒幅正弦量时，则对应的综合矢量电压 $\vec{U}$（或电流 $\vec{i}$）在此坐标系统中将具有固定的长度，并以与正弦量的角频率对应的角速度绕着坐标原点旋转。而逆变器电路的三相输出电压（或电流）的时变波形，一般来说是三相矩形波。

6.1.1　电流型逆变器的输出电流波形

在不计各开关元件的换向重叠角时，电流型逆变器输出的三相电流的时变波形是矩形波，它可通过控制开关元件的导通和关断的时间而得到，如图 6-2（a）所示。其对应的电流综合矢量 $\vec{i}$ 在定子坐标系统中具有跳跃的运动方式，如图 6-

2（b）所示。图中，电流综合矢量$\vec{i}$在$\frac{1}{6}$个周期$\left(\omega t=0^{+}\sim\frac{\pi^{-}}{3}\right)$的时间内保持不动。此时，综合矢量$\vec{i}$在定子$a$轴的投影为$I_{\mathrm{m}}$：

$$I_{\mathrm{m}}=|\vec{i}|\cos\frac{\pi}{6}=\frac{\sqrt{3}}{2}|\vec{i}| \tag{6-1}$$

而$\vec{i}$在b轴上的投影为$-I_{\mathrm{m}}$，在c轴上的投影为零，如图6-2（b）所示。在$\omega t=\frac{\pi^{+}}{3}$时，电流综合矢量$\vec{i}$突然按逆时针方向在复数平面上转过$\frac{\pi}{3}$。每一个周期（$\omega t=2\pi$）内，这个过程重复六次，如图6-2（b）所示。这样求出每个$\frac{\pi}{3}$内$\vec{i}$在a、b、c轴上的投影，就可以画出图6-2（a）所示的三相电流矩形波。

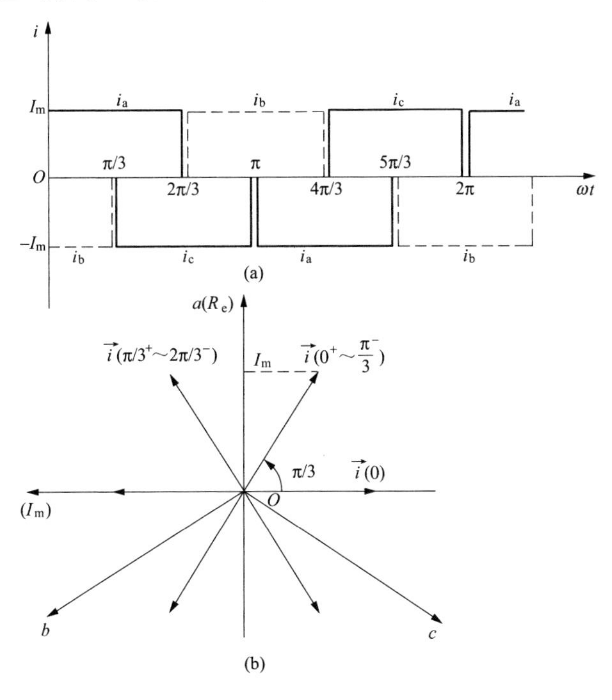

图6-2　三相电流型逆变器的输出电流和电流综合矢量

（a）三相电流矩形波；（b）电流综合矢量图

定子电流综合矢量$\vec{i}$在同步坐标系中的运动情况如图6-3所示。它仍旧具有$\frac{1}{6}$周期跳跃一次的特点。但在$\omega t=\left[0^{+}\sim\frac{\pi^{-}}{3}\right)$范围内，电流矢量$\vec{i}$顺时针旋转，而到了$\frac{\pi}{3}$时则突然跳回原处。这是因为同步坐标（$x-y$）系统在不断地以逆时

针方向按同步速 ω_0 角速度旋转，而电流矢量 $\vec{i}$ 在 $\omega t=\left[0^+\sim\frac{\pi^-}{3}\right)$ 范围内相对于定子是不动的缘故。

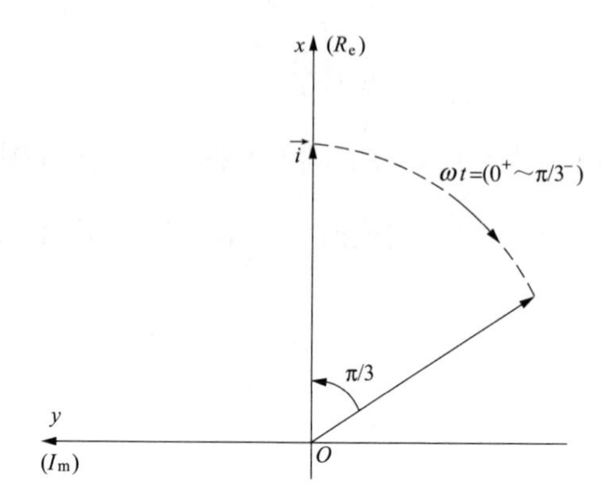

图 6-3　定子电流综合矢量的运动情况

6.1.2　电压型逆变器的输出电压波形

电压型逆变器的三相输出线电压为矩形波，如图 6-4 所示。这可通过控制开关元件的导通和关断的时间而得到。为了观察电压综合矢量 $\vec{U}$ 在定子坐标系统中的变化规律，首先要找出相电压与线电压的关系。为此可引入线电压综合矢量 $\vec{U}_l$ 的概念，其定义为：

$$\vec{U}_l=\frac{2}{3}\begin{bmatrix}1 & a & a^2\end{bmatrix}\begin{bmatrix}U_{ab}\\U_{bc}\\U_{ca}\end{bmatrix}\tag{6-2}$$

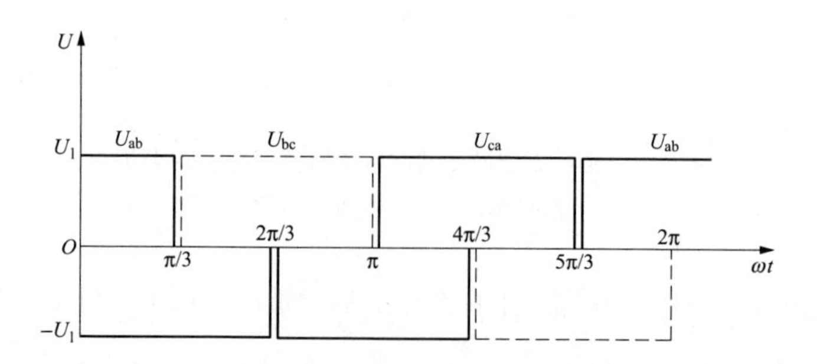

图 6-4　三相电压型逆变器的输出电压波形图

若电机定子为△接法，则相电压等于线电压：

$$\vec{U}_1 = \vec{U} \tag{6-3}$$

若电机定子为Y接法，则 $U_{ab}=U_a-U_b$，$U_{bc}=U_b-U_c$，$U_{ca}=U_c-U_a$，于是有式（6-4）成立：

$$\vec{U}_1 = \frac{2}{3}(U_a + aU_b + a^2U_c)(1-a^2) = \sqrt{3}\,e^{j30°}\vec{U} \tag{6-4}$$

当Y接法的定子上加上矩形波的线电压如图 6-5（a）中的实线所示时，根据式（6-4）可找出相电压综合矢量 $\vec{U}$ 的运动规律如图 6-5（b）所示。不计相电压中的零轴分量，可取 $\vec{U}$ 在 a 轴上的投影以得出 U_a 的波形如图 6-5（a）中的虚线所示。

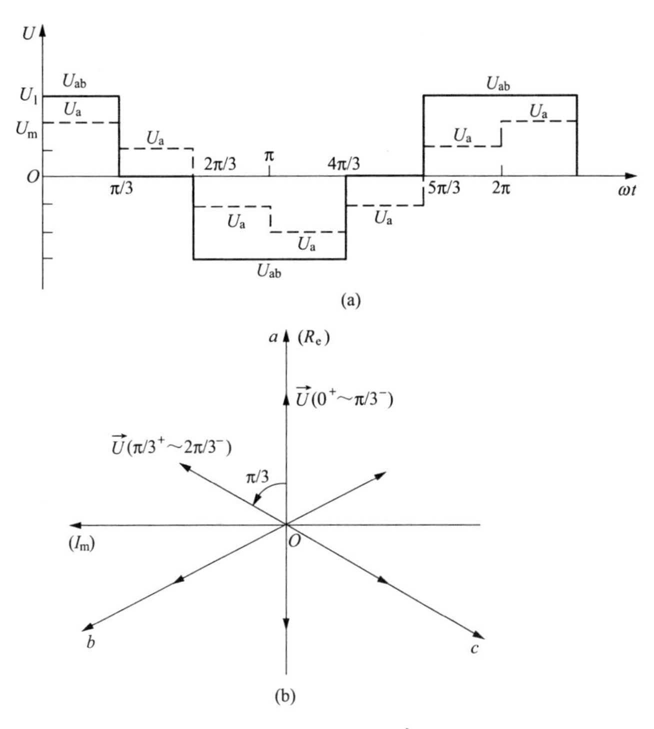

图 6-5　定子相电压波形及 $\vec{U}$ 的运动规律

例如，在 $\omega t = \left[0^+ \sim \frac{\pi^-}{3}\right)$ 时，由图 6-4 可知：

$$U_{ab}=U_1,\ U_{bc}=0,\ U_{ca}=-U_1$$

所以：

$$\vec{U}_1 = \frac{2}{3}\begin{pmatrix}1 & a & a^2\end{pmatrix}\begin{bmatrix}U_1\\0\\-U_1\end{bmatrix} = \frac{2\sqrt{3}}{3}e^{j30°}U_1 = \sqrt{3}\,e^{j30°}\vec{U}$$

故此时相电压综合矢量为：

$$\vec{U}=\frac{2}{3}U_1=U_m$$

式中 U_m——相电压的幅值。

而$\vec{U}$在a、b、c轴的投影，可求出三相电压：

$$U_a=U_m,\ U_b=\frac{-U_m}{2},\ U_c=\frac{-U_m}{2}$$

其余时间段类似此法计算，可求得图 6-5（a）、（b）所示相电压U_a的波形和$\vec{U}$的运动规律。

§6.2 电流型逆变器供电的同步电动机仿真

本节模拟了用电流型逆变器供电的同步电机的稳态运行。电机工作在额定过励状态，即设定子电枢电流超前于定子电枢电压（$\varphi>0$）。

6.2.1 电流型逆变器电路的分析计算[27]

电流型逆变器用三相桥式晶闸管整流器将三相交流变为直流，再将直流变为三相交流。它在中间直流电路串联电感，使中间电路的电流I_d接近恒定。所以下面电路的计算就假定I_d为常数，从中间电路开始。

图 6-6 所示为电流型逆变器从中间电路到同步电机的部分电路。其中U_a、U_b、U_c为同步电机的端电压。$T_1\sim T_6$为可控晶闸管。这些晶闸管的导通时间如图 6-7 所示。图 6-6 中电感L_k称为换向电感。由于在晶闸管换向时，使某一相电流导通，而另一相电流截止，这是一个瞬变过程。考虑到d、q轴磁导的区别，随着转子位置的不同，换向电感在L''_d与L''_q之间波动。可近似用直轴和交轴超瞬变电感的平均值来表示换向电感，即$L_k=\frac{L''_d+L''_q}{2}$。它仅在换向时起作用。$U''_a$、$U''_b$、$U''_c$为电机端电压除去$L_k$上电压降之后的基波端电压。

在$0\leqslant\omega t\leqslant U_0$时，$T_1$和$T_3$同时导通，故称$U_0$为可控晶闸管的换向重叠角，此时$T_5$也导通，其等值电路如图 6-8 所示。从图 6-8 可得到下列方程式：

$$i_a+i_c=I_d \tag{6-5}$$

$$i_b=-I_d \tag{6-6}$$

$$U_d=U_{ab} \tag{6-7}$$

$$U_k=U''_{ac}=-\sqrt{6}U_1\sin(\omega t+\alpha) \tag{6-8}$$

式中 α——逆变器的控制角。

设U''_a、U''_b、U''_c只考虑基波电压，且其幅值等于额定振幅值（即$U_1=U_{1N}$）。

$$U_k=-L_k\frac{di_a}{dt}+L_k\frac{di_c}{dt} \tag{6-9}$$

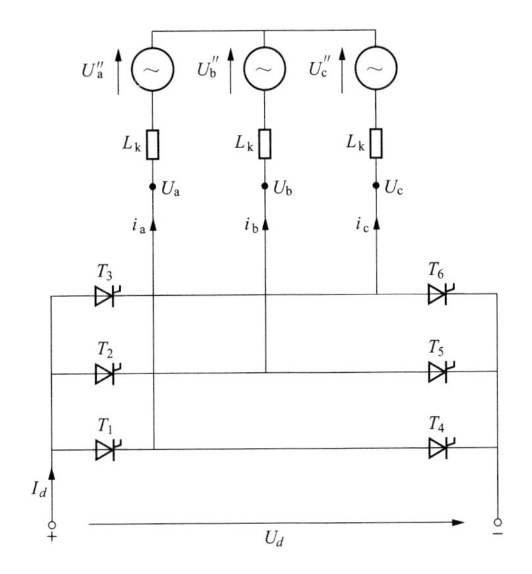

图 6-6　三相电流型逆变器的部分电路

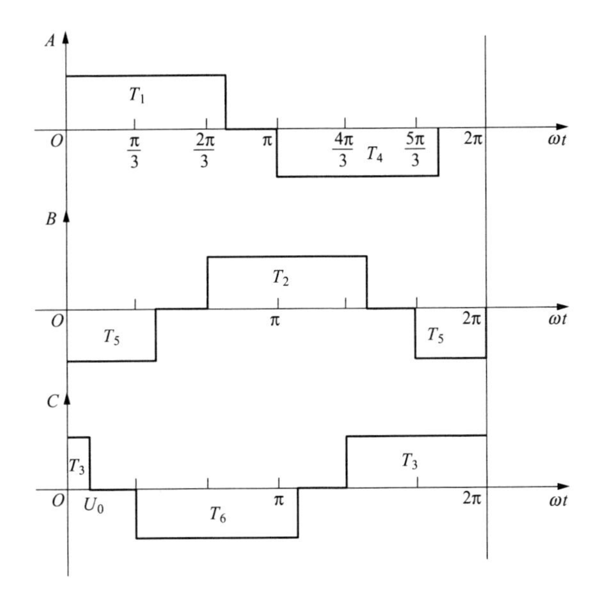

图 6-7　可控晶闸管的导通时间

将式（6-5）代入式（6-9）可得：

$$U_k = -2L_k \frac{di_a}{dt} \tag{6-10}$$

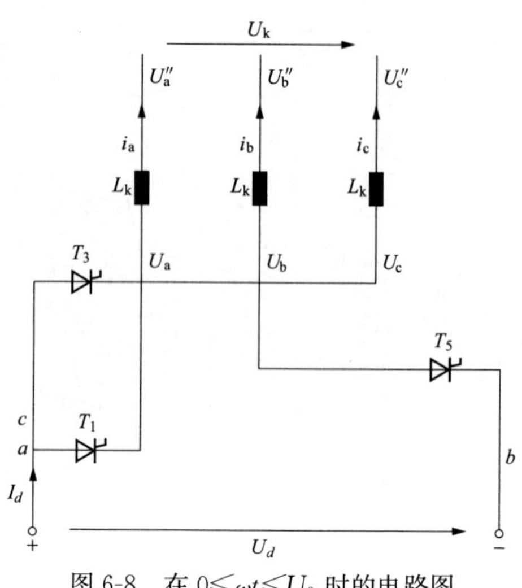

图 6-8　在 $0 \leqslant \omega t \leqslant U_0$ 时的电路图

式（6-10）的初始条件为 $i_a(\omega t=0)=0$。将式（6-8）代入式（6-10）可解得：

$$i_a=-\frac{\sqrt{3}}{2}\frac{\hat{U}_1}{X_k}[\cos(\omega t+\alpha)-\cos\alpha] \tag{6-11}$$

其中：$\hat{U}_1=\sqrt{2}U_1$，并设 $I_k=\frac{\sqrt{3}}{2}\frac{\hat{U}_1}{X_k}$，$X_k=\omega L_k$。

将式（6-11）代入式（6-5）可得：

$$i_c=I_d+\frac{\sqrt{3}}{2}\frac{\hat{U}_1}{X_k}[\cos(\omega t+\alpha)-\cos\alpha] \tag{6-12}$$

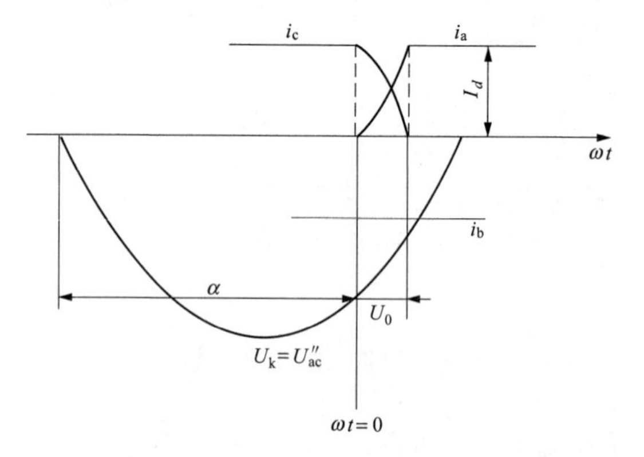

图 6-9　在 $0 \leqslant \omega t \leqslant U_0$ 时 i_a、i_b、i_c 的波形图

从而可画出 i_a、i_c 及换向电压 U_k 的波形图如图 6-9 所示。由图 6-8 及式（6-

8)、式（6-10），在忽略晶闸管正向管压降时，还可求出：

$$U_a=U_c=U''_a+L_k\frac{di_a}{dt}=U''_a-\frac{U_k}{2}=U''_a-\frac{U''_{ac}}{2}=\frac{U''_a+U''_c}{2} \tag{6-13}$$

$$U_b=U''_b \tag{6-14}$$

因为 I_b 恒定，L_k 上无电压降。

$$U_d=U_{ab}=U_a-U_b \tag{6-15}$$

将式（6-13）、式（6-14）代入式（6-15）可得：

$$U_d=\frac{U''_{ab}+U''_{cb}}{2} \tag{6-16}$$

当 $\omega t=U_0$ 时换向结束，此时 $i_a=I_d$，$i_c=0$，将它代入式（6-12）可得：

$$\cos\alpha-\cos(\alpha+U_0)=\frac{2X_k}{\sqrt{3}\hat{U}_1}I_d \tag{6-17}$$

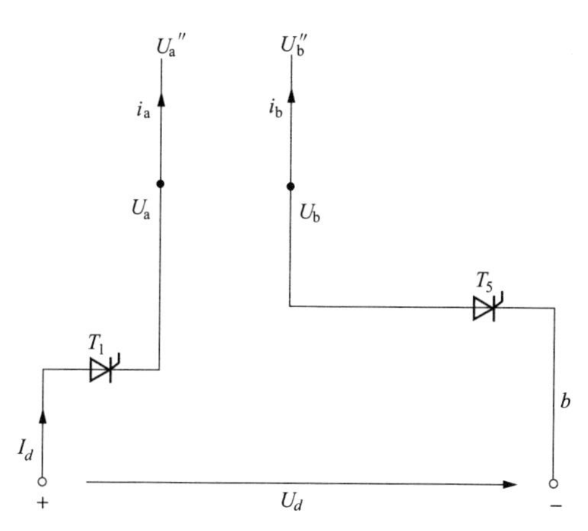

图 6-10　在 $U_0\leqslant\omega t\leqslant\pi/3$ 时的电路图

在 $U_0\leqslant\omega t\leqslant\frac{\pi}{3}$ 时的等值电路如图 6-10 所示，由图可见：

$$i_a=I_d \tag{6-18}$$

$$i_b=-I_d \tag{6-19}$$

$$i_c=0 \tag{6-20}$$

$$U_d=U_{ab}=U''_{ab} \tag{6-21}$$

由于此时电流恒定，故 L_k 不起作用（$U_a=U''_a$，$U_b=U''_b$）。以后每隔 $\frac{\pi}{3}$ 都可用上述方法进行类似计算，从而求得整个 2π 周期的 i_a、i_b、i_c 及中间电路电压 U_d 的波形如图 6-11 所示。由图可见：

$$y=\frac{\pi}{3}-U_0 \tag{6-22}$$

$$z=\varphi_i-\frac{y}{2}=\varphi_i+\frac{U_0}{2}-\frac{\pi}{6} \tag{6-23}$$

式中 φ_i——i_a 的基波超前于U''_a的相位角，$\varphi_i>0$。

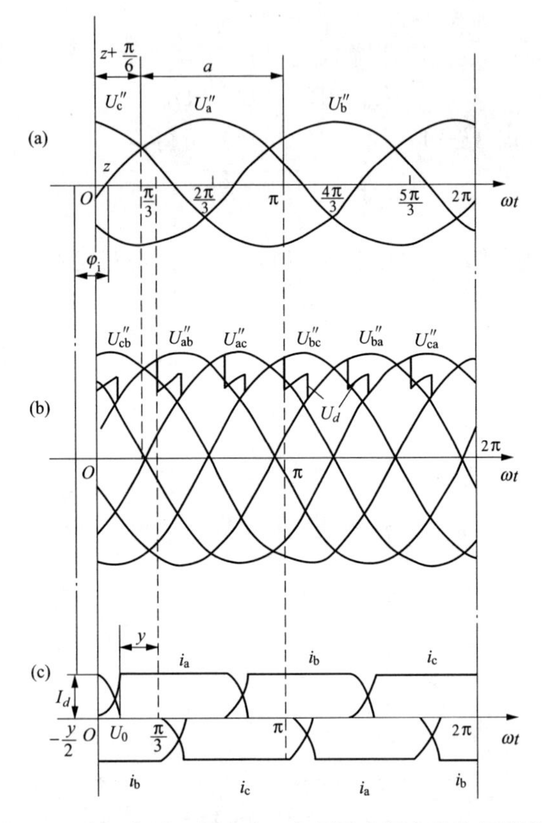

图 6-11 电机定子三相电流、电压及中间电路电压波形图

由图 6-11（a）可见

$$z=\pi-\frac{\pi}{6}-\alpha \tag{6-24}$$

将式（6-24）代入式（6-23）可得：

$$\pi=\varphi_i+\frac{U_0}{2}+\alpha \tag{6-25}$$

从上述角度关系可画出相量图 6-12。由图可见：

$$\varphi+\theta=\varphi_i+\theta'' \tag{6-26}$$

式中 φ_i——基波电流 $\dot{I}_1$ 与电压 $\dot{U}''_1$ 的相位差；

θ''——$\dot{U}''_1$ 与 q 轴间的夹角。

从图 6-12 可推出：

$$\theta = \arctan\left(\frac{I\cos\varphi}{\dfrac{U}{x_q} + I\sin\varphi}\right) \tag{6-27}$$

$$\theta'' = \arctan\left[\frac{I_q(x_q - x_k)}{U_p - |I_d|(x_d - x_k)}\right] \tag{6-28}$$

式中：$x_k = \dfrac{x''_d + x''_q}{2}$；$U_p = \omega x_{ad} I_f$。

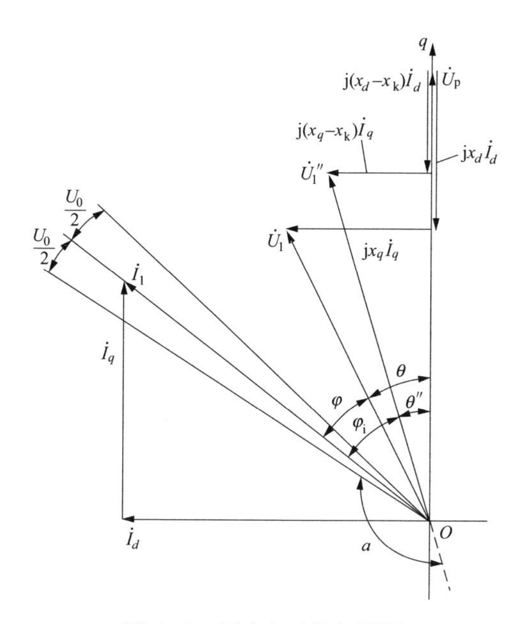

图 6-12　同步电动机相量图

U_p 为电机的励磁电压。将式（6-25）～式（6-28）和式（6-17）联立求解，可求得换向重叠角 U_0 和控制角 α：

$$U_0 = 2\arccos\left(\cos\alpha - \frac{2x_k}{\sqrt{3}\hat{U}_1} I_d\right) - 2(\pi + \varphi_i)，\ \alpha = \pi - \varphi_i - \frac{U_0}{2}$$

由已知参数及初始值的计算（见第 6.2.2 小节初始值的计算和第 6.2.3 小节例题），可求得：$\alpha = 130.25°$，$U_0 = 13.2°$。

用傅氏级数分解 i_a，近似求得基频电流 i_{ag}：

$$i_{ag} = \hat{I}_1 \cos\left(\omega t - \frac{\pi}{3} - \frac{U_0}{2}\right) \tag{6-29}$$

如图 6-13 所示。对于固定于转子的 d、q 坐标系统可画出相量图 6-14。由图可见：

$$D_0 = \theta + \varphi + \frac{\pi}{3} + \frac{U_0}{2} \tag{6-30}$$

$$\beta = \frac{7\pi}{6} - \left(\theta + \varphi + \frac{U_0}{2}\right) \tag{6-31}$$

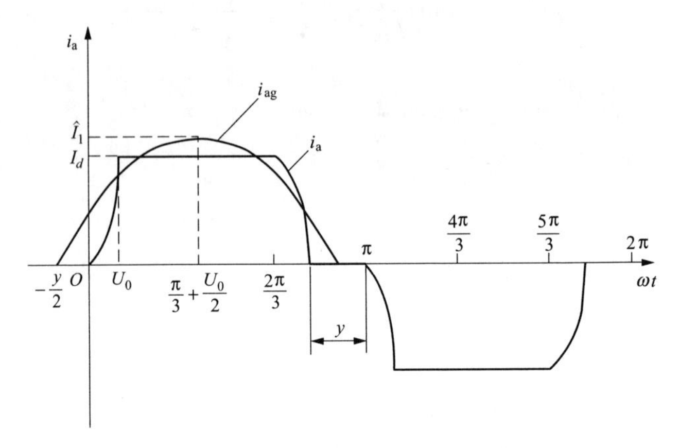

图 6-13 相电流 i_a 和基频电流 i_{ag} 波形图

如果忽略重叠角 U_0，则相电流变为矩形波（如图 6-15 所示）。其幅值为：

$$I_{d1} = I_d \tag{6-32}$$

用傅氏级数分解可求得其基波幅值的近似值（在忽略 U_0 时）：

$$\hat{I}_1 = \frac{2\sqrt{3}}{\pi} I_d \tag{6-33}$$

在不忽略 U_0 时，也可用计算机数值积分或解析法求出基波幅值的精确值。

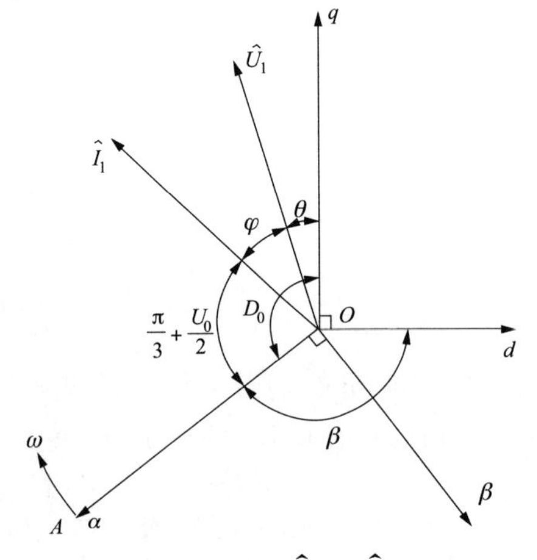

图 6-14 电机定子 $\hat{U}_1$ 和 $\hat{I}_1$ 相量图

设电机在额定运行时，$\hat{U}_1 = 1$，$\hat{I}_1 = 1$，此时 $I_{d1} = I_d = \frac{\pi}{2\sqrt{3}}$，将式（6-33）代入式（6-17）可得：

$$\cos\alpha - \cos(\alpha + U_0) = \frac{\pi}{3} x_k \quad (\text{p. u.}) \tag{6-34}$$

6.2.2 初始值的计算

设初始时为稳态，即所有微分式$\frac{d}{dt}=0$，仅 $\frac{d\beta}{dt} = \omega_p = \frac{\omega}{\omega_N}$ 不为零。这里 β 为 α

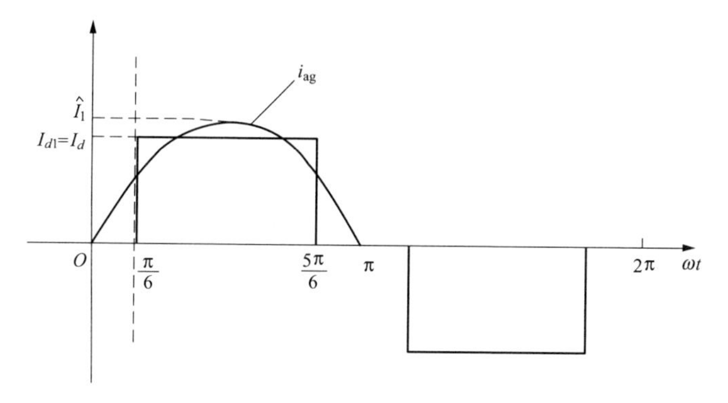

图 6-15　矩形波电流的基波分量

轴（或 A 轴）与转子 d 轴间的电角，如图 6-14 所示。忽略定子电阻（$R_1=0$）。因阻尼绕组在稳态时不起作用，故 I_D、I_Q 为零，从而各初始值的标幺值为：

$$f_N=300\left(\frac{1}{s}\right) \qquad \psi_d=\frac{U_q}{\omega_p}$$

$$\cos\varphi=0.8 \qquad I_D=0$$

$$\sin\varphi=0.6 \qquad I_Q=0$$

$$I_1=1 \qquad I_f=\frac{\psi_d-I_d x_d}{x_{ad}}$$

$$U_1=1 \qquad U_f=R_f I_f$$

$$\omega_N=2\pi f_N \qquad \psi_f=\frac{U_f}{D_f}+\frac{x_{ad}}{x_d}\psi_d$$

$$\omega_p=1 \qquad D_f=\frac{R_f}{S_d x_f}，\ S_d=1-\frac{x_{ad}^2}{x_d x_f}$$

$$\omega=\omega_p\omega_N \qquad \psi_{ad}=\frac{x_{ad}}{S_d}\left[\frac{\psi_d}{x_d}+\frac{\psi_f}{x_f}-\frac{x_{ad}}{x_f x_d}(\psi_d+\psi_f)\right]$$

$$I_{d1}=I_d=\frac{\pi}{2\sqrt{3}}$$　（ψ_f、ψ_{ad} 公式可由磁链、电压方程推出）

$$\theta=\arctan\left(\frac{I_1\cos\varphi}{\frac{U_1}{x_q}+I_1\sin\varphi}\right) \qquad \psi_{aq}=\frac{x_{aq}}{x_q}\psi_q$$

$$\beta_0=\frac{7\pi}{6}-\left(\theta+\varphi+\frac{U_0}{2}\right) \qquad \psi_D=\psi_{ad}$$

$$D_0=\theta+\varphi+\frac{\pi}{3}+\frac{U_0}{2} \qquad \psi_Q=\psi_{aq}$$

$$I_d = -I_1\sin(\theta+\varphi) \qquad T_e = \psi_d I_q - \psi_q I_d$$

$$I_q = I_1\cos(\theta+\varphi) \qquad T_L = T_e \text{（设转速恒定）}$$

$$I_1 = \sqrt{I_d^2 + I_q^2} \qquad U_a = U_d\cos\beta - U_q\sin\beta$$

$$I_k = \frac{\sqrt{3}}{2X_k} \qquad U_b = U_d\cos\left(\beta - \frac{2\pi}{3}\right) - U_q\sin\left(\beta - \frac{2\pi}{3}\right)$$

$$U_d = -U_1\sin\theta \qquad U_c = U_d\cos\left(\beta + \frac{2\pi}{3}\right) - U_q\sin\left(\beta + \frac{2\pi}{3}\right)$$

$$U_q = U_1\cos\theta \qquad U_{ab} = U_a - U_b$$

$$\psi_q = -\frac{U_d}{\omega_p}$$

6.2.3 计算步骤与方程

6.2.3.1 计算 i_a、i_b、i_c

按照 6.2.2 所述逆变器电路的分析方法，计算在一个周期中各段时间的三相电流，其中 i_a 的计算结果如下：

$$\begin{cases}
i_a = I_k[\cos\alpha - \cos(\omega t + \alpha)] & 0 \leqslant \omega t \leqslant U_0 \\
i_a = I_{d1} & U_0 < \omega t \leqslant \dfrac{2\pi}{3} \\
i_a = I_{d1} - I_k\left[\cos\alpha - \cos\left(\omega t + \alpha - \dfrac{2\pi}{3}\right)\right] & \dfrac{2\pi}{3} < \omega t \leqslant \dfrac{2\pi}{3} + U_0 \\
i_a = 0 & \dfrac{2\pi}{3} + U_0 < \omega t \leqslant \pi \\
i_a = -I_k[\cos\alpha - \cos(\omega t + \alpha - \pi)] & \pi < \omega t \leqslant \pi + U_0 \\
i_a = -I_{d1} & \pi + U_0 < \omega t \leqslant \dfrac{5\pi}{3} \\
i_a = -I_{d1} + I_k\left[\cos\alpha - \cos\left(\omega t + \alpha - \dfrac{5\pi}{3}\right)\right] & \dfrac{5\pi}{3} < \omega t \leqslant \dfrac{5\pi}{3} + U_0 \\
i_a = 0 & \dfrac{5\pi}{3} + U_0 < \omega t \leqslant 2\pi
\end{cases}$$

而 i_b 和 i_c 只需将相位移动±120°即得，从而可编制一个子程序。计算每一时刻三相电流时，只需调用它即可。

6.2.3.2 计算 i_d、i_q

设 x 也表示时间：

$$\beta = \beta_0 + \omega x$$

$$i_\alpha = \frac{2}{3}\left(i_a - \frac{1}{2}i_b - \frac{1}{2}i_c\right)$$

$$i_{\beta}=\frac{2}{3}\left(\frac{\sqrt{3}}{2}i_{b}-\frac{\sqrt{3}}{2}i_{c}\right)$$
$$i_{d}=i_{\alpha}\cos\beta+i_{\beta}\sin\beta$$
$$i_{q}=-i_{\alpha}\sin\beta+i_{\beta}\cos\beta$$
$$i_{1}=\sqrt{i_{d}^{2}+i_{q}^{2}}$$

6.2.3.3　计算 $\frac{d\psi_{f}}{dt}$、$\frac{d\psi_{D}}{dt}$、$\frac{d\psi_{Q}}{dt}$

$$\frac{d\psi_{f}}{dt}=(U_{f}-R_{f}i_{f})\omega_{N} \tag{6-35}$$

$$\frac{d\psi_{D}}{dt}=-R_{D}i_{D}\omega_{N} \tag{6-36}$$

$$\frac{d\psi_{Q}}{dt}=-R_{Q}i_{Q}\omega_{N} \tag{6-37}$$

式（6-35)～式（6-37）为同步电机的励磁绕组（f）、直轴和交轴阻尼绕组（D、Q）的电压方程式。然后积分求出 $t+\Delta t$ 时刻的 ψ_{f}、ψ_{D}、ψ_{Q}。

6.2.3.4　计算 $t+\Delta t$ 时刻的 i_{f}、i_{D}、i_{Q}、ψ_{d}、ψ_{q}、T_{e}

$$i_{f}=-\frac{x_{D}\psi_{f}-x_{ad}\psi_{D}-i_{d}(x_{d}-x_{ad})x_{ad}}{x_{ad}^{2}-x_{f}x_{D}} \tag{6-38}$$

$$i_{D}=-\frac{x_{ad}\psi_{f}-x_{f}\psi_{D}-i_{d}(x_{ad}-x_{f})x_{ad}}{x_{ad}^{2}-x_{f}x_{D}} \tag{6-39}$$

$$i_{Q}=\frac{\psi_{Q}-x_{aq}i_{q}}{x_{Q}} \tag{6-40}$$

式（6-38)～式（6-40）可由有阻尼绕组同步电机的磁链方程（ψ_{f}、ψ_{D}、ψ_{Q}）推出。

$$\psi_{d}=x_{d}i_{d}+x_{ad}(i_{f}+i_{D})$$
$$\psi_{q}=x_{q}i_{q}+x_{aq}i_{Q}$$
$$\psi_{ad}=x_{ad}(i_{d}+i_{f}+i_{D})$$
$$\psi_{aq}=x_{aq}(i_{q}+i_{Q})$$
$$T_{e}=\psi_{d}i_{q}-\psi_{q}i_{d}$$
$$T_{L}=T_{e}$$

6.2.3.5　计算 $\frac{d\psi_{d}}{dt}$、$\frac{d\psi_{q}}{dt}$ 的近似值

$$\frac{d\psi_{d}}{dt}=\frac{\psi_{d}(t+\Delta t)-\psi_{d}(t)}{\Delta t}$$

$$\frac{d\psi_q}{dt}=\frac{\psi_q(t+\Delta t)-\psi_q(t)}{\Delta t}$$

6.2.3.6 计算 U_d、U_q、U_α、U_β、U_a、U_b、U_c、U_{ab}

$$U_d=\frac{1}{\omega_N}\frac{d\psi_d}{dt}-\omega_p\psi_q+R_1 i_d \tag{6-41}$$

$$U_q=\frac{1}{\omega_N}\frac{d\psi_q}{dt}+\omega_p\psi_d+R_1 i_q \tag{6-42}$$

式（6-41）、式（6-42）为同步电机的定子电压方程式。

$U_a=U_d\cos\beta-U_q\sin\beta$；　　$U_\alpha=U_d\cos\beta-U_q\sin\beta$；

$U_b=U_d\cos\left(\beta-\frac{2\pi}{3}\right)-U_q\sin\left(\beta-\frac{2\pi}{3}\right)$；　　$U_\beta=U_d\sin\beta+U_q\cos\beta$；

$U_c=U_d\cos\left(\beta+\frac{2\pi}{3}\right)-U_q\sin\left(\beta+\frac{2\pi}{3}\right)$；　　$U_{ab}=U_a-U_b$

6.2.4 程序的计算步骤

在用电流型逆变器供电时，系统方程与用电压型逆变器供电时相同[28]。但根据上述分析可知，电机的定子三相电枢电流是已知的输入量，而定子电压则变为输出量，因而它的计算过程与用电压型逆变器供电时不同。其程序的计算步骤如下：

（1）输入转速、功率因数、换向重叠角、控制角及总的计算时间 TA。

（2）输入电机参数。

（3）计算初始值。

（4）设 $t=0$，$x=0$。

（5）令 $t=t+\Delta t$，$x=x+\Delta t$ 。

（6）计算 i_a、i_b、i_c。

（7）计算 i_d、i_q。

（8）求出 $\frac{d\psi_f}{dt}$、$\frac{d\psi_D}{dt}$、$\frac{d\psi_Q}{dt}$ 。

（9）计算 $t+\Delta t$ 时刻的 i_f、i_D、i_Q 及 ψ_d、ψ_q、T_e 等值。

（10）计算 $\frac{d\psi_d}{dt}$ 、$\frac{d\psi_q}{dt}$ 的近似值。

（11）计算 U_d、U_q、U_a、U_b、U_c、U_{ab}。

（12）判断是否 $t\geqslant TA$？

若不是（NO），则回到（5），重复（5）～（12）的计算和判断。

若是（Yes），则打印输出，结束。

6.2.5　计算结果

图 6-16 所示为定子相电压 U_a 和相电流 i_a 随时间变化的波形图。图 6-17 所示为定子电流 $\vec{i}_1$ 和电压 $\vec{U}_1$ 综合矢量在 α-β 坐标中的矢端轨迹。从而可以较为形象地看出 $\vec{i}_1$ 和 $\vec{U}_1$ 的变化规律。

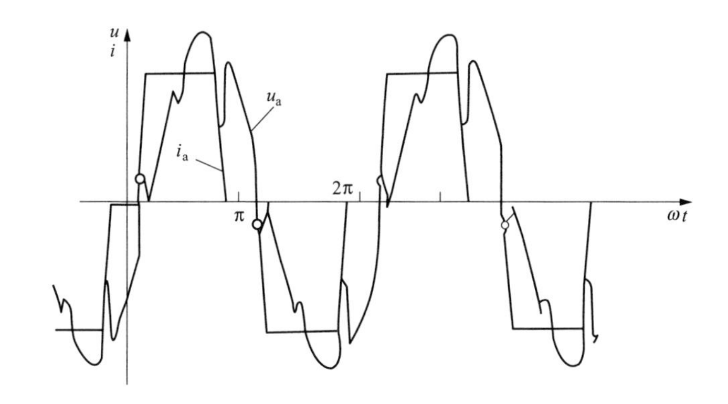

图 6-16　定子电压 u_a、电流 i_a 波形

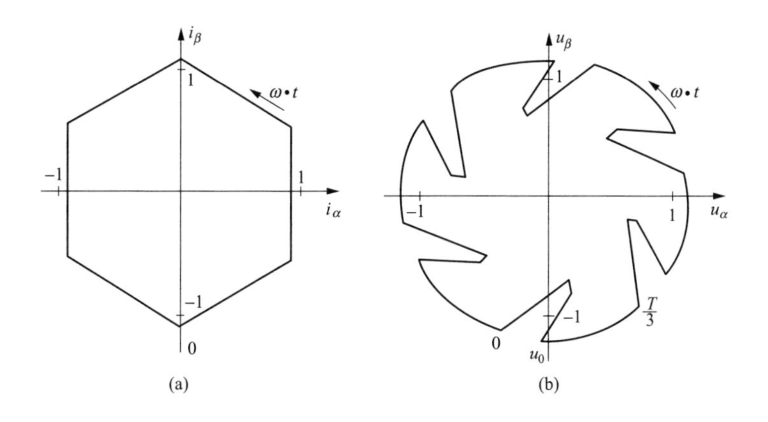

图 6-17　综合矢量 $\vec{i}_1$ 和 $\vec{U}_1$ 的矢端轨迹

利用富氏级数分解和计算机数值积分可求得相电压和相电流的基波到七次谐波振幅值示于表 6-1 中。图 6-18 所示为相电压和相电流的频谱。试算电机的有关参数列于表 6-2 中，其中的阻抗用标幺值表示。

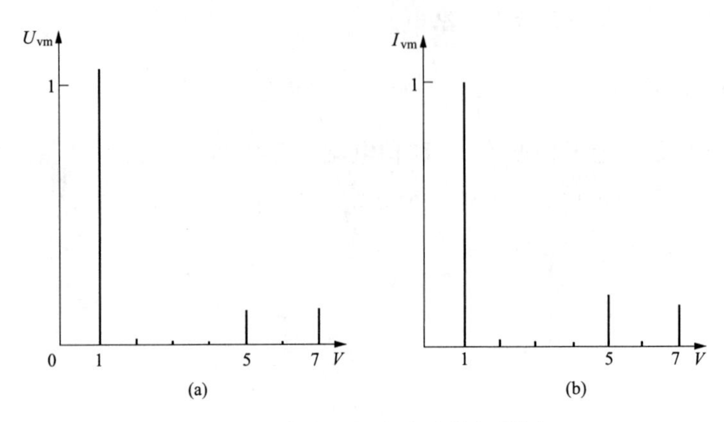

图 6-18 相电压和相电流的频谱图

(a) U_{vm1}；(b) I_{vm1}

表 6-1 相电压和相电流谐波振幅

谐波电压振幅	标幺值	谐波电流振幅	标幺值
U_{1m}	1.061 0	I_{1m}	0.997 8
U_{5m}	0.119 7	I_{5m}	0.189 3
U_{7m}	0.128 0	I_{7m}	0.128 1

表 6-2 电机参数

参数	标幺值	参数	标幺值
x_{ad}	0.8	x_d	0.9
x_σ	0.1	x'_d	0.25
$x_{f\sigma}$	0.184 6	x''_d	0.15
x_{aq}	0.5	x_q	0.6
$x_{D\sigma}$	0.075	x''_q	0.15
$x_{Q\sigma}$	0.055 6	T'_d	280ms
R_1	0.02	T''_d	60ms
R_D	0.015	T'_{d0}	1000ms
R_Q	0.02	n_N	3000r/min
R_f	0.003	f_N	300Hz

【例题】 已知：$\cos\varphi=0.8(\varphi>0)$，$U=1$，$I=1$，$x_d=0.9$，$x_q=0.6$，$x_{ad}=0.8$，$\omega_p=1$，$R_f=0.03$，$x''_d=0.15$，$x''_q=0.15$，$x_K=\dfrac{x''_d+x''_q}{2}=0.15$ (p. u.)。

试求：晶闸管的控制角 α 和换向重叠角 U_0。

解： 1) $\theta=\arctan\dfrac{I\cos\varphi}{\dfrac{U}{x_q}+I\sin\varphi}=\arctan\dfrac{0.8}{\dfrac{1}{0.6}+0.6}=19.44°$

2) $\varphi = \cos^{-1}0.8 = 36.87°$

3) $\psi = \varphi + \theta = 36.87° + 19.44° = 56.31°$

4) $I_q = I\cos\psi = \cos 56.31° = 0.5547$

5) $I_d = -I\sin\psi = -\sin 56.31° = -0.8321$

6) $U_d = -U\sin\theta = -\sin 19.44° = -0.3328$

7) $U_q = U\cos\theta = \cos 19.44° = 0.943$

8) $\psi_d = \dfrac{U_q}{\omega_p} = 0.943$

9) $\psi_q = -\dfrac{U_d}{\omega_p} = 0.3328$

10) $I_f = \dfrac{\psi_d - I_d x_d}{x_{ad}} = \dfrac{0.943 + 0.8321 \times 0.9}{0.8} = 2.115$

11) $U_p = x_{ad} I_f = 0.8 \times 2.115 = 1.692$

12) $\theta'' = \arctan \dfrac{I_q(x_q - x_K)}{U_p - |I_d|(x_d - x_K)}$

$$= \arctan \frac{0.5547 \times (0.6 - 0.15)}{1.692 - 0.8321 \times (0.9 - 0.15)} = 13.156°$$

13) $I_{d1} = \dfrac{\pi}{2\sqrt{3}}$

14) $\varphi_i = \varphi + \theta - \theta'' = 36.87° + 19.44° - 13.156 = 43.154°$

15) $180° = \varphi_i + \dfrac{U_0}{2} + \alpha$，$180° - \varphi_i = 136.846° = \alpha + \dfrac{U_0}{2}$

16) $\cos\alpha - \cos(\alpha + U_0) = \dfrac{2x_K}{\sqrt{3}U_1} I_{d1} = \dfrac{\pi}{3} x_K = 0.1571$

下面用试算法将电机参数计算结果列于表 6-3。

表 6-3　　电机参数计算结果

U_0	$\alpha = 136.846° - \dfrac{U_0}{2}$	$\alpha + U_0$	$\cos\alpha - \cos(\alpha + U_0)$	差
20°	126.846°	146.846°	−0.599 7−(−0.837 2)	0.237 7
14°	129.846°	143.846°	−0.640 7−(−0.807 4)	0.166 7
13°	130.346°	143.346°	−0.647 4−(−0.802 3)	0.154 9
13.2°	130.246°	143.446°	−0.646 1−(−0.803 3)	0.157 2

所以，$\alpha = 130.246°$，$U_0 = 13.2°$。

§6.3 电压型逆变器供电的同步电动机仿真

本节对电压型逆变器供电的同步电动机的稳态运行进行了数字仿真。电机运行在额定过励状态，即设定子电流超前于定子电压（$\varphi>0$）。

6.3.1 电压型逆变器电路的分析计算[28]

电压型逆变器采用三相桥式晶闸管整流器将三相交流变为直流，再将直流变为三相交流。其中直流电路部分称为中间电路，其电压和电流分别用 U_d 和 i_d 表示。在中间电路并联的电容器使 U_d 接近恒定，下面就假定 U_d 为常数。图 6-19 所示为电压型逆变器从中间电路到同步电动机的部分电路。

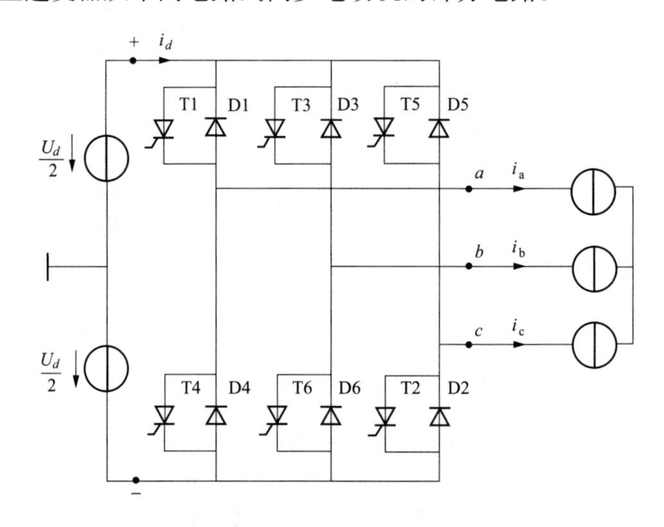

图 6-19　三相电压型逆变器的部分电路

电流型逆变器由于电机侧逆变器晶闸管的负载换向运行，电机的超瞬变电抗的平均值$\left(x_{\mathrm{k}}=\dfrac{x''_d+x''_q}{2}\right)$是换向电路的一部分（如图 6-6 所示）。因此，其控制角（α）、电机的最大转速和功率因数（$\cos\varphi$）都有一定的限制。

图 6-19 所示的电压型逆变器共有 6 个支路，每个支路都由相互平行而电流方向相反的二极管（D）与可控晶闸管（T）相并联。因此，在直流侧它具有外部换向的作用。这样，电机的超瞬变电感$\left(L_{\mathrm{K}}=\dfrac{L''_d+L''_q}{2}\right)$就不再是换向电路的一部分。从而，它可以适合于高速运行[29]。

由于它在每个支路都具有双向导通的性能，它在直流侧能供给恒定的直流电压，而在交流电机侧可供给交流的基波电流。

图 6-20（a）所示为各晶闸管和二极管的导通时间。图 6-20（b）、（c）所示为理想化的相电流 i_a 和相电压 U_a 及其基波分量 U_{ag}，i_d 为中间电路的电流，U_{ab}、U_{ca}为线电压的波形。其控制角 $\alpha=150°$。在忽略换向重叠角 U_0 时，基波的功率因数角 φ 由式（6-43）确定[30]：

$$\varphi=\pi-\alpha \tag{6-43}$$

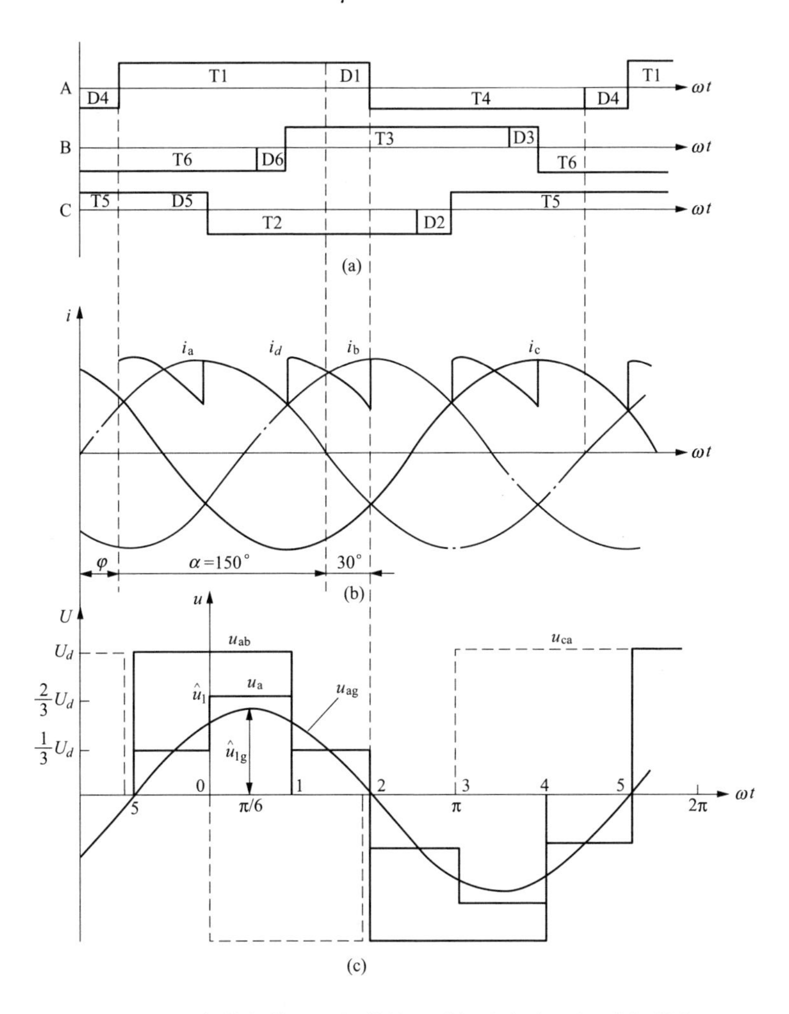

图 6-20　各晶闸管、二极管导通时间及电流、电压波形图

所以，为了获得好的功率因数，控制角 α 应尽可能接近 180°。除了晶闸管本身设计的原因，α 只受直流换向电路的电感限制，而它是很小的，因此重叠角（U_0）几乎可以忽略，但在电流型逆变器中，重叠角是不可忽视的。通过对试验电路的测量 $L_K=11.7\times10^{-6}$H，$x_k^*=0.01$。此时，可求得晶闸管的控制角 $\alpha=$

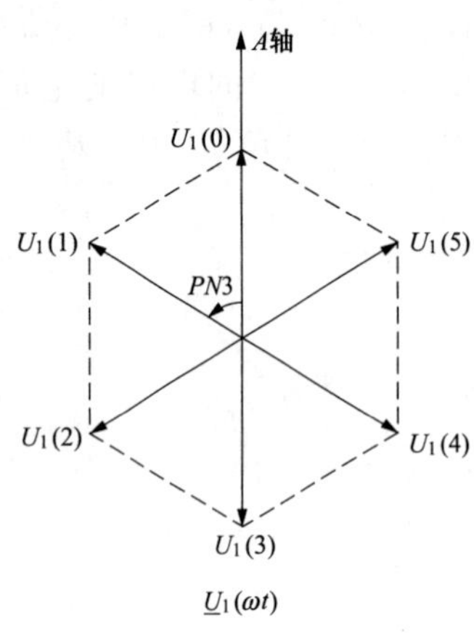

图 6-21　定子电压相量图

143.4°，$U_0=0.4°$[28]。故可略去U_0。因此，可假设电压波形如图 6-20（c）所示。

通过富氏级数分解，相电压基波U_{ag}幅值为：

$$\hat{U}_{1g}=\frac{3}{\pi}\hat{U}_1,\ U_{ag}=\hat{U}_{1g}\cos\left(\omega t-\frac{\pi}{6}\right) \tag{6-44}$$

从图 6-20（c）可知，电压相量U_1每隔 60°有一次跃变。用电压型逆变器供电的同步电动机的相量图如图 6-21 和图 6-22 所示。电压相量U_1每隔 60°时间电角，逆时针方向转过 60°空间电角。设 NS 为跃变次数，$PN3$ 为跃变时U_1相量相对于 A 轴所转过的空间电角，则 ωt、NS、$PN3$ 与 cos（$PN3$）的关系见表 6-4 所示。A 相电压为：

$$U_a=\hat{U}_1\cos(PN3) \tag{6-45}$$

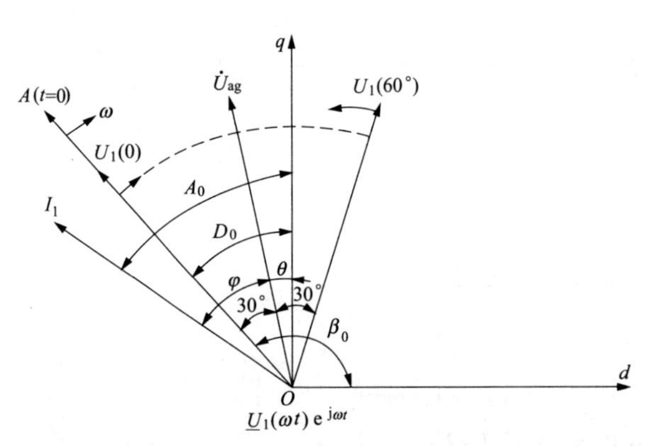

图 6-22　固定于转子 d-q 坐标系的定子电压相量图

表 6-4　　各参数的关系

ωt	0°～60°	60°～120°	120°～180°	180°～240°	240°～300°	300°～360°	360°～420°
NS	0	1	2	3	4	5	6
$PN3$	0	60°	120°	180°	240°	300°	360°
cos($PN3$)	1	0.5	−0.5	−1	−0.5	0.5	1

图 6-22 所示为固定于转子的 d-q 坐标系统。A 轴相对于 d-q 轴以 ω 速顺时针旋转。在 $0\leqslant\omega t<60°$时，U_1 用 $U_1(0)$ 表示，它与 A 轴重合同时以 ω 速顺时针旋

转。当 $\omega t=60^\circ$时，U_1 突然向逆时针方向转过 60°电角，以后每隔 60°电角跃变一次。图中 β_0 为 A、d 两轴的初始电角。D_0 为 U_1 与 q 轴的初始夹角。θ 为功角，即 U_{ag}与 q 轴的夹角。φ 为 U_{ag}与 I_1 之间的相位角，即功率因数角。A_0 为 $\dot{I}_1$ 与 q 轴之间的相位角，由图可见，$A_0=\arctan\left(\frac{-I_d}{I_q}\right)$。由图 6-22 可得：

$$\beta_0=D_0+\frac{\pi}{2} \tag{6-46}$$

$$D_0=\theta+30^\circ \tag{6-47}$$

其中：$\theta>0$，$\beta_0>0$。从图 6-20 可知：

$$U_d=\frac{3}{2}\hat{U}_1 \tag{6-48}$$

将式（6-44）代入式（6-48）可得：

$$U_d=\frac{\pi}{2}\hat{U}_{1g}=\frac{\pi}{2}\hat{U}_N \tag{6-49}$$

而：

$$\hat{I}_N=\sqrt{2}I_1 \tag{6-50}$$

6.3.2　系统方程

电机的电压方程如下：

$$\begin{bmatrix}U_d\\U_q\\0\\0\\U_f\end{bmatrix}=\begin{bmatrix}R_1&&&&0\\&R_1&&&\\&&R_D&&\\&&&R_Q&\\0&&&&R_f\end{bmatrix}\begin{bmatrix}i_d\\i_q\\i_D\\i_Q\\i_f\end{bmatrix}+\frac{d}{d\tau}\begin{bmatrix}\psi_d\\\psi_q\\\psi_D\\\psi_Q\\\psi_f\end{bmatrix}+\frac{d\beta}{d\tau}\begin{bmatrix}-\psi_q\\\psi_d\\0\\0\\0\end{bmatrix}\quad(\text{p. u.}) \tag{6-51}$$

其中：$\tau=\omega_N t$；$\omega_N=2\pi f_N$（f_N 为电机的额定频率）；$\beta=\omega t+\beta_0=\omega_p\tau+\beta_0$；$\omega_p=\frac{\omega}{\omega_N}$。

电机的磁链方程式为：

$$\begin{bmatrix}\psi_d\\\psi_D\\\psi_f\end{bmatrix}=\begin{bmatrix}x_d&x_{ad}&x_{ad}\\x_{ad}&x_D&x_{Df}\\x_{ad}&x_{Df}&x_f\end{bmatrix}\begin{bmatrix}i_d\\i_D\\i_f\end{bmatrix};\quad\begin{bmatrix}\psi_q\\\psi_Q\end{bmatrix}=\begin{bmatrix}x_q&x_{aq}\\x_{aq}&x_Q\end{bmatrix}\begin{bmatrix}i_q\\i_Q\end{bmatrix} \tag{6-52}$$

$$x_d=x_{ad}+x_\sigma；\ x_D=x_{ad}+x_{D\sigma}；\ x_f=x_{ad}+x_{f\sigma}；$$

$$x_{Df}=x_{ad};\ x_q=x_{aq}+x_\sigma;\ x_Q=x_{aq}+x_{Q\sigma}$$

电磁转矩为：

$$T_e=\psi_d i_q-\psi_q i_d \tag{6-53}$$

电机在电动机运行时的运动方程为：

$$J\frac{d^2\beta}{d\tau^2}=J\frac{d\omega_p}{d\tau}=\frac{T_e-T_L}{T_N} \tag{6-54}$$

式中 J——转子总的相对转动惯量；

T_L——负载转矩；

T_N——额定转矩。

6.3.3 初始值的计算

设初始时为稳态，即所有微分式$\frac{d}{d\tau}=0$，仅$\frac{d\beta}{d\tau}=\omega_p=\frac{\omega}{\omega_N}$不为零。略去定子电阻（$R_1=0$）。稳态运行时阻尼电流 I_D、I_Q 为零。以下式中各量均采用标幺值（参数值见表 6-5）。

$f_N=300$　　　　$T_e=I_q\psi_d-I_d\psi_q$

$U=1$　　　　$A_0=\arctan(-\frac{I_d}{I_q})$

$I_D=0$　　　　$\psi_D=\psi_{ad}$

$I_Q=0$　　　　$U_d=U\sin\theta$

$I=1$　　　　$U_q=U\cos\theta$

$\cos\varphi=0.8$　　　　$\psi_Q=\psi_{aq}$

$\sin\varphi=0.6$　　　　$T_L=T_e$（设转速恒定）

$\theta=\arctan\left(\frac{I\cos\varphi}{\frac{U}{x_q}+I\sin\varphi}\right)$　　　　$\psi_d=\frac{U_q}{\omega_p}(\omega_p=1)$

$I_q=I\cos(\theta+\varphi)$　　　　$D_0=\theta+\frac{\pi}{6}$

$I_d=I\sin(\theta+\varphi)$　　　　$\psi_q=-\frac{U_d}{\omega_p}$

$I_1=\sqrt{I_d^2+I_q^2}$　　　　$\beta=D_0+\frac{\pi}{2}$

$\omega_N=2\pi f_N$　　　　$\omega=\omega_p\cdot\omega_N$

$$I_{\mathrm{f}}=\frac{(\psi_d-I_d x_d)}{x_{\mathrm{ad}}} \qquad U_{\mathrm{f}}=I_{\mathrm{f}}R_{\mathrm{f}}$$

$$\psi_{\mathrm{f}}=\frac{U_{\mathrm{f}}}{D_{\mathrm{f}}}+\frac{x_{\mathrm{ad}}}{x_d}\psi_d \qquad U_1=\frac{\pi}{3}U$$

$$D_{\mathrm{f}}=\frac{R_{\mathrm{f}}}{s_d x_{\mathrm{f}}}$$

$$s_d=1-\frac{x_{\mathrm{ad}}^2}{x_d x_{\mathrm{f}}}$$

$$\psi_{\mathrm{ad}}=\frac{x_{\mathrm{ad}}}{s_d}\left[\frac{\psi_d}{x_d}+\frac{\psi_{\mathrm{f}}}{x_{\mathrm{f}}}-\frac{x_{\mathrm{ad}}}{x_{\mathrm{f}}x_d}(\psi_d+\psi_{\mathrm{f}})\right]$$

$$\psi_{\mathrm{aq}}=\frac{x_{\mathrm{aq}}}{x_q}\psi_q$$

6.3.4 计算方程

（1）计算 U_{a}、U_{b}、U_{c}：设 x 表示时间。

$$\beta=\beta_0+\omega x$$

$$U_{\mathrm{a}}=U_1\cos(PN3)$$

$$U_{\mathrm{s}}=U_1\sin(PN3)$$

$$U_{\mathrm{b}}=-\frac{1}{2}U_{\mathrm{a}}+\frac{\sqrt{3}}{2}U_{\mathrm{s}}$$

$$U_{\mathrm{c}}=-\frac{1}{2}U_{\mathrm{a}}-\frac{\sqrt{3}}{2}U_{\mathrm{s}}$$

（2）计算 U_d、U_q、ψ_{ad}、ψ_{aq}、U_α、U_β。

$U_d=U_1\cos(PN3-\beta)$，$U_\alpha=U_d\cos\beta-U_q\sin\beta$

$U_q=U_1\sin(PN3-\beta)$，$U_\beta=U_d\sin\beta+U_q\cos\beta$

$$\psi_{\mathrm{ad}}=x_{\mathrm{K}d}\cdot\left(\frac{\psi_d}{x_\sigma}+\frac{\psi_{\mathrm{f}}}{x_{\mathrm{f}\sigma}}+\frac{\psi_{\mathrm{D}}}{x_{\mathrm{D}\sigma}}\right)$$

$$x_{\mathrm{K}d}=\frac{1}{\frac{1}{x_{\mathrm{ad}}}+\frac{1}{x_\sigma}+\frac{1}{x_{\mathrm{f}\sigma}}+\frac{1}{x_{\mathrm{D}\sigma}}}$$

$$\psi_{\mathrm{aq}}=x_{\mathrm{K}q}\cdot\left(\frac{\psi_q}{x_\sigma}+\frac{\psi_q}{x_{\mathrm{Q}\sigma}}\right)$$

$$x_{\mathrm{K}q}=\frac{1}{\frac{1}{x_{\mathrm{aq}}}+\frac{1}{x_\sigma}+\frac{1}{x_{\mathrm{Q}\sigma}}}$$

(3) 计算 I_d、I_q、I_{f}、I_{D}、I_{Q}、I_α、I_β、T_{e}。

$$I_d=\frac{\psi_d-\psi_{\mathrm{a}d}}{x_\sigma};\qquad I_q=\frac{\psi_q-\psi_{\mathrm{a}q}}{x_\sigma};\qquad I_\alpha=I_d\cos\beta-I_q\sin\beta$$

$$I_{\mathrm{f}}=\frac{\psi_{\mathrm{f}}-\psi_{\mathrm{a}d}}{x_{\mathrm{f}\sigma}};\qquad I_{\mathrm{D}}=\frac{\psi_{\mathrm{D}}-\psi_{\mathrm{a}d}}{x_{\mathrm{D}\sigma}};\qquad I_\beta=I_d\sin\beta+I_q\cos\beta$$

$$I_{\mathrm{Q}}=\frac{\psi_{\mathrm{Q}}-\psi_{\mathrm{a}q}}{x_{\mathrm{Q}\sigma}};\qquad I_1=\sqrt{I_d^2+I_q^2};\qquad A_0=\arctan\left(-\frac{I_d}{I_q}\right);$$

$$T_{\mathrm{e}}=\psi_d I_q-\psi_q I_d;\qquad T_{\mathrm{L}}=T_{\mathrm{e}}$$

(4) 计算 I_{a}、I_{b}、I_{c}。

$$I_{\mathrm{a}}=I_d\cos\beta-I_q\sin\beta$$

$$I_{\mathrm{s}}=I_d\sin\beta+I_q\cos\beta$$

$$I_{\mathrm{b}}=-\frac{1}{2}I_{\mathrm{a}}+\frac{\sqrt{3}}{2}I_{\mathrm{s}}$$

$$I_{\mathrm{c}}=-\frac{1}{2}I_{\mathrm{a}}-\frac{\sqrt{3}}{2}I_{\mathrm{s}}$$

(5) 计算 $\frac{\mathrm{d}\psi_d}{\mathrm{d}\tau}$、$\frac{\mathrm{d}\psi_q}{\mathrm{d}\tau}$、$\frac{\mathrm{d}\psi_{\mathrm{f}}}{\mathrm{d}\tau}$、$\frac{\mathrm{d}\psi_{\mathrm{D}}}{\mathrm{d}\tau}$、$\frac{\mathrm{d}\psi_{\mathrm{Q}}}{\mathrm{d}\tau}$。

$$\frac{\mathrm{d}\psi_d}{\mathrm{d}\tau}=U_d+\omega_{\mathrm{p}}\psi_q-I_dR_1$$

$$\frac{\mathrm{d}\psi_q}{\mathrm{d}\tau}=U_q-\omega_{\mathrm{p}}\psi_d-I_qR_1$$

$$\frac{\mathrm{d}\psi_{\mathrm{D}}}{\mathrm{d}\tau}=-R_{\mathrm{D}}I_{\mathrm{D}}$$

$$\frac{\mathrm{d}\psi_{\mathrm{Q}}}{\mathrm{d}\tau}=-R_{\mathrm{Q}}I_{\mathrm{Q}}$$

$$\frac{\mathrm{d}\psi_{\mathrm{f}}}{\mathrm{d}\tau}=U_{\mathrm{f}}-I_{\mathrm{f}}R_{\mathrm{f}}$$

(6) 积分计算 $x+\Delta t$ 时的 ψ_d、ψ_q、ψ_{f}、ψ_{D}、ψ_{Q}。

6.3.5 程序简要框图

图 6-23 所示为程序的简要框图。

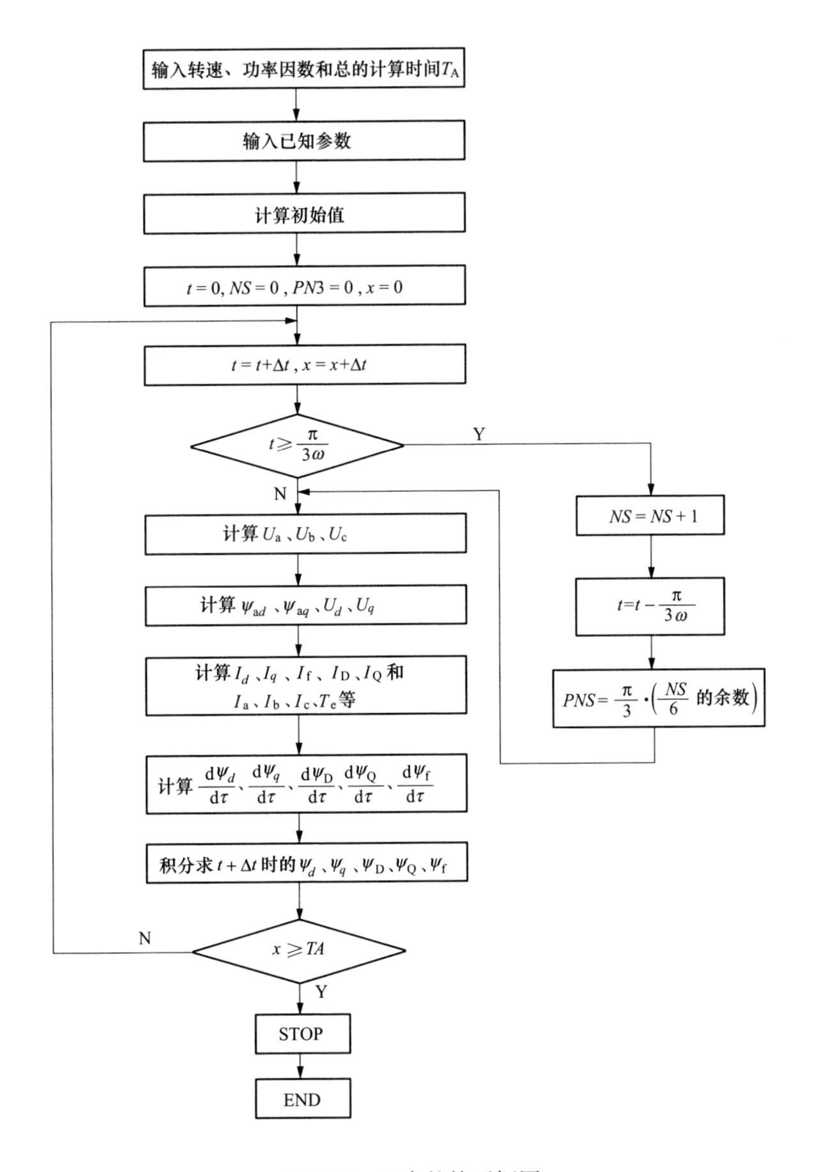

图 6-23　程序的简要框图

6.3.6　计算结果

图 6-24 所示为定子相电压 u_a 和相电流 i_a 随时间变化的波形图。在图 6-25 中还利用绘图软件画出了定子电压 $\vec{U}_1$ 和电流 $\vec{i}_1$ 在定子 $\alpha-\beta$ 坐标和转子 $d-q$ 坐标中的矢端轨迹。从而可以较为形象地看出 $\vec{U}_1$ 和 $\vec{i}_1$ 综合矢量的运动规律。

利用富氏级数和计算机数值积分可求得相电压和相电流的基波到七次谐波振

幅值示于图 6-26 和表 6-5 中。在表 6-6 中列出被试算电机的有关参数。其中，阻抗参数用标幺值表示。

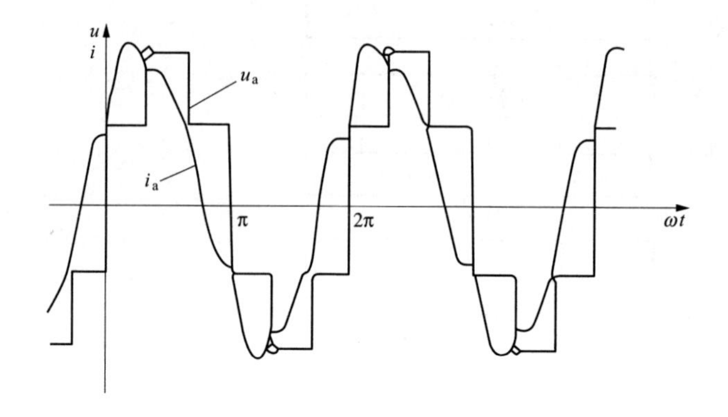

图 6-24　定子相电压和相电流波形图

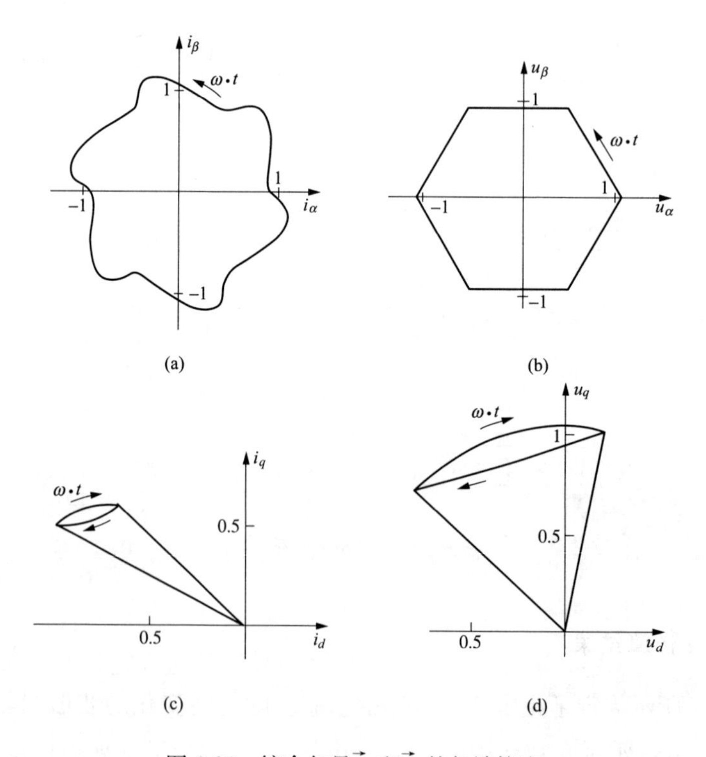

图 6-25　综合矢量$\vec{i}_1$和$\vec{u}_1$的矢端轨迹

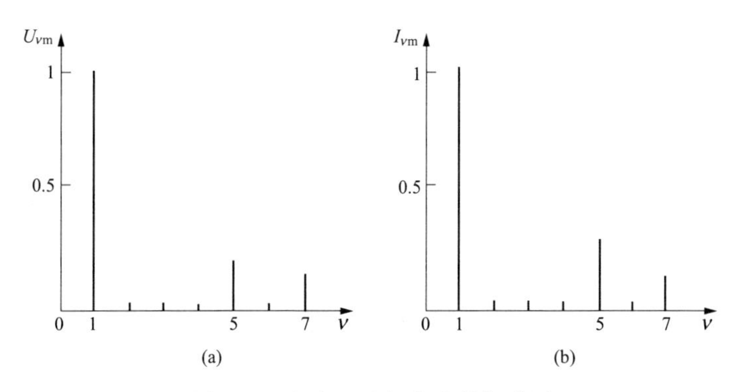

图 6-26　相电压和相电流的频谱图

(a) $u_{\nu m}$；(b) $I_{\nu m}$

表 6-5　电机参数

参数	数值（标幺值）	参数	数值（标幺值）
U_{1m}	1	I_{1m}	1.033 0
U_{5m}	0.200 1	I_{5m}	0.267 1
U_{7m}	0.142 9	I_{7m}	0.135 3

表 6-6　电机参数计算结果

参数	数值（标幺值）	参数	数值（标幺值）
x_{ad}	0.8	x_d	0.9
x_σ	0.1	x'_d	0.25
$x_{f\sigma}$	0.184 6	x''_d	0.15
x_{aq}	0.5	x_q	0.6
$x_{D\sigma}$	0.075	x''_q	0.15
$x_{Q\sigma}$	0.055 6	T'_d	280ms
R_1	0.02	T''_d	60ms
R_D	0.015	T'_{d0}	1000ms
R_Q	0.02	f_N	300Hz
R_f	0.003	n_N	3000r/min

第7章　近十多年Canay模型在国内的应用简介

§7.1　求取同步电机参数的三种方法

7.1.1　传统算法

目前电机模型参数推导普遍采用的是传统算法，该算法采用的是近似计算。其d轴等值电路如图5-1（a）所示，其中忽略了励磁绕组f和阻尼绕组D间的互漏抗x_{rc}（即$x_{fD\sigma}$）。通过常规试验和三相突然短路试验可得R_1、x_σ、x_d、x'_d、x''_d、T'_d、T''_d（其中x_d是未饱和值）。在文献［6］和［32］中，经过推导可求得d轴等值电路图5-1（a）中各参数公式如下：

$$x_{ad}=x_d-x_\sigma \tag{7-1}$$

$$x_{fc}=\frac{x'_d-x_\sigma}{x_d-x'_d}x_{ad} \tag{7-2}$$

$$x_{Dc}=\frac{x''_d-x_\sigma}{x'_d-x''_d}(x'_d-x_\sigma) \tag{7-3}$$

$$r_f=\frac{1}{\omega T'_d}\cdot\frac{x'_d}{x_d}\cdot\frac{x^2_{ad}}{x_d-x'_d} \tag{7-4}$$

$$r_D=\frac{1}{\omega T''_d}\cdot\frac{x''_d}{x'_d}\cdot\frac{(x'_d-x_\sigma)^2}{x'_d-x''_d} \tag{7-5}$$

7.1.2　迭代算法

其参数推导可参考SSR在IEEE第一Benchmark基准模型。先用传统算法进行近似计算，得到参数的初始值。然后改变某个参数值，代入电机等值电路的开路、短路方程，经过一定次数的迭代即可得到更加符合实际电机的参数（详见文献［33］）。

7.1.3　新算法

即Canay模型参数推导方法。在同步电机的理想等值电路（如图3-1所示）中，引入了特征电抗x_c，由式（3-21）和式（3-22）可知：

$$x_c = x_d\left(1-\frac{3}{2}\frac{X_{af}X_{aD}}{X_d X_{fD}}\right)=x_\sigma+\frac{\alpha_{fD}}{1+\alpha_{fD}}x_{ad}$$

其中，理想化的 f 、D 绕组间互漏抗 x_{rc} 与特征电抗 x_c 之间有如下关系［见式（3-17）］：

$$\frac{1}{x_{rc}}+\frac{1}{x_d-x}=\frac{1}{x_c-x}$$

而理想化的定子漏抗 x 一般可取 $x=x_\sigma$（此时 $x_{rc}=x_{fD\sigma}$），代入上式可得：

$$x_{rc}=\frac{x_{ad}}{x_d-x_c}(x_c-x_\sigma)$$

由式（3-17）可知，当 $x=x_c$ 时，$x_{rc}=0$。一般 x_c 可由式（3-22）求得。

文献［6］对汽轮发电机和水轮发电机进行了上述参数推导方法的比较，结果表明传统算法得到的参数与实测结果差别最大，其次是迭代算法，而最相近的为新算法。

§7.2　Canay 模型对分析系统三相短路等故障条件的影响

1969～1983 年，I. M. Canay 分别在文献［6、7、10］中，在系统三相短路等故障条件下，对比了励磁电流在传统模型和 Canay 模型仿真下得到的曲线和实测值，结果表明，传统模型与实测值相差很大，而 Canay 模型的仿真结果与实测值基本吻合。

§7.3　Canay 模型对小干扰稳定性分析的影响

在文献［34］中，作者以单机无穷大系统为算例，改变系统运行状态，对比三种参数推导方法模型的 SSR（次同步谐振）和 LFO（低频振荡）特征值的变化，取无功功率恒定（$Q=0.5$），有功功率为 $P=0$、0.05、…、1，随着箭头的方向（如图 7-1、图 7-2 所示），有功功率从 0 逐渐增大到 1，无穷大母线电压为 1.0，仿真结果所得特征值的变化曲线如图 7-1 和图 7-2 所示。其中，坐标轴实部为阻尼，虚部为频率；星号点为参数算法 1 结果，菱形点为方法 2 结果，方形点为方法 3 结果。

由图可见：(1) 在低频振荡（LFO）分析中，方法 2 和方法 3 特征值曲线基本重合，方法 1 与其他两种方法的特征值曲线差别较大；

(2) 在次同步谐振（SSR）分析中，方法 2 和方法 3 的特征值曲线有较小的差别，但都与方法 1 在特征值曲线的实部上差别很大；

(3) 当 P 很小，即轻载运行时，低频振荡（LFO）分析中的方法 1 特征值

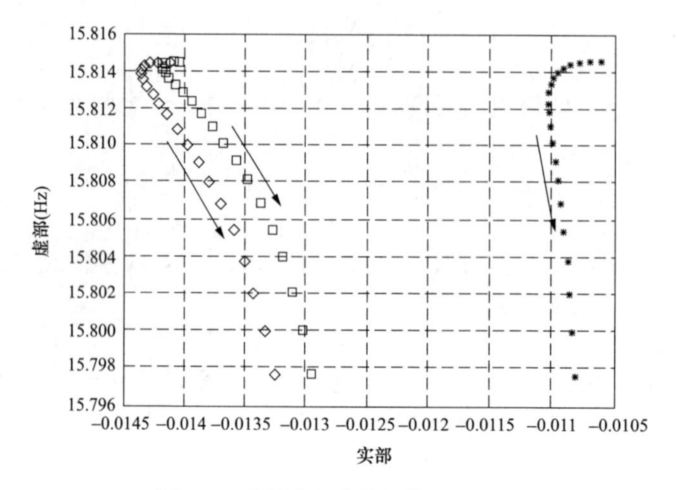

图 7-1　次同步振荡特征值变化曲线

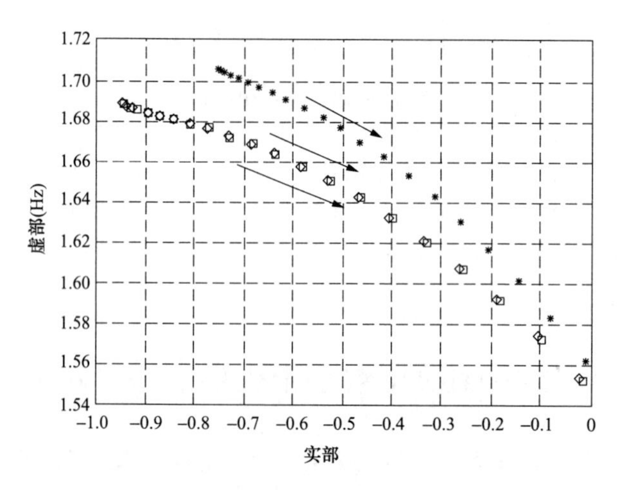

图 7-2　低频振荡特征值变化曲线

实部与方法 2、3 的特征值实部差别较大，而重载运行时差别很小，其频率随 P 的增加差别也在不断地减小。

仿真结果表明，无论是系统的 SSR 分析还是 LFO 分析，传统算法的参数模型和另外两种算法的参数模型在特征值上都有一定的差异，尤其是在轻载运行时，差异更为显著。Canay 在文献［6、7、10］所提到的故障下的 Canay 模型与传统模型分析时差别较大；该仿真证明在稳态运行条件下 Canay 模型与传统模型也有一定差别。所以在系统小扰动分析时，有必要考虑使用 Canay 模型。

§ 7. 4　Canay 模型对系统运行和其他故障分析的影响

在文献［35］中，利用通用的电磁暂态仿真软件 PSCAD/EMTDC 建立 Canay 电机模型的仿真模型，在电压正常调整、主变高压侧接地故障和 FCB (Fast Cut Back)[36]三种典型工况下，对比仿真分析大型汽轮发电机的 Canay 模型和传统电机模型对应的暂态特性行为差异。

图 7-3 所示为 PSCAD 同步电机的等值电路，其中 L_1 为电枢绕组的漏磁电感（L_σ），L_{2D} 为励磁绕组的漏磁电感（L_{fc}），L_{3D} 为 d 轴阻尼绕组的漏磁电感（L_{DC}），L_{23D} 为励磁绕组 f 和阻尼绕组 D 之间的互漏磁电感（即 x_{rc} 所对应的电感 L_{rc}），L_{MD} 为直轴电枢反应电抗 x_{ad} 所对应的电感 L_{ad} 。为简要起见，下面只介绍 d 轴等值电路。

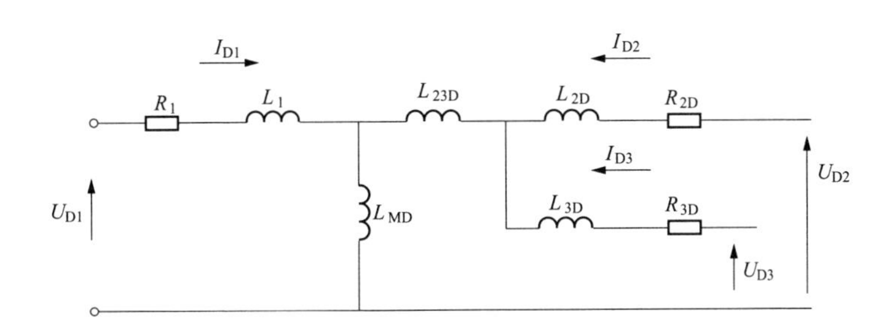

图 7-3　PSCAD 同步电机模型的等值电路

在 PSCAD 电机模型所设置的对话框选项中，其中“the d-axis real/imaginary transfer admittance for the armature field”参数的内容即为 x_{rc} ，当 $x_{rc}=0$ 时，表示传统的电机模型（即 § 5.1 节中的模型 1），当 $x_{rc}=x_{fD\sigma}$ 时，可表示扩展的 Park 模型（即为 § 5.1 节中的模型 2，此时等值电路中各参数为定参数）；若等值电路中各参数可随转差率 s 变化时［见式（5.2）和式（5.3）］，则可表示近似的 Canay 模型（即 § 5.1 节中的模型 4）。此时可参阅 § 3.3 节和 § 5.1 节将有关随磁路饱和程度及转差率 s 变化的参数（如 x_{ad} 、x_{aq} 、x_d 、x_q 、x_{fD} 、x_{rc} 、x_{Hc} 、x_{pc} 、r_H 、r_p 等）计算编制成一个子程序，在每次迭代时算出其瞬时值进行仿真计算。

可见，PSCAD 中的同步电机模型通过参数的设置，既可以作为传统电机模型，又可以用作 Canay 电机模型进行系统数字仿真，这将为 Canay 模型的应用开辟一个新的途径。

§7.5 两种大型汽轮发电机的 Canay 模型参数

为了便于对大型汽轮发电机组应用 Canay 模型进行系统仿真，利用前述 Canay 模型的参数计算公式分别对国内设计的某一台 600MW 机组和一台进口的 900MW 机组的参数进行了计算，计算结果列于表 7-1 中。

表 7-1　　发电机参数

国内设计 600MW 汽轮发电机							
参数	标幺值	参数	标幺值	参数	标幺值	参数	标幺值
x_d	2.114 5	x_{rc}	0.041	x_{ad}	1.969 7	x_{aq}	1.820
x_σ	0.144 8	r_{Hc}	0.006 52	x_{fc}	0.097 3	x_{Dc}	0.006 9
x_{Qc}	0.277 4	r_Q	0.016 53	R_1	0.002 475	r_f	0.000 746
r_D	0.003 1	r_{fE}	0.016 23	r_H	0.119 0	r_{DE}	0.062 6
x_q	1.964 8	x_{QCN}	0.775 3	r_{QEN}	0.047 8		
进口的 900MW 汽轮发电机							
参数	标幺值	参数	标幺值	参数	标幺值	参数	标幺值
x_d	2.104 9	x_{rc}	0.046 78	x_{ad}	1.927 2	x_{aq}	1.834 8
x_σ	0.177 7	r_{fEM}	0.006 751	x_{fc}	0.074 45	x_{Dc}	0.007 68
x_{Qc}	0.346 5	r_Q	0.027 53	R_1	0.001 842	r_f	0.000 532
r_D	0.004 545	r_{fE}	0.020 12	r_{QEN}	0.165 2	r_{DE}	0.120 7
x_q	2.012 5	x_{QCN}	0.688 8	r_{QENM}	0.005 417		

在表 7-1 中，下标 M 表示最小值，例如 r_{fEM} 表示 r_{fES} 的最小值（详可参阅§3.3 节中，3.3.5 涡流阻抗最小值的计算）。

§7.6 大型水轮发电机 Canay 模型的讨论

图 7-4 表示一台正在安装的汽轮发电机的转子，图 7-5 表示正在吊装的一台水轮发电机的转子。大型水轮发电机由于它的转速低、极数多、转子直径较大，长度短，其转子磁极一般由 1～3mm 厚的钢板（两面有薄的绝缘漆）冲压成形，多片叠高到规定的尺寸，再用螺杆拉紧成一整体，其转子磁轭主要用来组成磁路，并用来固定磁极，一般用 2～5mm 厚的钢板冲成扇形片，交错叠成整圆，再用螺杆拉紧，在其外缘冲有倒 T 形缺口以装配磁极。而汽轮发电机的转子，由于转速高，受离心应力的限制，转子直径较小，长度较长，一般都采用整块的高

强度、有良好导磁性能的合金钢锻成。由于这种结构上的差异，在转子转速偏离同步转速时，水轮发电机转子铁心的涡流阻抗较大，涡流较小，因而其涡流阻尼作用没有汽轮发电机整个转子铁心表面形成的涡流导电层的阻尼作用那么大。其具体的差异取决于多种因素，还应该进行详细的分析计算和验证。

图 7-4　汽轮发电机的转子

图 7-5　水轮发电机的转子

参考文献

[1] M. Stiebler，Dynamik elektrischer Maschinen，TU Berlin Institut für Elektronik Maschinen.

[2] D. Naunin，Dynamisches Verhalten von Stromrichter-Maschinen-Systemen. TU Berlin Institut für Elektrischer.

[3] 高景德，王祥珩，李发海．交流电机及其系统分析．清华大学出版社．1992.

[4] 陈文纯．电机瞬变过程．北京：机械工业出版社．1982.

[5] 李仁定，郭可忠．上海交通大学研究生教材：电机动态性能．1995.

[6] I. M. Canay. Determination of Model Parameters of Synchronous Machines. Electric Power Applications. IEE Proc. Vol. 130. Pt. B. No. 2. 86-94. March 1983.

[7] I. M. Canay. Equivalent Circuits of Synchronous Machines for Calculating Quantities of the Rotor during Transient Processes and Asynchronous Starting. I. Turbogenerators. Brown Boveri Review. 1969. 56（2）. 60-71.

[8] I. M. Canay. Equivalent Circuits of Synchronous Machines for Calculating Quantities of the Rotor during Transient Processes and Asynchronous Starting. Ⅱ. Salient-Pole. Machines. Brown Boveri Rev. 3-70.

[9] I. M. Canay. Experimentelle Ermittlung der Ersatsschemta und der Parameter einer idealisiserten Synchronmaschine Bulletin Sev 63（1972）20，30，Sept.

[10] I. M. Canay. Causes of Discrepancies on Calculation of Rotor Quantities and Exact Equivalent Diagrams of the Synchronous Machine. IEEE Transactions on Power Apparatus and Systems. Vol. Pas-88. No. 7，July 1969.

[11] I. M. Canay. Extended Synchronous Machine Model for the Calculation of the Transient Processes and Stability. Electr. Mach. & Electromech. 1997.（1）. PP. 137-150.

[12] B. Adkins. The General Theory of Alternating Current Machines.（Chapman and Hall，London. 1975）.

[13] 陈世坤．电机设计．北京：机械工业出版社．1982.

[14] 马大强．大型汽轮发电机失磁后暂态过程分析．浙江大学学报，1985，增刊．

[15] 黄家裕．同步电机基本方程和短路分析．北京：水利电力出版社出版．1993.

[16] 岑文辉，黄家裕，等．应用同步电机电路参数模型对电力系统同步发电机失磁异步运行分析．全国高校电力系统及其自动化专业第二届年会论文集．西安．1986.

[17] 杨彭，胡明正，汽轮发电机失磁异步运行分析．全国高校电力系统及其自动化专业第二届年会论文集．西安．1986.

[18] 高荣斌，陈珩．同步发电机失磁暂态数字仿真与研究——整流器单向导通特性的影响．电力系统自动化．1987.

[19] 郭可忠．同步发电机突然短路电流的数值计算．上海交通大学学报：电力学院专辑，

1993，27（2）：84-92.
[20] 郭可忠．汽轮发电机异步运行的数学模型及失磁仿真．大电机技术，1994，（6）：12-19.
[21] 郭可忠，赵军．汽轮发电机失磁异步运行数学模型的比较．电网技术，1999，23（8），13-16.
[22] 郭可忠，陈陈．凸极同步发电机的 Canay 模型和单相接地计算．大电机技术，1997，（5）：9-15.
[23] 郭可忠，莫春霞，秦岭，等．大型凸极同步发电机单相接地的研究．上海交通大学学报，1999，33（12）：1506-1510.
[24] 秦岭，郭可忠．同步磁阻电动机滑模变结构控制器的设计和仿真．上海交通大学学报，2001，35（8）：1246-1249.
[25] Brown P. G.，Johnson IB，Stevenson JR. Generator Neutral Grounding Some Aspects of Application for Distribution Transformer with Secondary Resistor and Resonant Types. IEEE Tranaction on Power Apparatus and System. 1978. PAS-97（3）：683-694.
[26] 哈尔滨电工学院．电机内的电磁场问题．1978.
[27] 郭可忠．用电流型逆变器供电的同步电动机的仿真．电工技术学报，1991（1）：7-16.
[28] 郭可忠．用电压型逆变器供电的同步电动机仿真．微特电机，1988（6）：7-13.
[29] M. Stiebler and G. Kezhong. Homopolar Synchronous Machine for Converter Fed Drives. Proc. Int. Conf. Evolution and Modern Aspects of Synchronous Machines. Part3. Zuerich. 1991：848-851.
[30] M. Stiebler and G. Kezhong. Homopolar and Inductor Machines. Wiley Encyclopedia of Electrical and Electronics Engineering，1999，9. A Wiley-Interscience Publication.
[31] KUNDER P. Power System Stability and Control. 北京：中国电力出版社．2001.
[32] 倪以信，陈寿孙，张宝霖．动态电力系统的理论和分析．北京：清华大学出版社．2002.
[33] First Benchmark Model For Computer Simulation Of Subsynchronous Resonance. IEEE Transaction on Power Apparatus and Systems，1977，PAS-96（5）
[34] 胡允东，王西田，彭欣．同步发电机模型对小干扰稳定性分析结果的影响．华北电力，2013，41（7）：1500-1503.
[35] 董久晨，王西田，刘明行，等．汽轮发电机 Canay 模型的仿真分析．大电机技术，2014（3）.
[36] 冯伟忠．大机组实现 FBC 的现实性及技术分析．上海电力，2007（3）：246-251.